普通高等教育"十四五"规划教材

CorelDRAW 在地图与规划制图中的应用教程

（第二版）

孟万忠　刘　敏　主编

中国石化出版社

内 容 提 要

本书全面系统地介绍了 CorelDRAW 软件的各种制图方法、功能和技巧，强调理论与实际相结合，突出实践性与应用性，着力培养学习者的地图素养和地理实践力。书中的精彩范例，融入课程思政元素，将地图制图专业知识与现实生活、立德树人有机融合在一起，案例典型适用、图形美观、翔实生动。全书内容由浅入深，循序渐进，语言简洁，结构清晰，既适合初学者入门学习，也适用于专业制图者拓展提升。

本书可作为高等院校地理科学、地理信息科学、人文地理与城乡规划、自然地理与资源环境、地图学、遥感、测绘、旅游、园林景观、城市规划设计等专业的教材，也可供平面创意设计、室内设计、动漫设计、服装设计等专业制图人员参考阅读。

图书在版编目(CIP)数据

CorelDRAW 在地图与规划制图中的应用教程 / 孟万忠，刘敏主编 . —2 版 . —北京：中国石化出版社，2023.3
普通高等教育"十四五"规划教材
ISBN 978-7-5114-7019-5

Ⅰ.①C… Ⅱ.①孟… ②刘… Ⅲ.①地图制图自动化-图形软件-高等学校-教材 Ⅳ.①P283.7

中国国家版本馆 CIP 数据核字(2023)第 051098 号

中国石化出版社出版发行

地址:北京市东城区安定门外大街 58 号
邮编:100011 电话:(010)57512500
发行部电话:(010)57512575
http://www.sinopec-press.com
E-mail:press@sinopec.com
北京艾普海德印刷有限公司印刷
全国各地新华书店经销
*
787×1092 毫米 16 开本 17.25 印张 430 千字
2023 年 3 月第 2 版　2023 年 3 月第 1 次印刷
定价:48.00 元

育改革重点项目（2022YJJG134），临床综合实验教学示范中心建设项目（2007JSFⅢ-

2157），优秀教学团队建设项目（ELLX2005）等本书编研究成果和山西省实验室和有关

技术人员编写调研顺利完成。

在此谨向以上单位和个人。

第二版前言

本书第一版于 2014 年出版发行。因其案例精彩生动，内容丰富新颖、深浅适度、重点突出，以学生为本，注重理论、实践与应用相结合，较好地满足了不同层次的高等院校专业基础课的教学实践和相关技术人员的需要，受到广泛欢迎。自出版至今，已被国内十余所院校用作教材，荣获 2016 年度中国石油和化学工业优秀出版物·教材奖一等奖。

本书是在第一版的基础上，结合使用过程中积累的经验和高等院校教学改革的需要，根据教育部颁布的《高等学校课程思政建设指导纲要》和高等院校"十四五"规划教材的编写要求修订而成。

本次修订以"学生中心、产出导向、持续改进"为指导思想，把学科发展的前沿理论、实践成果和课程思政元素融入教材，将教材建设作为教学改革的着力点、落脚点和人才培养的主要剧本，培根、铸魂、启智、润心，帮助学生和公民塑造正确的世界观、人生观、价值观。保留了第一版的体系和框架，增加了地图素养、规范使用地图、国家版图和国家安全、地图数据管理的章节和内容，案例中增加了国旗、指北针、地球与经纬线、日地月系统绘制等。将鲜活翔实的案例与现实生活相结合，强调学生的过程性培养，学思结合、知行统一，引导学生树立学为人师、行为世范的职业理想，提高学生正确认识问题、分析问题的能力，增强学生勇于探索的创新精神、善于解决问题的实践能力。注重培养学生传道授业的情怀，探索未知、追求真理、勇攀科学高峰的责任感和使命感，把对家国、对教育、对学生的爱融为一体，激发学生家国情怀和使命担当。

在本书的完成过程中，得到了太原师范学院地理科学学院、研究生处、教务处等部门领导和老师们的支持和帮助；受益于国家自然科学基金面上项目（41671142），地理科学国家级一流本科专业建设点，人文地理与城乡规划国家级一流本科专业建设点，自然地理与资源环境省级一流本科专业建设点，山西省"1331 工程"重点学科提质增效计划建设项目：服务流域生态治理产业创新学科集群项目，山西省高等学校教学改革创新项目（J20220938），山西省研究生教

育教学改革课题（2022YJJG244），校级研究生教育教学改革课题（SYYJSJG - 2157），校级教学改革项目（JGLX2203）等教学科研课题的研究成果的充实和资助。本书能够成功编辑出版，离不开中国石化出版社的大力支持，在此一并表示诚挚的谢意！

　　由于时间仓促，作者水平有限，书中难免有纰漏和错误，敬请专家和同仁赐教，以便今后进一步修改完善。

第一版前言

现代社会日新月异、飞速发展，社会各领域和行业所需要的人才不仅要有坚实的专业基础知识，同时还需要较强的操作技能，具有过硬的实践动手能力。造就社会最需要的人才，成为摆在我们高等教育工作者面前最现实、最紧迫的任务。

地图制图与规划制图是地理科学、人文地理与城乡规划、自然地理与资源环境、遥感和地理信息科学、测绘、旅游、园林景观、城市规划设计等专业学生以及其他各种学习平面设计和美术设计类人员必须掌握的一门专业基础课。这门课具有较强的实践性，对学生的动手能力提出了比较高的要求。学习这门课的目的，就是要把我们的学生培养成具有现代地图与规划制图学基本理论和实际操作技能的、能从事地图与规划专业设计的高级技术应用性制图专门人才。

本书的编者应用 CorelDRAW 系列软件从事地图制图与规划制图教学和实践工作多年，积累了丰富的实践和教学经验。曾主持和参与了大型专题地图集《山西省历史地图集》《山西省经济地图集》《汾河流域地图集》等的地图制图工作。负责完成了《左权旅游规划图件》《吕梁旅游规划图件》《柳林旅游规划》《北武当山修建性详细规划图件》等规划制图工作。本书是结合编者多年的教学和实践工作经验，从读者、学生使用的角度出发，结合专业制图的设计要求，针对 Corel-DRAW 的功能，进行地图制图和规划制图的实践应用。本书内容全面，由浅入深，以循序渐进的方式逐步提高讲解层次，从了解 CorelDRAW 的界面开始，逐步熟悉它的有关工具和命令，直到掌握计算机地图制图和规划制图的绘制技术和要领。因而实用性强，便于边学边用。希望能通过这本书，起到抛砖引玉的作用，让读者在学习软件操作的同时，逐步进入地图制图与规划制图的殿堂。

在全书的编写过程中，王尚义撰写了第 1、4 章，刘敏撰写了第 2、3 章，翟大彤撰写了第 7、13 章，孟万忠撰写了第 5~12 章，全体编者集体对全书进行了统稿。书中引用和参考了大量专家、学者已发表的研究成果和资料，但本书由于篇幅有限，仅列出了主要的参考文献，有些文献未能一一列出，谨在此向有关作者致谢。在本书的编著过程中，得到了太原师范学院地理科学学院、教务处等部门领导和老师们的大力支持和帮助，在此谨向指导、帮助的老师和同行们深表谢忱。

本书编写受到 2012 年山西省特色专业建设项目"资源环境与城乡规划管理(070702)"以及 2014 年山西省高校重点学科建设项目资助，在此表示感谢。

由于时间仓促，编者水平有限，书中难免有纰漏和错误，敬请专家和同仁赐教，以便今后进一步修改完善。

目　录

第1章 绪 论

1.1 专题地图基本知识

地图按其内容，可分为普通地图和专题地图两大类型。

普通地图表示的是制图区域内自然要素和人文要素的一般特征，它不偏重于某些要素，因此具有详细而完备的内容，能为了解该区域提供全面的资料。

专题地图是为适应某种专门需要而着重显示制图区域内某一种或某几种自然现象或社会经济现象，主要由地理底图和专题内容构成。它是表示与某一主题有关内容的地图，按照地图主题的要求，只表示与主题有关的一种或几种要素。

1.1.1 专题地图的构成

专题地图就是按照地图主题的要求，突出而完善地表示与主题相关的一种或几种要素，使地图内容专题化、形式各异、用途专门化的地图。专题地图由三个要素构成，即专题地图的数学要素、专题要素和地理底图要素。

1.1.1.1 数学要素

与普通地图一样，构建专题地图的数学要素有坐标网、比例尺和地图定向等内容。

在专题地图中，对人文、经济现象一般是表示其相对宏观的态势及其在区域间的对比，因此多数采用较小的比例尺。在这种地图上，坐标网为地理坐标网，即经纬网，控制点不表示；地图定向则以中央经纬为正北方向。

对自然现象、资源状况，诸如地质现象、地貌现象、土壤及植被的分布、各种土地资源状况的表示，由于它们都以国家的基本地形图为基础，通过勘测和调绘获得，因此与普通地图一样，有一定的比例尺关系。

大、中比例尺地图的坐标网采用地理坐标网(经纬网)和平面坐标网(投影坐标网)；大比例尺图上要选用一些大的控制点，中、小比例尺不表示控制点。

1.1.1.2 专题要素

专题要素是专题地图内容的主题。根据地图主题和用途要求的不同，专题要素的内容容量、精确程度和复杂程度是有很大差异的。

1.1.1.3 地理底图要素

描述制图区域地理状况的水系、居民地、交通网、地貌、土质、植被、境界等要素(即地理基础要素)，是作为专题地图的底图而存在的，而表示这些要素的地图就称为专题地图的底图。底图具有确定方位的骨架作用，是确定专题要素的控制系统，底图中的这些要素就是地理底图要素。在专题地图中，地理底图要素起着说明专题现象发生、发展的地理环境的作用，因此，它应是退居第二平面乃至第三平面的背景要素。用色要浅淡，内容容量不能干扰专题要素的表达。

1.1.2 规划设计地图

规划设计地图是专题地图中的一种，无论在总体规划中，还是在详细规划中，规划设计地图都是不可或缺的一项主要内容。规划设计地图一般包括以下几种图纸内容。

1.1.2.1 规划纲要图纸

规划纲要的成果以文字为主，辅以必要的地区发展示意性图纸，其比例尺为1/25000～1/100000。

1.1.2.2 总体规划图纸

图纸主要包括：城市现状图、市域城镇体系规划图、道路交通规划图、各项专业规划图及近期建设规划图。图纸比例尺：大中城市为1/10000～1/25000，小城市为1/5000～1/10000，其中市域城镇体系规划图为1/50000～1/1000000。

1.1.2.3 详细规划图纸

1. 控制性详细规划图纸

主要图纸包括：规划范围现状图、控制性规划图。图纸比例尺为：1/1000～1/2000。

2. 修建性详细规划图纸

主要图纸包括：规划范围现状图、规划总平面图、各项专业规划图、竖向规划图、反映规划设计意图的透视图。

1.2 制图基本知识

1.2.1 制图工具和仪器

1.2.1.1 绘图笔

1. 绘图铅笔

绘图铅笔中常用的是木质铅笔，如图1-1所示。根据铅芯的软硬程度分为硬、中、软3类，"B"表示软铅芯，"H"表示硬铅芯。标号有6H～H、HB、B～6B，共13种，按顺序由最硬到最软，HB为中等硬度。

除了木质铅笔还有活动铅笔，如图1-2所示。活动铅笔笔身用金属或塑料制成，常见的有两种不同型号：一种为笔尖装有金属套管，每支笔只有一个口径，如0.3mm、0.5mm、0.7mm、0.9mm等；另一种笔尖装有咬紧装置，可以更换各种不同硬度的铅芯。

图1-1 木质绘图铅笔

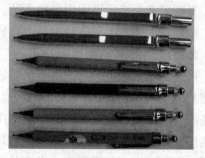

图1-2 活动绘图铅笔

使用绘图铅笔时应该注意以下几点：

（1）根据不同用途选择不同型号的铅笔，通常 HB 或 H 铅笔用于画中线或书写文字（也可用铅芯直径为 0.5mm 的活动铅笔绘制）；B 或 2B 用于画粗线，H 或 2H 用于画细线。

（2）绘图纸表面较粗硬时，选用较硬的铅笔；表面较松软时，选用较软的铅笔。天气晴朗干燥时，选用较硬的铅笔；天气阴雨潮湿时，选用较软的铅笔。

（3）铅笔从没有标号的一端开始使用，以便保留软硬标号。削铅笔的具体方法与要求：一般削成锥形，铅芯露出 6~8mm。

（4）绘图时，笔身前后方向应与纸面垂直，而向绘线方向倾斜约 60°，同时用力要均匀。用锥状铅芯画长线时，要一边画一边旋转铅笔，使线条粗细保持一致。

2. 鸭嘴笔

鸭嘴笔又称为直线笔或者墨线笔，由笔杆、笔头和调节螺丝三部分组成，如图 1-3 所示。笔头是由两片鸭嘴形钢片合成，一片固定不动，一片可以旋开，便于擦洗。

图 1-3　鸭嘴笔

绘图时，在两扇叶片之间加注墨水，注意每次加墨量不超过 6mm 为宜。通过调节笔头上的螺母调节叶片的间距，从而改变墨线的宽度。执笔画线时，小指应该放在尺身上，笔杆向画线方向倾斜 30°左右。

3. 曲线笔

（1）单曲线笔由两组螺丝、套管、带轴笔头构成，如图 1-4 所示。笔头由两个弧形钢片与轴杆相连接，这是绘曲线的主要部件；套管套在带轴笔头的轴杆外面，用手握笔套，笔头可以在套管内旋转，这是能够绘曲线的关键。两组螺丝，一组用来防止带轴笔头在使用时从套管内脱落；一组用来调节笔头两钢片间距和控制所绘曲线的宽度。这种笔主要用于描绘等高线、河、湖、海岸线、单线河、单线路等。

（2）双曲线笔的构造性能与单曲线笔的基本相同，不同的是，它的笔头由两个相互平行的曲线笔头组成，两个笔头之间横装一个供调节平行线间隔的微动螺丝，如图 1-5 所示。这种笔主要用于描绘双线路、双面堤、平行曲线等。

图 1-4　单曲线笔　　　　　　　　　图 1-5　双曲线笔

4. 针管笔

针管笔又称为自来水直线笔，是一种类似普通自来水笔的带有吸水、储水结构的绘图笔，如图 1-6 所示。它的笔尖是一支细针管，笔尖的口径有多种规格，如 0.05mm、0.1mm、0.3mm、0.5mm、0.6mm、0.9mm、1.2mm 等，绘图时按线型粗细选用。使用针管笔绘图时，笔杆沿画线方向倾斜 20°左右。

图 1-6　针管笔

注意：使用鸭嘴笔、曲线笔、针管笔绘图时应该按照一定的次序进行：先曲后直，先上后下，先左后右，先实后虚，先细后粗，先图后框。

1.2.1.2 图板与制图用尺

1. 图板

图板是用质地较软的木制成，板面通常采用表面平坦光滑的胶合板，板的四周（或左右两边）镶有平直的硬木边框，如图1-7所示。

图1-7 图板、丁字尺和三角板的使用

（1）规格与型号：0号（1200mm×900mm）、1号（900mm×600mm）、2号（600mm×450mm）。图板的大小比相应的图纸要大一些，0号图板适用于绘制A0的图纸，1号图板适用于绘制A1的图纸。

（2）使用方法：图板放在绘图桌上，选取光滑表面作为绘图工作面，板身略微倾斜，与水平面倾斜约20°。将图纸用图钉或者透明胶带纸固定于图板之上。使用时要注意爱护，要防止水浸、暴晒和重压。

2. 丁字尺

（1）材质与规格：丁字尺是用木材或有机玻璃等材料制成的，其规格尺寸有600mm、900mm、1200mm等数种，可以配合图板使用，见图1-7。

（2）组成：丁字尺由尺头和尺身组成，两者结合牢固，尺头的内侧与尺身工作边垂直。有固定式和可调节式两种。

（3）使用方法：丁字尺主要用来绘水平线，并可与三角板配合绘垂直线及15°倍数的倾斜线。使用时左手扶住尺头，使它紧靠图板左导边，然后上下推动使尺身工作边对准画线位置，按住尺身，从左向右，自上而下逐条绘出。

注意：尺身工作边必须保持平直光滑。丁字尺用毕后应挂置妥当，防止尺身变形。为了保证绘图的准确性，不可用尺身的下边缘画线；绘制同一张图纸，只能用图板的同侧导边为工作边。

3. 直尺与三角板

（1）直尺：是最常见的绘图工具，作为三角板的辅助工具，用于绘制一般直线，如图1-8所示。

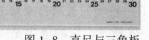

图1-8 直尺与三角板

（2）三角板：

组成：一副三角板有30°—60°—90°和45°—45°—90°两块，如图1-8所示。

使用方法：三角板与丁字尺配合使用，可画垂直线和与15°角成倍角的斜线，如图1-7所示。绘垂直线时将三角板的一直角边紧靠待画线的右边，另一直角边紧靠丁字尺工作边，然后左手按住尺身和三角板，右手持笔自下而上画线。同时还可利用两块三角板相互配合对圆周进行4、5、8、12等分，并可画任意斜线的平行线和垂直线。

4. 比例尺

根据实际需要和图纸大小，可采用比例尺将物体按比例缩小或放大绘成图样。将常用的比例用刻度表现出来，用来缩放图纸或者量取实际长度的量度工具，称为比例尺。

常见的比例尺为三棱尺，如图1-9所示。三棱尺上有6种比例刻度，一般分为1：100、1：200、1：300、1：400、1：500、1：600等。

图1-9　三棱尺

直尺形状的，称为比例直尺，如图1-10所示。尺上有1行刻度和3行数字，分别表示1：100、1：200、1：500等比例。比例尺上的数字以米（m）为单位。

图1-10　比例直尺

比例尺换算：比例尺是图上距离与实际距离之比，分子为1，分母为整数，分母越大比例尺越小。实际距离=图上距离×M（M为比例尺分母）。

图纸缩放计算公式：$x = a \cdot M_1/M_2$，其中x代表缩放后的图上距离，a为原图上对应的距离，M_1、M_2分别为原图、新图比例尺的分母。

比例尺最主要的用途就是可以不用换算直接得到图上某段长度的实际距离。假设图上长度为2cm，如果是1：100的比例，就应该按照比例直尺第一行读数读取，即实际长度是2m；如果是1：200的比例，则实际长度为4m；如果是1：500的比例，则实际长度是10m。

此外，1：200的刻度还可以作为1：2、1：20、1：2000的比例尺使用，只需将得到的数字按照比例缩放即可，图上距离为2cm，以上比例对应的实际距离为0.02m、0.2m、20m，其他比例的使用方法与此类同。

比例尺只用来量取尺寸，不可用来画线，尺的棱边应保持平直，以免影响使用。

1. 2. 1. 3　圆规、分规与比例规

1. 圆规

圆规主要用以画圆、圆弧以及基本的几何作图等；也可配以针尖插脚作分规使用，量取线段长度、等分线段。

常见的圆规是三用圆规，一条腿是固定腿，端部插的是钢针，用于确定圆心；另一条腿是活动腿，端部根据需要安装铅芯、针管笔专业接头或者钢针，分别用于绘制圆周、墨线圆以及作为分规使用。如图1-11所示。

绘制圆周或圆弧时，先将圆规按所画圆的半径大小张开，将圆规针尖放在圆心的位置上，针尖和插腿应尽可能垂直纸面；然后按照顺时针方向转动，并稍向画线的方向倾斜，切勿往复旋动。

2. 分规

分规主要用来量取线段、等分线段或圆弧、移置线段和量度尺寸，可以利用圆规代替。常用的有大分规和弹簧分规两种，如图 1-12 所示。

用分规量度尺寸时，注意它的两个针尖必须平齐，不应把针尖扎入尺面。用分规等分线段时，先凭目测估计，使两针尖张开距离大致接近等分段的长度，然后在线段上试分。如有差额，则将两针头距离再进行调整，直到恰好等分时为止。

3. 比例规

比例规的发明者是伽利略。它的外形像圆规，由可滑动的指标旋钮连接两条等长规杆构成，规杆两端具有脚尖，两脚上各有刻度，可任意开合，如图 1-13 所示。

两对脚尖张开距离等于旋钮到两脚尖距离之比。既可以利用比例的原理进行乘除比例等计算，也可以按比例转绘图形。使用时，移动旋钮可改变比率。规杆四侧刻有四排刻划，分别为：与长度成比率的直线；与面积成比率的正方形边长；与体积成比率的立方体棱长；与圆面积成比率的半径之长。转绘时，先将旋钮上的指标对准相应的刻划，以确定两对脚尖张距的比值，然后根据地图资料和新绘地图的共同点，以交会法进行。常同网格法配合应用，当大量转绘地图要素时，比例规就不适用。

图 1-11　三用圆规

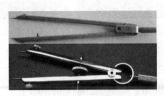
图 1-12　分规

图 1-13　比例规

1.2.1.4　模板类

1. 建筑模板

建筑模板主要用来绘制各种建筑标准图例和常用的符号，如柱、墙、门的开启线、详图索引符号、标高符号等，模板上镂空的符号和图例符合比例，只要用笔将镂空的图形描绘出来即可。如图 1-14 所示。

2. 曲线板

曲线板用于绘制不规则的非圆曲线，形式有很多，如图 1-15 所示。

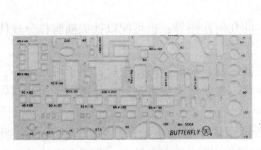
图 1-14　建筑模板

图 1-15　曲线板

6

作图时，应先徒手将曲线上各点轻轻地依次连成光滑的曲线，然后在曲线板上选用与曲线上完全吻合的一段描绘，吻合点越多所得曲线越光滑。若吻合段有4个连接点，可先描绘前三点的一段，留下最后两个点给下一段描绘，这样中间有一小段前后吻合两次，依次描绘就可连出光滑曲线。描绘对称曲线时，应自顶点一小段开始，对称地使用曲线板的同一段曲线描绘对称部分。

3. 圆板与椭圆板

（1）圆板：在规划设计图中有很多圆形，如广场、种植池、树木的平面图例等。如果借助圆规来绘制，工作量大而且繁琐，这时可以借助圆板，如图1-16所示。

使用时，根据需要按照圆板上的标注找到直径合适的圆，利用标识符号对准圆心，沿镂空的内沿绘制圆周即可。

（2）椭圆板：椭圆板的形式与圆板相似，只不过镂空的图形是一系列椭圆，使用方法也与圆板相同，如图1-16所示。

1.2.1.5 图纸

图纸种类比较多，有草图纸、硫酸纸、制图纸、牛皮纸、绘图膜等，各种图纸有着各自的特点和优势，使用时根据实际需要加以选择。

1. 草图纸

草图纸价格低廉，纸薄、透明，一般用来临摹、打草稿、记录设计构想。

2. 硫酸纸

硫酸纸一般为浅蓝色，透明光滑，纸质薄且脆，不易保存。但由于硫酸纸绘制的图纸可以通过晒图机晒成蓝图，进行保存，所以硫酸纸广泛应用于设计的各个阶段，尤其是需要备份图纸份数较多的施工图阶段。

3. 制图纸

制图纸纸质厚重，不透明，一整张为标准A0大小（1189mm×841mm），制图时根据需要进行裁剪。

1.2.1.6 其他

除了上述工具之外，在绘图时，还需要准备测量角度的量角器（如图1-17所示）、擦图片（修改图线时用它遮住不需要擦去的部分，露出要擦去部分）、削铅笔刀、橡皮、固定图纸用的胶带纸、砂纸（磨铅笔用），以及清除图画上橡皮屑的小刷等。

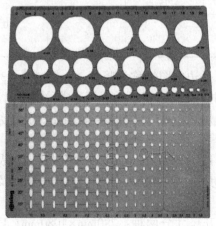

图1-16　圆板与椭圆板

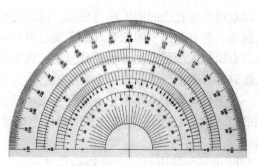

图1-17　量角器

1.2.2 制图标准

为了保证图纸规格基本统一，图面清晰简明，符合设计、施工和存档的要求，有利于提高制图效率，保证图面质量，以适应国家工程建设的需要，中华人民共和国住房和城乡建设部与国家质量监督检验检疫总局联合发布了有关制图的国家标准：《总图制图标准》（GB/T 50103—2010）、《城市规划制图标准》（CJJ/T 97—2003）、《建筑制图标准》（GB/T 50104—2010）、《房屋建筑制图统一标准》（GB/T 50001—2017）、《建筑结构制图标准》（GB/T 50105—2010）、《建筑给水排水制图标准》（GB/T 50106—2010）、《暖通空调制图标准》（GB/T 50114—2010）、《风景园林制图标准》（CJJ/T 67—2015）、《住宅设计规范》（GB 50096—2011）等。

制图国家标准（简称国标）是一项所有工程人员在设计、施工、管理中必须严格执行的国家条例。我们从学习制图的第一天起，就应该严格地遵守国标中每一项规定，养成一切遵守国家规范的优良品质。下面选取主要内容加以介绍。

1.2.2.1 图纸幅面

1. 图幅与图框

图纸幅面是指图纸本身的大小规格，简称图幅。图框是图纸上所供绘图的范围的界限，根据图幅大小确定图框的边线。

规划制图中采用国际通用的 A 系列幅面规格的图纸，如表 1-1 所示。A0 幅面的图纸称为 0 号图纸（A0），A1 幅面的图纸称为 1 号图纸（A1），以此类推。相邻幅面的图纸的对应边之比符合 $\sqrt{2}$: 1 的关系。A1 幅面是 A0 幅面的对裁，A2 幅面是 A1 幅面的对裁，其余类推。小图纸的长度等于大一号图纸的宽度，小图纸宽度等于大一号图纸长度的一半。图纸差 1 号，面积就差 1 倍。

表 1-1 图纸幅面与边框标准尺寸（A 系列） mm

幅面代号	幅面尺寸 $B \times L$	边框尺寸		
		a	c	e
A0	841×1189	25	10	20
A1	594×841			
A2	420×594			
A3	297×420		5	10
A4	210×297			

以短边作垂直边的图纸称为横幅，以短边作水平边的图纸称为竖幅。一般 A0 ~ A3 图纸宜为横幅，但有时由于图纸布局的需要也可以采用竖幅。A4 以下的图幅通常采用竖幅。

只有横幅图纸可以加长，而且只能长边加长，短边不可以加长，按照国际规定每次加长的长度是标准图纸长边长度的 1/8。

一个工程设计中，每个专业所使用的图纸，一般不宜多于两种幅面，不含目录及表格所采用的是 A4 幅面。图纸除应达到国家规范规定深度外，尚须满足业主提供例图深度及特殊要求。

"开"也是经常用到的一种幅面尺寸单位，全开尺寸分两种：780mm×1080mm（正度），880mm×1180mm（大度）。16 开（k）的就是全开开出 16 张，对开就是开出两张。A 系列规格，有以下几种：A3 对应 8k，A4 对应 16k，A5 对应 32k，A6 对应 64k。

通常习惯用的开本尺寸有：

大 8 开本：374mm×262mm，小 8 开本：368mm×260mm；

大 16 开本：262mm×187mm，小 16 开本：260mm×184mm；

大 32 开本：203mm×140mm，小 32 开本：184mm×130mm；

大 64 开本：131mm×101mm 或 130mm×99mm，小 64 开本：127mm×95mm 或 125mm×92mm。

2. 标题栏和会签栏

(1)标题栏：位于图纸的右下角，主要介绍图纸相关的信息，如：设计单位、工程项目、设计人员以及图名、图号、比例等内容。根据工程需要确定其尺寸、格式及分区，如图 1-18 所示。

(2)会签栏：位于图纸的左上角，包括项目负责人的专业、姓名、日期等，如图 1-19 所示。

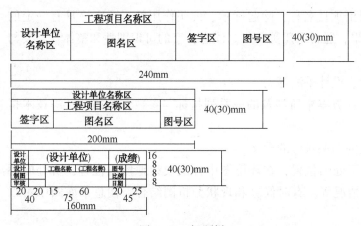

图 1-18　标题栏

图 1-19　会签栏

3. 图纸比例

常用图纸比例如表 1-2 所示，同一张图纸中，不宜出现三种以上的比例。

表 1-2　常用比例表

图纸名称	常用比例	可用比例
总平面图	1∶500，1∶1000，1∶2000	1∶2500，1∶5000
平、立、剖面图	1∶50，1∶100，1∶200	1∶150，1∶300
详图	1∶1，1∶2，1∶5，1∶10，1∶20，1∶50	1∶25，1∶30，1∶40

4. 图纸目录

各个专业图纸目录参照下列顺序编制：封面、图纸目录。

景观专业：景观设计说明；总图；竖向图；放线图；索引图；分区图；节电详图；铺装详图。

建筑专业：建筑设计说明；室内装饰一览表；建筑构造作法一览表；建筑定位图；平面图；立面图；剖面图；楼梯；部分平面；建筑详图；门窗表；门窗图。

结构专业：结构设计说明；桩位图；基础图；基础详图；地下室结构图；(人防图纸)；地下室结构详图；楼面结构布置；楼面配筋图；梁、柱、板、楼梯详图；结构构件详图。

给排水专业：给排水设计说明；总图；平面图(自下而上)；详图；给水、消防、排水、雨水系统图。

5. 图纸内容

图纸按照不同的阶段分为：设计图和施工图。按照表现方式分为：平面图、立面图、剖面图、透视图和鸟瞰图。

一套设计图纸应该包括：总平面图、现状分析图、功能分区图、道路系统设计图、竖向设计图、景观分析图、园林建筑小品单体设计图和关系规划图等。

(1) 总平面图：内容包括建筑、道路、广场、植物种植、景观设施、地形、水体等各种构景要素的表现及文字说明和相关的设计标准。

文字包括：

① 标题：在图的显要位置列出项目名称，除起标示、说明作用外，还应该具有一定的装饰效果，以增强图面的观赏效果，通常采用美术字。注意：字的可识别性和整体性，要与图的总体风格相协调。

② 设计说明：包括设计理念、设计手法等。

③ 设计指标与参数：列出设计方案中所涉及的一系列指标与参数，比如：经济技术指标、用地平衡(常用表格方式表示)等。

④ 图例表：包括一些自定义的图例对应的含义。

(2) 环境图：表现设计地段所处的位置，在环境图中标出设计地段的位置，所处的环境，周边的用地情况、交通道路情况等。有时候会和现状分析图结合，在总平面图中可以省略。

(3) 设计图：

① 设计范围：给出设计用地的范围，即规划红线范围。

② 建筑和园林小品：在图上标出建筑物、构筑物及其出入口、围墙的位置，并标注建筑物的编号；园林小品可利用图例标出其位置。

③ 道路、广场：道路中心线位置，主要的出入口位置，及其附属设施停车场的车位位置；标示广场的位置、范围、名称等。

④ 地形水体：包括等高线和水体轮廓线。

⑤ 植物种植：表示植物种植点的位置，大片的只标注林缘线。

(4) 其他：图中其他说明性的标示和文字。比如：指北针、比例尺等。

6. 图纸版本及修改标记

(1) 施工图版本号：第一次出图版本号为0，第二次修改图版本号为1，第三次修改图版本号为2。

(2) 方案图或报批图等非施工用图版本号：第一次图版本号为A，第二次图版本号为B，第三次图版本号为C。

(3) 图面修改标记：图纸修改可以版本号区分，每次修改必须在修改处做出标记，并注明版本号，简单或单一修改尽量使用变更通知单。

7. 绘图文件的命名规则

文件的命名应简单、明了、易记，易于交换数据。设计图纸可按设计工种和图纸目录顺序命名：

如建筑为 J1、J2……，初步设计加注 C，如 JC1、JC2……；

结构为 G1、G2……，初步设计加注 C，如 GC1、GC2……；

电气为 E1、E2……，初步设计加注 C，如 EC1、EC2……；

给排水为 S1、S2……，初步设计加注 C，如 SC1、SC2……；

通风为 H1、H2……，初步设计加注 C，如 HC1、HC2……等。

8. 绘制要求

（1）内容全面。利用文字表格或者专业图例说明设计思想、设计内容、园林设施等。

（2）布局合理。包括确定适宜的图幅，适宜的比例尺等。绘制过程中注意主图、附图、文字、表格、标题等内容的布局，充分合理地利用图纸空间。

（3）艺术美观。结合平面构图原理以及美学原则，增强图面的艺术表现力和感染力。

9. 其他要求

（1）所有设计的图纸都要配备图纸封皮、图纸说明、图纸目录。

（2）图纸封皮须注明工程名称、图纸类别（施工图、竣工图、方案图）、制图日期。

（3）图纸说明须对工程进一步说明工程概况、工程名称、建设单位、施工单位、设计单位或建筑设计单位等。

（4）每张图纸须编制图名、图号、比例尺、时间。

（5）打印图纸按需要、比例出图。

1.2.2.2　图线

图纸中的线条统称图线，按照图线宽度分为粗、中粗、中、细四种类型。

每个图样应先根据形体的复杂程度和比例的大小，确定基本线宽 b。b 值可从以下的线宽系列中选取。即 0.35mm、0.5mm、0.7mm、1.0mm、1.4mm、2.0mm，常用的 b 值为 0.35~1mm。决定 b 值之后，例如 1.0mm，则粗线的宽度规定为 b，即 1.0mm；中粗实线的宽度为 $0.75b$，即 0.75mm；中线的宽度为 $0.5b$，即 0.5mm；细线的宽度为 $0.25b$，即 0.25mm。每一组粗、中粗、中、细线的宽度，如 1.0、0.75、0.5、0.25 称为线宽组。

1. 各种图线

引出线：引出线均采用水平向 0.25mm 宽细线，文字说明均写于水平线之上。

尺寸标注：尺寸界线、尺寸线，应用细实线绘制，端部出头 2mm。

尺寸起止符号用中粗线绘制，其倾斜方向与尺寸线成顺时针 45°，长度为 2~3mm。

相交线：图线在接触、连接或转弯时应尽可能在线段上。单点长画线或双点长画线的两端不应是点，点画线与点画线交接或点画线与其他图线相交时，应是线段相交；虚线与虚线、单（双）点长画线与单（双）点长画线、虚线或单（双）点长画线与其他图线相交时，应是线段相交。虚线为实线的延长线时，需要留有间隙，不得与实线相连接。

2. 画线时注意事项

（1）在同一张图纸内，相同比例的各图样，应采用相同的线宽组。

（2）相互平行的图线，其间隙不宜小于其中的粗线宽度，且不宜小于0.7mm。

（3）虚线、单点长画线或双点长画线的线画与间隔宜各自相等。虚线的线段长约为3~6mm，间隔约为0.5~1mm；单点长画线或双点长画线的线段长约为15~20mm，间隔2~3mm，中间的点画成短画。当在较小图形中绘制单点长画线或双点长画线有困难时，可用实线代替。

（4）图纸中有两种以上不同线宽的图线重合时，应按照粗、中、细的次序绘制；当相同线宽的图线重合时，按照实线、虚线和点画线的次序绘制。

（5）图线不得与文字、数字或符号重叠、相交。不可避免时，应首先保证文字等的清晰。

（6）图纸的图框线宽度（A0、A1、A2、A3幅面采用1.4mm，A4、A5采用1.0mm）、标题栏外框线宽度（0.7mm）、标题栏分格线与会签栏线宽度（0.35mm）。

1.2.2.3 文字

图纸上有各种符号、字母代号、尺寸数字及文字说明。各种字体必须书写端正，排列整齐，笔画清晰。标点符号要清楚正确。

1. 汉字

汉字应采用国家公布的简化汉字，长仿宋字体应用较多。长仿宋字体的字高与字宽的比例大约为1：0.7，字体高度分20mm、14mm、10mm、7mm、5mm、3.5mm六级，字体宽度相应为14mm、10mm、7mm、5mm、3.5mm、2.5mm。

优先考虑采用宋体、黑体、楷体、仿宋、幼圆（等线体）等字体。

除投标及特殊情况外，尽量不使用TuroTypo字体，以加快图形的显示，缩小图形文件。同一图形文件内字型数目不要超过四种。

目前的计算机辅助设计绘图系统，已经能够生成并输出各种字体和各种大小的汉字，快捷正确，整齐美观，可以节省大量手工写字的时间。各种标准字体的文件，放置在系统的FONTS目录中。

2. 字母与数字

图纸上的字母和数字的书写分为正体和斜体两种，斜体字应向右倾斜与水平线呈75°。

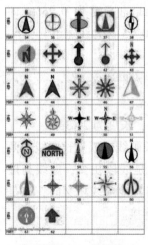

图1-20 指北针

字高 h 不宜小于2.5mm，小写的字母的高度应为大写字高 h 的7/10，字母间隔为（2/10）h，上下行的净基准线间距最小为（15/10）h。

字母、数字的使用还应该遵循制图标准中的相关规定进行。西文字体优先考虑 Roman、Simplex 或 Txt 等。

3. 指北针

指北针在规划平面图和总图上，可明确表示规划用地的方位。指北针加风玫瑰图，还可说明这地方的常年主导风向。指北针的形状：其圆的直径宜为24mm，用细实线绘制；指针尾部的宽度宜为3mm，指针头部应注"北"或"N"字。需用较大直径绘制指北针时，指针尾部宽度宜为直径的1/8。如图1-20所示。

4. 最小字距及其他要求

（1）最小字距：汉字字距 1.5mm，行距 2mm，间隔线或基准线与汉字的间距 1mm；字母与数字字符间距 0.5mm，词距 1.5mm，行距 1mm，间隔线或基准线与字母、数字的间距 1mm。当汉字与字母、数字混合使用时，字体的最小字距、行距等应根据汉字的规定使用。

（2）字体要求：字体端正、笔画清楚，排列整齐、间隔均匀。

数字：一般应以斜体输出。

小数点：进行输出时，应占一个字位，并位于中间靠下处。

字母：一般应以斜体输出。

汉字：在输出时一般采用正体，并采用国家正式公布和推行的简化字。

标点符号：应按其含义正确使用，除省略号和破折号为两个字位外，其余均为一个符号、一个字位。

1.2.2.4 尺寸标注

图样除了画出建筑物、构筑物、园林小品及其各部分的形状外，还必须准确、详尽和清晰地标注尺寸，以确定其大小，作为施工时的依据。

图样上的尺寸由尺寸界线、尺寸线、尺寸起止符号和尺寸数字组成。

尺寸界线应用细实线绘画，一般应与被注长度垂直，其一端应离开图样的轮廓线不小于 2mm，另一端宜超出尺寸线 2~3mm。必要时可利用轮廓线作为尺寸界线。

尺寸线也应用细实线绘画，并应与被注长度平行。图样本身的任何图线都不得用作尺寸线。

尺寸起止符号一般应用中粗斜短线绘制，其倾斜方向应与尺寸界线成顺时针 45°角。长度宜为 2~3mm。在轴测图中标注尺寸时，其起止符号宜用小圆点。

国标规定，图样上标注的尺寸，除标高及总平面图以米（m）为单位外，其余一律以毫米（mm）为单位，图上尺寸数字都不再标注单位。

尺寸数字与绘图比例无关，反映的是几何图形的真实大小。图样上的尺寸，应以所注尺寸数字为准，不得从图上直接量取。

标注半径、直径和角度，尺寸起止符号不用 45°短斜线，而用箭头表示。图中 R 表示半径，φ 表示直径。角度数字一律水平书写。

1.2.3 仪器绘图与徒手绘图

利用绘图仪器绘制图纸的过程称为仪器作图，所画出的图称为仪器图（drawing）。在要求比较严格、对精度要求较高的时候，采用仪器绘图。绘制的方法和步骤可以概括为：先底稿、再校对、上墨线，最后复核签字。

不借助绘图仪器，徒手绘制图纸的过程称为徒手作图，所绘制的图称为草图（sketch）。草图是技术人员交流、记录、构思、创作的有力工具。技术人员须熟练掌握徒手作图的技巧。

徒手画平面图形时，不要急于画细部，先要考虑大局，即要注意图形的长与高的比例，以及图形的整体与细部的比例是否正确。草图最好画在方格纸上。图形各部分之间的比例可借助方格数的比例来解决。

草图的"草"字只是指徒手作图而言，并没有允许潦草的含义。草图上的线条也要粗细

13

分明，基本平直，方向正确，长短大致符合比例，线型符合国家标准。画草图的铅笔芯要软些，一般使用 B 或 2B 铅笔。画水平线、竖直线和斜线的方法，如图 1-21 所示。

(a) 画水平线　　　(b) 画竖直线　　　(c) 画斜线

图 1-21　徒手绘直线

1.2.3.1　直线与曲线的绘制

1. 直线的绘制

徒手绘图可从简单的直线练习开始。在练习中应注意运笔速度、方向和支撑点以及用笔力量。运笔速度应保持均匀，宜慢不宜快，停顿干脆。用笔力量应适中，保持平稳。

基本运笔方向为从左至右、从上至下，且左上方的直线(倾角 45°~225°)应尽量按向圆心的方向运笔，相应的右下方直线运笔方向正好与其相反。

运笔中的支撑点有两种情况：

(1) 以手掌一侧或小指关节与纸面接触部分为支撑点，适合作较短的线条，若线条较长需分段作，每段之间可断开，以免搭接处变粗。

(2) 以肘关节作为支撑点，靠小臂和手腕运动，并辅以小指关节轻触纸而作更长的线条。

在画水平线和垂直线时，宜以纸边为基线，画线时视点距图面略放远些，放宽视面可随时以基线来校准。若画等距平行线，应先目测出每格的间距。

凡对称图形都应先画对称轴线，如画山墙立面时，先画中轴线，再画山墙矩形，在中轴线上点出山墙尖高度，画出坡度线，最后加深各线。

2. 曲线的绘制

徒手绘制曲线时，可以先确定曲线上的一系列点，然后将这些点顺次连接。一定要注意曲线的光滑度，尽量一气呵成，如果中间不得不中断，断头处不能出现明显的接头。

1.2.3.2　角度的绘制

画草图要手眼并用，作垂直线、等分一线段或一圆弧、截取相等的线段等等，都是靠眼睛估计决定的。画角度的方法，如图 1-22 所示。

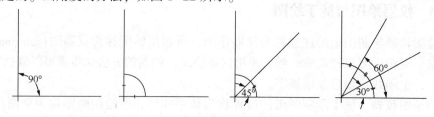

图 1-22　徒手绘角度

1.2.3.3　圆与椭圆的绘制

1. 圆的绘制

画圆可先用笔在纸上顺一定方向轻轻兜圆圈，然后按正确的圆加深。

画小圆时，先作十字线，定出半径位置，然后按四点画圆。

画大圆时除十字线外还要加45°线，定出半径位置，作短弧线，然后连各短弧线成圆。如图1-23所示。

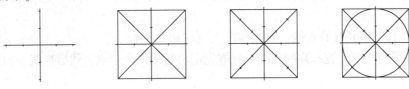

图1-23　徒手绘圆

2. 椭圆的绘制

按照椭圆的长短轴绘制出矩形，连接对角线；在椭圆中心到每一个矩形顶点的线段上，通过目测得到7：3的分点；最后将四个分点和长短轴端点顺次连接成椭圆即可。如图1-24所示。

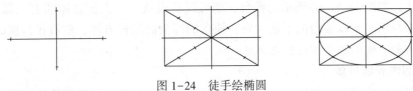

图1-24　徒手绘椭圆

1.2.3.4　摺板屋面房屋的立面图画法

绘制步骤如下：

（1）先作一矩形，使其长度与高度之比，等于房屋全长与檐高之比。画上中线，再在矩形之上加画一矩形，表示摺板屋面长度和高度，如图1-25（a）所示。

（2）按摺板的数目划分屋面为若干格。画窗顶线后，划分外墙为五格，最左最右两格较窄，如图1-25（b）所示。

（3）画出屋面摺板、窗框、门框和窗台线，如图1-25（c）所示。

（4）加上门窗、步级及其他细部。最后加深图线，如图1-25（d）所示。

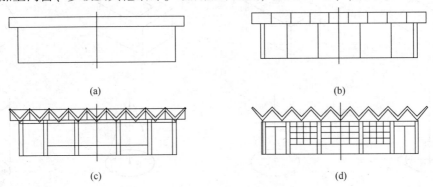

（a）　　　　　　　　　　　　　　　　（b）

（c）　　　　　　　　　　　　　　　　（d）

图1-25　徒手绘摺板屋立面图

1.2.3.5　立体草图的画法

画形体的立体草图时，可将形体摆在一个可以同时看到它的长、宽、高的位置，然后观察及分析形体的形状。有的形体可以看成由若干个几何体叠砌而成，例如图1-26（a）的模型，可以看作由两个长方体叠成。

1. 画立体草图注意事项

（1）先定形体的长、宽、高方向，使高度方向竖直，长度方向和宽度方向各与水平线倾斜30°。

（2）形体上相互平行的直线，在立体图上也应相互平行。

（3）画不平行于长、宽、高的斜线，只能先定出它的两个端点，然后连线，如图1-26（b）所示。

2. 绘制长方体

画草图时，可先徒手画出底下一个长方体，使其高度方向竖直，长度和宽度方向各与水平线呈30°角，并估计其大小，定出其长、宽、高。然后在顶面上另加一长方体，如图1-26（a）所示。

3. 绘制棱台

有的形体，如图1-26（b）所示的棱台，则可以看成从一个大长方体削去一部分而形成。这时可先徒手画出一个以棱台的下底为底，棱台的高为高的长方体，然后在其顶面画出棱台的顶面，并将上下面的四个角连接起来。

4. 绘制圆锥和圆柱体

画圆锥和圆柱的草图，如图1-26（c）所示，可先画一椭圆表示锥或柱的下底面，然后通过椭圆中心画一竖直轴线，定出锥或柱的高度。对于圆锥则从锥顶作两直线与椭圆相切，对于圆柱则画一个与下底面同样大小的上底面，并作两直线与上下椭圆相切。

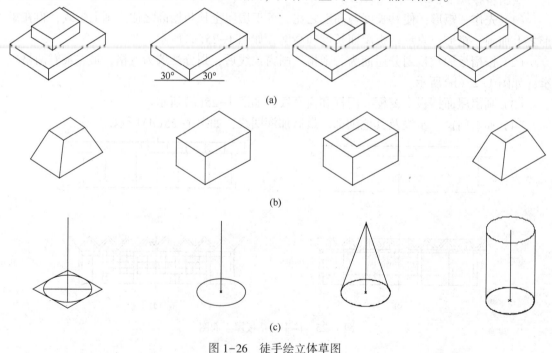

(a)

(b)

(c)

图1-26 徒手绘立体草图

1.3 中国古代制图的成就

中国是世界四大文明古国之一，悠久的历史长河中，孕育了先进的科学技术和灿烂的华

16

夏文化。在科学技术方面(天文、地理、数学、测量、建筑、水利、机械、中医药等),为世界文明的发展作出了卓越的贡献,留下了丰富的非物质文化遗产和物质文化遗产。与科学技术密切相关的制图技术,也取得了辉煌的成就。

中国最早的制图萌芽可追溯到 4000 年前的夏代或更早。制图技术与测量学的发展密切相关。大禹治水"左准绳,右规矩,载四时,以开九州,通九道,陂九泽,度九山",说明公元前 21 世纪已开始应用测量技术。大禹"贡金九牧"而铸鼎的故事记载于《左传》,鼎上刻有山川形势、各种奇禽异兽、神仙魔怪等,后人称其为"九鼎图"。《山海经》中也绘有山、水、动物、植物及矿物的原始地图。

3000 年前的西周初期(约公元前 1020 年),周召公为修建洛邑而绘制的洛邑城址地图,应该是中国历史上第一幅具有实际用途的城市规划图。编纂于春秋末至战国初期的《周礼·考工记》是中国目前所见年代最早的科学技术文献,全书共 7100 余字。其中的营造制度深刻影响着中国历代城市尤其是都城的规划,提出了都城规划布局的理想模式,奠定了中国古代城市规划的基本轮廓,成为历代筑城营国的准则。《周礼·地官·小司徒》"地讼,以图正之",从周朝开始,图中明确的疆域田界,成为封邦建国、管理土地必不可少的工具。春秋时期思想家管仲提出的关于城市规划的思想和理论基础,主张在城邑的选址中要从实际出发,因地制宜,顺应天时地利,考虑山川等地理环境因素的影响。《管子·度地》云"天子中而处,此谓因天之固,归地之利。内为之城,城外为之郭,郭外为之土阆。地高则沟之,下则堤之";《管子·乘马》云"凡立国都,非于大山之下,必于广川之上。高勿近旱,而水用足,下勿近水,而沟防省;因天材,就地利,故城郭不必中规矩,道路不必中准绳"。《管子·地图篇》指出"凡兵主者,要先审之地图",只有这样才能"行军袭邑,举措知先后,不失地利",对当时地图的内容和在军事行动中的地位和作用进行了详细论述。修建于公元前 212 年的阿房宫,被誉为"天下第一宫",与万里长城、秦始皇陵、秦直道并称为"秦始皇的四大工程",是中国首次统一的标志性建筑,也是华夏民族开始形成的实物标识。《史记·秦始皇本纪》称"先作前殿阿房,东西五百步,南北五十丈,上可以坐万人,下可以建五丈旗"。秦代一步合六尺,三百步为一里,秦尺约 0.23m。如此计算,阿房宫仅前殿就有 $0.55km^2$,相当于故宫总面积的三分之二(故宫总面积为 $0.72km^2$)!1992 年,联合国教科文组织就对阿房宫进行了调查和认可,将其认定为世界上最大的宫殿基址,认为阿房宫是当之无愧的"世界奇迹"。如此巨大精巧的工程,没有规划图是不可能建成的。

关于制图方法,魏晋时期的地图学家裴秀(公元 224—271 年,字季彦),总结了我国古代地图绘制的经验,在他的地图作品《禹贡地域图》序中提出了著名的具有划时代意义的制图理论——"制图六体":"分率",即比例尺;"准望",即方位;"道里",即距离;"高下",即相对高程;"方邪",即地面坡度起伏;"迂直",即实地高低起伏距离与图上距离的换算。前三条所讲的比例尺、方位和距离,是最基本的绘图原则;后三条是测制地图的三个基本法则,校正由地面起伏、道路迂回而引起的水平直线距离误差而采用的方法。裴秀第一次明确建立了中国古代制图理论,是当时世界上最科学、最完善的制图理论,标志着中国古代制图学的辉煌成就,为制图学奠定了基石。因此,裴秀被称为"中国科学制图学之父"。

北宋的李诫(字明仲)于宋熙宁年间(公元 1068—1077 年)在两浙工匠喻皓的《木经》基础上编修了《营造法式》,成书于宋元符三年(公元 1100 年),刊行于宋崇宁二年(公元 1103 年)。这是北宋官方颁布的一部建筑设计、施工的规范书,是我国古代最完整的建筑技术书籍,也是世界上最早的一部建筑规范巨著,标志着中国古代建筑已经发展到了较高阶段。全书 34 卷，357 篇，3555 条，对建筑技术、用工用料估算以及装修等都有详细的论述。其中，有图样 6 卷，一千余幅图。"图样"一词开始出现，并沿用至今。

1977 年冬，在河北省平山县发掘战国中山国古墓时，发现了一块铜板地图，因图面有"兆法"字样，称《兆法图》，又称为《兆域图》，是中山国王的陵园总平面规划图。专家考证，这块图板制成于公元前 4 世纪，是目前所知最早的建筑规划设计图，图中比例尺为 1：500，据所注尺寸，可推算出当时一步等于五尺，一尺为 22cm，陵墓即依此图施工而成。《兆域图》实属罕见的古代图样遗物，在考古学、历史学、语言学、社会学、建筑学等方面都很有研究价值，在地图史上比外国最早的罗马帝国时代的地图还要早 600 年，标志着远在 2400 多年前，我国先民就具有非凡的聪明才智和创造力。1973 年，在中国长沙马王堆汉墓出土的"地形图""城邑图""驻军图"，是我国现存的发现最早的三幅古代专题地图，成图于公元前 168 年，距今至少有 2100 多年的历史，表明了我国古代编绘地图的精湛技术。

中国古代的制图技术历史辉煌，领先世界千年之久。但 19 世纪中叶以后，西方自然科学的进步，带动了测量学、地图学的发展，制图技术取得了重大突破，走在世界前列。而中国的制图技术不被重视，发展缓慢。这一部分内容在肯定我国古代制图技术方面卓越成就的同时，提醒学生必须览古励今，鞭策自己，学习先进的制图技术和理论，为早日实现制图技术的现代化和自动化而努力，为促进中国城乡和谐统筹发展，规划出美好的蓝图。

1.4 课程学习内容、方法和目的

随着计算机软件、硬件技术的发展，计算机制图技术被引入制图工艺中。在计算机制图已经普及的现代制图中，制图软件是制图人员不可缺少的工具。如 MapGIS、AutoCAD、MapInfo、ArcInfo、Illustrator、Freehand 等都是非常不错的制图软件。但 CorelDRAW 作为专业的绘图软件，不仅在平面设计业里风靡全球，在地图制图与规划制图领域中也具有独特的制图功效和非凡的印刷出版质量。

CorelDRAW 以其强大的制图功能、卓越的图形和文字编辑处理功能，已经受到了制图专业人士的青睐，成为制图领域独领风骚的矢量绘图软件。CorelDRAW 可以方便地把图形数据输出成许多文件格式，为各种各样制图数据之间的交换提供了方便的接口。它不仅是一个很好的绘图软件，而且还是一个能组版并能直接输出 EPS 文件格式的桌面出版软件，在地图印刷和喷绘的过程中也带来了其他制图软件不可比拟的优越特性。

1.4.1 学习内容

本课程的主要内容分为四大部分：认识 CorelDRAW、制图技法、色彩应用和计算机制图。

1.4.1.1 认识 CorelDRAW

学习计算机制图技术，首先要掌握的就是绘图软件的使用。CorelDRAW 是一款专业的图形图像软件，它并不是专门为制图工作者设计的，因此我们要将它强大的制图功能从中提取出来，专门进行讲解。

1.4.1.2 制图技法

这一部分在制图知识的基础上展开，是制图理论的实际运用，实践性较强，包括规划图纸的绘制，地理环境要素的表现，三维立体、阴影、透明和透视效果的绘制等。将制图对象按照点、线、面分为三大类，利用平面图表现空间关系，包含二维平面和三维空间图形的研究，与制图专业的特性联系十分紧密。

1.4.1.3 色彩应用

将色彩应用于制图工艺中，是制图发展史上的一场重大革命。色彩的使用，弥补了符号、图形和尺寸的不足，改变了以单一色彩绘图而产生的符号种类繁多、图形复杂以及主题内容类型难分、主次不明、图幅载负量小的弊端，提高了地图传递空间信息的容量，增进了图幅的美感和艺术造型。色彩与图形、尺寸融合在一起，成为现代制图中不可缺少的最为活跃的要素。这一部分主要包括色彩的基本原理、类别、模型、应用、调配、搭配以及色彩在规划制图设计中的视觉传达运用与表现，避免色彩与设计脱离的现象。

1.4.1.4 计算机制图

由于计算机技术的发展日新月异，大容量硬盘存储、大内存显卡和功能齐全的绘图软件不断更新，为计算机制图提供了可靠的技术支持。绘图软件种类繁多，本书介绍常用软件 CorelDRAW 的使用，结合制图专业的实际情况针对初学者的需要引入一个个设计案例，围绕案例逐步展开。这一部分以前两部分为基础，从理论向实践升华，是提高和实战的部分，在设计过程中通常与手工制图相结合，以求质量和效率并重。计算机制图是现代从事规划专业的人员必须掌握的一门新技术。

1.4.2 学习方法

由于课程内容较为抽象，加之实践性较强，所以学习过程中要讲究学习方法，打好坚实的专业基础，才能取得良好的学习效果。

1. 结合实物，培养空间思维能力

空间思维能力，也就是在头脑中架构制图对象的平面和立体效果或者相互转化的能力，对初学者来说这是一个非常头痛的问题。开始的时候可以借助一些模型或实物画出二维平面图，通过图物对照，增强感性认识。然后要移开实物或立体图，从所画的图想象该物体的形状，逐步做到根据二维平面图，就可以想象出三维物体的形状，直至可以完全依靠自己的空间想象能力完成二维和三维的相互转化。

2. 培养空间分析解题能力

解决有关空间几何问题，要坚持先对问题进行空间分析，找出解题思路，然后拟订方案，利用所掌握的各种基本制图原理、方法和色彩应用，逐步能够达到熟练作图表达和求解。

3. 严谨规范，步步检核，成果准确可靠

学习过程中，首先要熟悉国家制图标准和相关的法律法规，在绘图中严格遵守执行。图纸是施工建设的依据，一个数字的错误或线条的疏忽，都可能造成严重的返工浪费。因此，从初学制图开始，就要时时处处严格要求自己，按照规范，养成认真负责、一丝不苟、精益求精的工作态度和习惯。

4. 循序渐进，自主学习

规划制图是一门理论与实践结合紧密的课程，课前应预习，带着问题去听课，课后认真复习，完成作业，巩固所学的概念和方法。课程内容一环扣一环，前面的学习不透彻、不牢固，后面必然越学越困难。高等院校的学生必须学会自主学习，培养自学能力，自己发现问题，寻找解决问题的方法(包括查阅资料，请教老师、同学)。在学习过程中，手边时刻准备好一支笔和一个本，将看到、听到、想到的记录下来，通过平时大量的实践和积累，提高动手、动脑的能力。"它山之石可以攻玉"——多看一看其他专业人士设计和绘制的作品，在观察中总结经验，取长补短，并应用到实际工作中。

5. 拓宽专业视野，提供综合素质

地理科学与城乡规划专业本身就是一个综合学科，涉及地理、测绘、建筑、规划、工程、环境、美术等各方面。学好本课程，只是为学生制图能力的培养打下了一定的专业基础。要想成为本行业中的佼佼者，还需要对相关领域的专业知识有所了解，在以后的生产实践、项目设计中通过自己不断的努力和终身学习，只有这样，才能成为合格的制图专业人员。

由于计算机绘图技术的普及，数据的可重复利用，有效地提高了制图的准确性和工作效率，成本明显降低，因此计算机制图已经成为现代从业人员必备的一项技能。计算机制图与手工制图在方法和要求上基本一致，因此在手工制图的基础上学习计算机制图大有益处。两者结合符合专业特征和时代发展的需要，如果能够熟练掌握手工和计算机制图技术，将有助于增强自身的竞争实力。

总之，要想学好规划制图最根本的原则就是六个字——勤奋、思考、实践。"天道酬勤"，相信只要付出了，就一定会有收获!

1.4.3 学习目的

规划图是所有规划中不可或缺的重要组成部分，规划图中所涉及的地理环境、建筑物或者构筑物的布局形式、体量大小、结构构造、装饰工艺等，这些内容只用语言或文字很难准确清晰地描述，往往需要通过约定好的符号和图形加以"表述"。用符号和图形表示建筑物及其构件位置、大小、构造和功能的图，称为图样(draft)。在绘图纸上绘出图样，并加上图标、尺寸和文字，说明绘图对象的结构、形状、尺寸及其他要求的技术文件，称为图纸(drawing)。图纸不仅是本行业特有的交流语言，也是国际专业领域交流的共同语言。作为专业人员，都必须掌握基本的交流沟通方式——识图和绘图的技能。否则，不会读图，就无法理解别人的设计意图;不会画图，就无法表达自己的构思。

随着规划设计施工等方面国内外合作的增多，规划专业也面临与国际接轨的问题，中国规划行业的从业人员面临着严峻的考验。如何在竞争中立于不败之地，关键就是提高自身的实力和水平，专业技能的训练和实践是最重要的一个方面。本课程的根本目的，就是培养学生绘图和读图的能力，并通过实践，培养他们的空间思维能力和绘图水平，使图纸符合规范性、专业性和艺术性的要求。本课程主要包括以下几个方面:学习各种投影法(主要是正投影)的基本理论及应用;培养绘制和阅读规划图的能力;培养一定的空间思维能力、空间分析能力和空间信息的图解能力;培养计算机制图的初步技能;培养认真负责的工作态度和严谨细致的工作作风。

学生学完本课程后，应达到如下的要求:掌握色彩的基本应用和作图方法;能以作图的方法解决一般的空间度量问题、定位问题和空间信息的图形化问题;能正确使用绘图工具和仪器，掌握徒手画图技巧，绘制出规范的规划草图;对计算机制图有初步认识，并能掌握和运用绘图软件绘制出符合国家制图标准的图样和图纸。

1.5 地图素养

地图素养是地理核心素养形成的关键要素，是地理教育的核心内容之一，具备一定的地图素养已成为每一位现代合格公民的基本要求。义务教育地理课程标准要求"学习对生活有用的地理，学习对终身发展有用的地理"；普通高中地理课程标准提出"培养现代公民必备的地理素养"；《地理教育国际宪章》将如何使用地图列为培养学生技能的主要要求。空间属性是地理学所独有的特征，作为地理教育及研究的主要工具，地图是信息载体和信息传递工具，在变抽象为具体、变繁杂为精简、建立空间观念方面具有无法替代的优势，能够实现地理资料的收集、处理、分析与展示等一系列过程。因此，必须将地图素养的培养和提高作为地理教育的重要目标和核心任务，从生活走向地图、从地图走向社会，将地理课程作为培养学生地图素养的主阵地，在学习中掌握运用地图的方法和养成规范用图的行为习惯。

1.5.1 基本特征

1.5.1.1 综合性

综合性是地图素养的显著特点。首先，地图在内容上是综合的，不仅涉及了比例尺、方向、图例等基本内容和地图轮廓、地图颜色等内容，还包括了各种要素之间的相互联系；在反映地理事物时强调了各种地理要素的综合和统一。其次，地图素养在构成要素上具有综合性。地图知识是养成地图素养的基本前提，地图能力能够促进地图知识的内化与迁移，地图艺术与情感态度与价值观能够引导地图素养的价值取向。地图素养的综合性是发展学生综合分析和阅读地图、解决地理问题的能力的关键。

1.5.1.2 发展性

学生地图素养的养成是一个逐渐培育、逐渐养成的动态过程，具有明显的阶段性特征，即任何一个阶段都不是地图素养培养的终点。地图素养的形成包括了地图知识的积累、地图能力的养成和地图情感的熏陶和体验的过程。从这一意义上说，地图素养的养成也是一个长期的、反复的、渐进的动态过程。

1.5.1.3 终身性

地图素养是在已有经验的基础上生成的比较稳定的心理品格，对个体的终身发展具有独特作用。一方面，地图素养具有一定的长效性，能够长期对个体未来生活产生持续的影响。另一方面，地图素养具有一定的适用性，地图素养中的地图知识、读图析图绘图能力、地图意识、地图艺术与美感等对个体的终身发展有用。

1.5.1.4 实践性

地图素养养成与中学生的地理学习和个体日常生活密切联系，对提高中学生地理知识的学习效益具有现实意义，对促进个体的生活、加强个体对社会生活的适应能力具有特别的指导意义。

1.5.2 规范使用地图

树立国家版图意识，规范使用地图，也是地图素养的重要组成部分。国家版图，是一个国家主权和领土完整的象征。一点一线，都代表着祖国的秀美河山；一分一寸，都是国家行使主权的疆域。国家版图是一个国家行使主权和管辖权的疆域，体现了国家主权意志和在国际社会中的政治、外交立场，同国旗、国徽、国歌一样，是国家的象征。加强国家版图意识宣传教育，是爱国主义教育的重要内容，也是测绘法的明确规定。

提到国家版图，人们常常会联想到地图。在两千多年前的中国，地图就作为地域管辖权凭证，发挥着重要作用。国家版图可以用地图、文字、图画、影像等多种形式来表达。其中，地图是国家版图最常用、最主要的表现形式。在地图上可以形象直观地表示出国家的疆域范围以及边界、各级行政区域、行政中心、主要城市等。地图代表的是国家主权，直观反映国家的主权范围，体现国家的政治主张，具有严肃的政治性、严密的科学性和严格的法定性。地图能成为国家版图的主要表现形式，与它所具备的三个基本特性密切相关。数学基础决定了地图不能随意变形，能最真实地刻画疆域；地图语言使得地图内容严谨且形式统一，能最直观地描述疆域；制图综合保证了地图的高度提炼和科学简化，能最准确而具体地反映疆域。不管是传统的纸质地图，还是数字地图、电子地图、网络地图，都是地图的不同表现形式，其拥有的三个基本特性是不会改变的。地图所具有的这三个基本特性，是其他影像、图画、文字都不可能同时具备的。

规范使用地图，一点都不能错，一点都不能少。在飞速发展的信息时代，地图在各行各业都发挥着至关重要的作用。无论是传统纸质地图、新闻媒体用图，还是电子导航地图，正确表达国家版图都是不可逾越的红线！熟悉国家版图构成，维护国家领土和主权完整，是每一个公民的责任和义务。2004年国家测绘局将每年的8月29日定为测绘法宣传日，国家版图意识一直以来都是宣传的主题：2005年"加强国家版图意识，加强地图市场监管"；2012年"树立国家版图意识，维护地理信息安全"；2013年"强化国家版图意识，维护国家安全利益"；2014年"增强版图意识，维护民族尊严"；2015年"树立国家版图意识，维护国家主权安全"；2018年"强化国家版图意识，共同守护美丽中国"；2019年、2020年、2021年、2022年的主题都是"规范使用地图，一点都不能错"。树立全民的国家版图意识，必须从我做起，形成正确使用中国地图的社会氛围。

维护国家版图的尊严是每个公民的神圣职责，使用正确的中国版图地图是每个公民应尽的义务，在使用地图时必须标注下载网址和审图号，从自然资源部或省级自然资源主管部门网站下载正确的地图。自然资源部的标准地图服务系统网站(http://bzdt.ch.mnr.gov.cn/)，可下载中国和世界地图等，目前发布的标准地图包括：中国地图269幅，世界地图79幅，专题地图11幅。各省标准地图必须从各省、市、自治区自然资源厅网站下载正确的省级行政区域地图，如山西省标准地图下载网址为(http://shanxi.tianditu.gov.cn/mapResources/index_bzdt.html)，2022版山西省标准地图包括山西省及11设区市地图共147幅。

第2章　认识 CorelDRAW

CorelDRAW 是一款由世界顶尖软件公司之一的加拿大 Corel 公司开发的图形图像软件。其非凡的设计能力广泛地应用于商标设计、标志制作、模型绘制、插图描画、排版及分色输出等等诸多领域。其被喜爱的程度可用事实说明，用于商业设计和美术设计的 PC 电脑上几乎都安装了 CorelDRAW，是 PC 平台上历史最长的绘图软件之一。从 1989 年 CorelDRAW 第一次对外发布以来，在以后的时间里，CorelDRAW 不断改良、升级，自身越来越成熟，功能也越来越强大。常见历史版本 9、10、11、12、X3、X4，官方普及版本 X5、X6、X7、X8、2017、2018、2019、2020、2021，目前最新版本 CorelDRAW Graphics Suite 2022。

CorelDRAW 是主要在 Windows 操作系统环境下运行的图形图像制作和开发软件包，不同版本的 CorelDRAW 支持操作系统也不一样。在基于微机的图形软件和商业应用软件领域，Corel 公司具有国际公认的全球领先地位。Corel 公司的 CorelDRAW 是一个基于矢量的绘图程序，可用来轻而易举地创作专业级美术作品，无论是简单的公司标识还是复杂的技术图例都不在话下。CorelDRAW 的加强型文字处理功能和写作工具亦不同凡响，使用户在编排大文字量版面时比以往任何时候都更加轻松自如。CorelDRAW 的连续反馈机制可使使用者迅速达到熟练水准，它的加强型功能还能使用户在设计和出版一切图形作品时如虎添翼。本章我们先对这个程序有一个基本的认识，主要任务不是详细介绍 CorelDRAW 的各个命令、各种工具，而是结合专业制图的设计要求，将 CorelDRAW 应用于计算机制图的功能展示给大家。

2.1　CorelDRAW 概述

CorelDRAW 是一个基于矢量的绘图和图解程序，这就是说在 CorelDRAW 绘图页面上绘制对象时，对象的外形都是用数学公式表示的，其实际精度可以达到 $0.1\mu m$。这听起来很复杂，实际上我们无须考虑这些技术细节，只要知道 CorelDRAW 可以使我们以基于图形和文本的样式用所绘图形表达自己的意图就可以了。它的功能和潜力有待读者发挥自己的想象力去开发。

如果是第一次使用 CorelDRAW，那么启动后或许会觉得它难以使用。同大多数人一样，当在屏幕上绘制第一个对象时，这种想法会更明显；如果在想给对象填充某种颜色但又不想使用屏幕右侧的缺省调色板时，那么这种焦虑的心情将更严重；接下来要是需要再使用几个工具，许多初次使用者可能就想放弃了。但是请不要灰心，记住：我们都是这样起步的，我们也遇到过同样的问题，但都过来了，何况当时没有一本能简化处理过程的指导书。

根据不同 CorelDRAW 版本最低系统要求，配置相应的系统环境，确保系统的日期和时间已正确设置，确保系统已安装最新的更新，同时确保要安装该应用程序的驱动器上有足够的可用磁盘空间，以期获得程序运行的最佳性能。安装 CorelDRAW 程序之前，必须关闭所有应用程序，包括所有病毒检测程序和系统托盘或 Windows 任务栏上打开的应用程序，否则可能会延长安装时间并干扰安装；建议重启 Windows，该操作将确保最新的系统更新无需重启且不存在内存问题。购买正版 CorelDRAW 软件，以具有管理权限的用户的身份登录系统，在安装向导中，按照说明步骤，安装软件即可。

2.1.1 界面布局

2.1.1.1 欢迎画面

在计算机上运行 CorelDRAW 程序，将显示如图 2-1 所示的"欢迎屏幕"画面。这个欢迎画面提供了一种快捷方法来开始新建图形文档。打开上次编辑的文件，打开已有的图形文件，从模板新建图形，选择适合自己需求的工作区，访问在线学习视频和其他学习资源，以及通过 CorelDRAW 创建的原创作品库获得灵感。

2.1.1.2 界面全貌

在图 2-1 所示的欢迎画面中单击"新建"图标，就可新建一个绘图文件，从而进入 CorelDRAW 的操作界面，如图 2-2 所示。图中所示窗口的最顶端是标题栏，用来显示 CorelDRAW 图形文件的名称，如果用户还没有指定文件名，系统默认"图形 1"为文件名。标题栏下面是菜单栏、工具栏、属性栏。图中间白色的区域为桌面，其中的矩形区域是绘图页面，可以在其中绘制图形。桌面窗口的右边和右下方有垂直和水平滚动条，使用它们可以在更大范围内观察图形；左边和上边是标尺，这是可选的部分，利用标尺可以帮助用户迅速准确地判断对象的尺寸和位置。最左边是工具箱，包含了 CorelDRAW 的所有工具，供用户绘图之用。最右边是调色板，为用户提供丰富的色彩。最下边是状态栏，用以显示当前的操作状态。

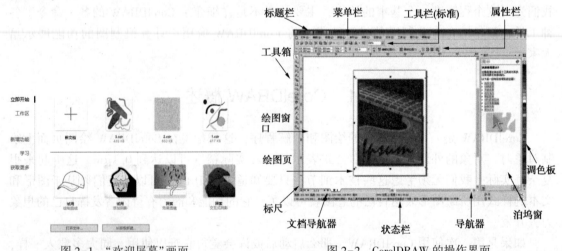

图 2-1 "欢迎屏幕"画面   图 2-2 CorelDRAW 的操作界面

2.1.1.3 菜单栏

菜单栏位于屏幕的顶端，如图 2-3 所示，在缺省的情况下，CorelDRAW 提供了 11 个菜单选项。单击一个菜单时，会弹出一个下拉式命令列表。从下拉列表中选择命令，既可以用鼠标单击，也可以按一下带下划线的字母，还可以选择命令所对应的快捷键，选中菜单上的命令。

菜单栏最右面的三个按钮有如下功能：如果单击三个按钮中最左边的按钮，那么当前的图形窗口就会缩成一个位于 CorelDRAW 窗口底部的图标。中间的按钮可以使得窗口在最大化状态或原图缩小一半状态之间进行切换。最右边的按钮是关闭当前的图形窗口。

图 2-3　菜单栏

2.1.1.4　控制菜单

在菜单栏最左边，紧邻文件菜单，还有一个按钮，外观为 Corel 图标，单击该按钮则弹出如图 2-4 所示的控制菜单。使用它可以对 CorelDRAW 程序或文件窗口进行关闭、移动、恢复、最小化、最大化以及其他操作。

2.1.1.5　标准工具栏

标准工具栏位于菜单栏下面，如图 2-5 所示，包含一组图标按钮。单击这些按钮后将执行相应的命令，其中的大部分按钮功能与其他 Windows 应用程序中的标准工具的作用相同。

2.1.1.6　属性栏

位于标准工具栏下面的是属性栏，当在工具箱中选中不同的工具时，在属性栏中会显示出设置该工具属性的选项，如图 2-6 所示。

2.1.1.7　工具箱

工具箱可以固定在 CorelDRAW 窗口的左侧，也可以成为在屏幕上拖动的悬浮窗口。如图 2-7 所示，工具箱包含的工具可以执行 CorelDRAW 中最常用的绘图和编辑功能。

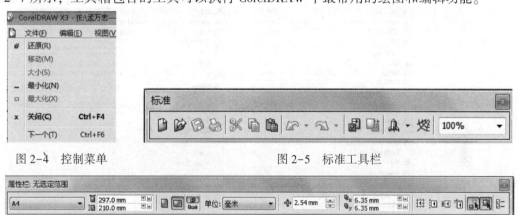

图 2-4　控制菜单　　　　　　　　　　　图 2-5　标准工具栏

图 2-6　属性栏

2.1.1.8　调色板

调色板位于 CorelDRAW 窗口的右侧，可以在其中选择各种颜色，并应用于所创建的对象上。在 CorelDRAW 中，用户可以对对象、对象的轮廓和文字等的颜色进行操作，如图 2-8 所示。

图 2-7　工具箱

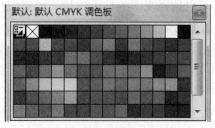

图 2-8　调色板

2.1.1.9 状态栏

默认情况下,状态栏在屏幕底部,只显示当前鼠标光标的两个坐标。当绘制图形时或者编辑对象时,就会显示类型、所选对象的尺寸和位移的距离等信息,所显示的信息的确切含义取决于用户当前的操作。

2.1.2 菜单命令

2.1.2.1 文件菜单

文件菜单(图2-9)是CorelDRAW的基础,每一项工作的完成都离不开文件菜单。这个菜单中包含与文件操作相关的命令,提供了所有必需的工具来帮助用户高效率地完成工作。在文件菜单中包含了新建、打开、关闭、存储文件等命令,并提供了导入、导出文件的多种格式。

2.1.2.2 编辑菜单

用户绘制图形取决于采用的对象和操作,在编辑菜单(图2-10)中提供的基本命令使用户能够轻松地完成对对象的控制操作。

图2-9 文件菜单   图2-10 编辑菜单

2.1.2.3 视图菜单

视图菜单(图2-11)使用户能够定制绘图窗口、显示和摆放所需的工具栏,使用这个菜单还可以选择视图的显示质量,或者在绘图窗口中显示某些绘图工具。

2.1.2.4 版面菜单

版面菜单在有的版本中也称为布局菜单(图2-12),提供了对象放置、版面设置的选择等命令。在该菜单中可以增加或者删除页面,也可以在多文档中进行导航。利用它的强大功能,可以更好地组织文档。

2.1.2.5 排列菜单

在排列菜单(图2-13)中,提供了摆放对象的基本命令和选项,利用此菜单中的命令,可以调整对象的形状、位置和排列顺序以及对象之间的关系。

26

图 2-11　视图菜单　　图 2-12　版面菜单　　图 2-13　排列菜单

2.1.2.6　效果菜单

效果菜单(图 2-14)所包含的命令可以为文档中的对象增加效果。通过选择它所包含的命令，可以将一个对象的效果映射到其他对象上，或者从对象上删除某种效果。另外还可以将某些效果组合起来，最终得到某种特殊效果。

2.1.2.7　位图菜单

位图菜单(图 2-15)所包含的命令允许对输入的位图文件进行编辑和应用多种艺术效果，还可将 CorelDRAW 中的图形对象转换成位图格式。

2.1.2.8　文本菜单

文本菜单(图 2-16)中所提供的命令可以使用户对文字进行编辑、改变格式、填充路径、访问书写工具以及获取文档中的文本统计信息。

图 2-14　效果菜单　　　图 2-15　位图菜单　　　图 2-16　文本菜单

2.1.2.9 工具菜单

工具菜单(图2-17)中包含计算机制图中最重要的图层管理的工具——对象管理器，自定义自己喜好的CorelDRAW的风格、调制色彩、创建自己的符号库等。

2.1.2.10 窗口菜单

窗口菜单(图2-18)所包含的命令可以在多文档环境中控制文件的显示。这个菜单还包括了颜色调板、卷帘工具、工具栏的命令，使用更加便捷。

2.1.2.11 帮助菜单

帮助菜单(图2-19)提供了不同形式的帮助。利用它可以迅速查找到所需要的信息，从而在遇到问题时获得最需要的帮助。该菜单还包含交互式的教程和新功能介绍，使用户能更快更深入地了解CorelDRAW。

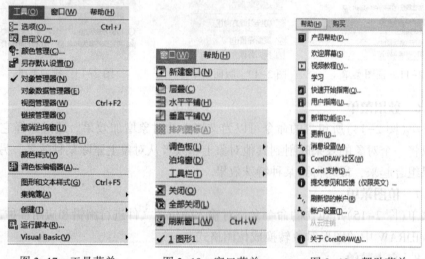

图2-17 工具菜单   图2-18 窗口菜单   图2-19 帮助菜单

帮助菜单提供了关于该应用程序中产品功能的全面信息，需要有效的因特网连接才能访问帮助。在帮助菜单中选择"产品帮助"命令，即可弹出CorelDRAW帮助网页(图2-20)。在网页上可以浏览整个主题列表，或搜索特定词语。还可以从"帮助"窗口中访问Corel网站上的Corel知识库以及其他在线资源。将指针放在图标、按钮和其他用户界面元素上时，工具提示可提供有关应用程序控件的帮助信息。可以隐藏所有工具提示，并且可以在需要时再次显示它们。

图2-20 CorelDRAW帮助网页

2.2 文件管理

2.2.1 文件格式

文件格式亦称为文件类型，是指电脑为了存储信息而使用的对信息的特殊编码方式，是用于识别内部储存的资料。比如有的存储图片，有的存储程序，有的存储文字信息。每一类信息，都可以一种或多种文件格式保存在电脑存储器中。每一种文件格式通常会有一种或多种扩展名可以用来识别，但也可能没有扩展名。同一个文件格式，用不同的程序处理可能产生截然不同的结果。一种文件格式对于某些软件会产生有意义的结果，对另一些软件而言，就像是毫无用途的数字垃圾。一个文件的类型通常用其扩展名来标注，保存文件时，根据所选择的文件类型，程序会自动为其添加合适的扩展名。在保存数字图像信息时必须选择一定的文件格式，如果选择不正确，以后读取文件时就可能出现打不开的问题。不能随意改变文件扩展名，更改文件扩展名会导致系统误判文件格式。

有些文件格式被设计用于存储特殊的数据，例如：图像文件中的 JPEG 文件格式仅用于存储静态的图像，而 GIF 既可以存储静态图像，也可以存储简单动画；Quicktime 格式则可以存储多种不同的媒体类型。文本类的文件有：txt 文件一般仅存储简单没有格式的 ASCII 或 Unicode 的文本；HTML 文件则可以存储带有格式的文本；PDF 格式则可以存储内容丰富、图文并茂的文本。

对于 CorelDRAW 而言，常用的文件格式有 CDR、JPG、JPEG、BMP 和 TIFF 等。同样的文件以不同的格式保存，其文件大小是不相同的。

2.2.2 文件存储管理

2.2.2.1 保存文件

在编辑文档的过程中，要及时保存文件，使之成为一种习惯。同时，要养成备份文件的习惯，以免文件丢失或损坏。在 CorelDRAW 中保存文件，需要选择菜单栏中"文件 | 保存"命令(图 2-21)，或者在标准工具栏上，点击"保存"按钮(图 2-22)，都可以打开"保存绘图"对话框(图 2-23)。其中，"保存在"提示的是文件保存的位置，需要确定文件存储的路径，如选择桌面，新建"地图制图"文件夹；如果是第一次保存文件，将提示为文件命名，输入"我的绘图"；保存类型即文件格式为 CDR。所有选项确定后，点击"保存"按钮，就将名称为"我的绘图"的文件，保存到桌面"地图制图"文件夹之中。

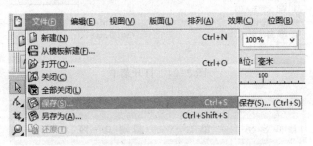

图 2-21　保存菜单

图 2-22　标准工具栏中的保存按钮

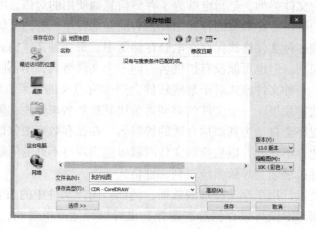

图 2-23　保存绘图对话框

　　还可以用新的名称或其他格式另存文件，点击"文件｜另存为"菜单命令，打开"保存绘图"对话框，在"文件名"框中，键入文件的新名称，点击"保存"按钮，原文件就以新的名称加以保存。或者单击"保存类型"下拉列表，选择要保存的文件格式，点击"保存"按钮，则文件将保存为其他格式。

2.2.2.2　打开文件

　　选择菜单栏中"文件｜打开"命令(图 2-24)，或者在标准工具栏上，点击"打开"按钮(图 2-25)，都可以打开"打开绘图"对话框(图 2-26)。在对话框左侧选择"桌面"，它就出现在"查找范围"选项框中；在下拉列表中找到"地图制图"文件夹，双击该文件夹，出现在"查找范围"选项框中；点击"我的绘图"，将其选中，最后单击"打开"按钮，即可将该文件打开。

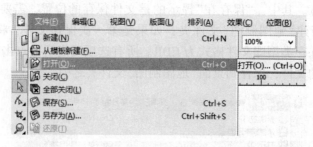

图 2-24　打开菜单

图 2-25　标准工具栏中的打开按钮

30

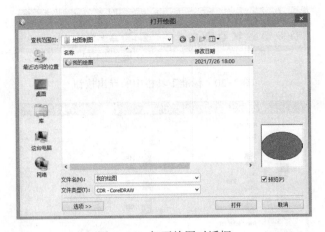

图 2-26 打开绘图对话框

2.2.2.3 关闭文件

选择菜单栏中"文件 | 关闭"命令（图 2-27），或者单击菜单栏右侧的"×"关闭按钮（图 2-28），即可关闭当前文件。

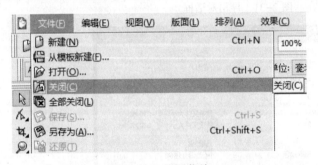

图 2-27 关闭菜单

图 2-28 关闭按钮

2.2.3 文件导出管理

2.2.3.1 导出文件

导出文件是将文件以栅格图像或其他格式进行存储的方式，CorelDRAW 通常以 JPG 格式导出为图像文件。选择菜单栏中"文件 | 导出"命令（图 2-29），或者在标准工具栏上，点击"导出"按钮（图 2-30），都可以打开"导出"对话框（图 2-31）。在"保存在"栏中确定文件存储的路径，在"文件名"栏中，为文件命名；"保存类型"栏中选择 JPG。所有选项确定后，点击"导出"按钮；出现"转换为位图"对话框（图 2-32），点击"确定"按钮；出现"JPEG 导出"对话框（图 2-33），点击"确定"按钮即可完成操作。

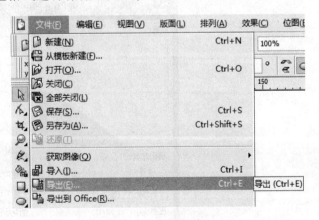

图 2-29 导出菜单

图 2-30　标准工具栏中的导出按钮

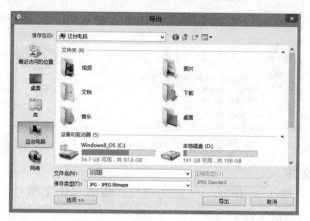

图 2-31　导出对话框

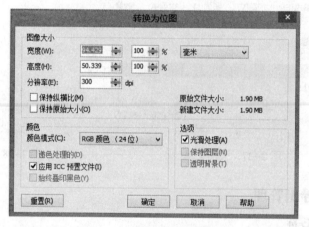

图 2-32　转换为位图对话框

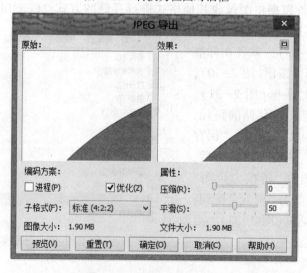

图 2-33　JPEG 导出对话框

2.2.3.2　导入文件

导出的图像文件需要以导入的方式打开，选择菜单栏中"文件｜导入"命令（图2-34），或者在标准工具栏上，点击"导入"按钮（图2-35），都可以打开"导入"对话框（图2-36）。找到文件存储的路径，选中需要导入的文件，点击"导入"按钮，然后将光标移动到绘图页面上，当带有标尺符号的图表显示时，单击鼠标左键，即可将选中的图像文件导入绘图窗口中。

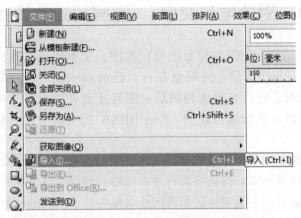

图2-34　导入菜单

图2-35　标准工具栏中的导入按钮

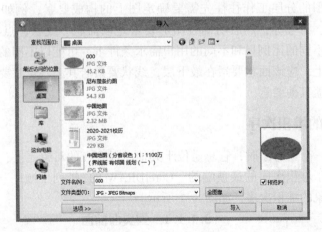

图2-36　导入对话框

33

第3章 CorelDRAW 的基本操作

3.1 对象堆积次序、图层和对象管理器

"对象堆积次序"功能允许改变对象的堆积次序，简单地说就是允许把对象分别放置于不同的图层上，而且每个图层上的对象都有自己的堆积次序；对象管理器不仅能够以堆积次序显示整个图面上的所有对象和图层，而且还允许用户在其中直接修改对象和图层中的堆积次序或对对象进行编辑处理。CorelDRAW 把对图层和对象的控制都融入了对象管理器中。

地图分层是计算机制图中一个很重要的概念。地图上有很多不同的要素类型：面状要素有政区块、湖泊、街区地块等；线状要素有交通线路、河流、境界线等；点状要素有居民点驻地、专题符号等；还有很多文字注记如居民地名称等。不同的图形要素类型具有不同的图形空间结构，所以应当将不同图形要素类型分为不同的图层存放。

CorelDRAW 使用图层来组织和管理地图数据，用户可以在绘图窗口中创建若干个图层，并将不同的要素放在不同的图层上。使用图层来管理地图数据，可以使众多的要素显得井然有序，大大提高绘图效率。对于同一地理区域，不同专题的数字地图产品会使用同一图形数据，通过图形要素的分层可以方便地实现不同数字产品之间数据的"共享"，从而大大减少数字化作业量，同时也可保证地图数据的质量。

数字化一幅地图的分层工作往往先需要确定图上的构成要素，例如政区块、河流、湖泊、境界线、地名、符号等；然后明确各图形要素是以面状、线状、点状还是注记方式表示。同一要素，在不同的比例尺和不同的用户需求条件下，可能以不同的形式来表示。

在图层的安排上，应该面状要素在最下层，线状要素居其上，点状要素在最上层，目的是面状要素不会压盖其他要素。

3.1.1 对象的堆积次序

在屏幕上绘制一个新对象时，它总是位于其他已经存在的对象之上，也就是说所绘制的最后一个对象是位于堆积次序的最顶端的。CorelDRAW 的"排列 | 顺序"命令提供了八种不同的方式来改变对象的堆积次序，如图 3-1 所示。

图 3-1 "顺序"子菜单

3.1.1.1 到页面前面

选择"到页面前面"这个命令将把选中的一个或一组对象移动到当前页面所有其他对象的最上面，快捷键是"Ctrl +Home"。在重新分布对象时，这个命令非常有用。

3.1.1.2 到页面后面

选择"到页面后面"这个命令将把选中的一个或一组对象移动到当前页面所有其他对象的最下面，快捷键是"Ctrl +End"。

3.1.1.3　到图层前面

选择"到图层前面"这个命令将把选中的一个或一组对象移动到活动图层所有其他对象的最上面，快捷键是"Shift+PgUp"。

3.1.1.4　到图层后面

选择"到图层后面"这个命令将把选中的一个或一组对象移动到活动图层所有其他对象的最下面，快捷键是"Shift+PgDn"。

3.1.1.5　向前一层

选择"向前一层"这个命令将把选中的一个或一组对象向前移动一个位置，如果选定对象位于活动图层上所有其他对象前面第二的位置，则将移到图层的最上方，快捷键是"Ctrl+PgUp"。

3.1.1.6　向后一层

选择"向后一层"这个命令将把选中的一个或一组对象向后移动一个位置，如果选定对象位于活动图层上所有其他对象后面倒数第二的位置，则将移到图层的最下方，快捷键是"Ctrl+PgDn"。

3.1.1.7　置于此对象前

选择"置于此对象前"这个命令将把选中的一个或一组对象移到在绘图窗口中单击的对象的前面。

3.1.1.8　置于此对象后

选择"置于此对象后"这个命令将把选中的一个或一组对象移到在绘图窗口中单击的对象的后面。

3.1.2　对象管理器与图层

3.1.2.1　对象管理器

对象管理器是用来显示当前文档中的对象、图层和页面的树状结构。它的"泊坞窗"窗口中显示了文档每一页中对象和图层的堆积次序。绘图中的每一个对象都显示在对象管理器中，因此用户可以在对象管理器中选中对象并进行编辑，在编辑对象时，将绘图窗口和对象管理器结合起来使用，效果会更好。

用"工具｜对象管理器"命令或"窗口｜卷帘工具｜对象管理器"命令，就可以打开对象管理器。图 3-2 为缺省设置下的对象管理器窗口。在默认情况下，对象管理器包含两个内容，一个是"页面 1"，它包含一个图层"图层 1"；另一个是"主页面"，它包括三个图层：辅助线、桌面、网格。

3.1.2.2　操作图层

如图 3-3 所示，在对象管理器窗口标题栏下方有三个图标，自左向右分别为"显示对象属性""跨图层编辑"和"图层管理器查看"。窗口最下方也有三个图标，从左向右分别为："新建图层""新建主图层"和"删除"。这六个图标的功能如下：

第一个图标用于切换图层中每一对象属性描述的显示与否。注意图 3-4 中椭圆和矩形的填充及轮廓属性是被显示出来的。如果切换此图标为关闭状态，则所显示的将只有"椭圆在图层 1"和"矩形在图层 1"。

第二个图标用于切换跨越多个图层进行编辑的功能。如果关闭此功能，将只能编辑当前被选中的图层上的对象。

第三个图标用于切换图层管理器查看的功能。此图标关闭，则对象管理器所有对象的属性、页面和图层均显示出来。如果此图标打开，则对象管理器只显示每个图层的名称。

单击第四个图标将在"页面 1"中增加一个新的图层，新图层将按创建先后顺序从缺省图层 1 后依次命名，我们也可以根据自己的需要来为新图层命名。

单击第五个图标将在"主页面"中增加一个新的主图层，同样，我们也可以根据自己的需要来为该图层命名。

第六个图标是一个"废纸篓"的形象，它的功能就是将选中的对象删除。如果要删除某对象，只要将其选中，单击该图标，就可将这个对象删除。

表面上看起来，使用对象管理器来管理图层是一件颇为复杂的事情，因为有些用户只是用 CorelDRAW 来处理一些简单的图片或文字，并不需要使用多图层的方式来处理。但对我们专业的制图工作者来说，对象管理器的作用是至关重要的，它能够帮助我们合理地根据自己的需要来组织和管理纷繁复杂的制图对象和要素，减少很多不必要的麻烦。

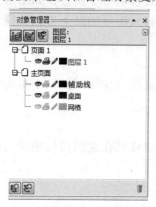

图 3-2　对象管理器

图 3-3　操作图层

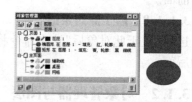

图 3-4　对象属性显示

3.1.2.3　创建页面和图层

在 CorelDRAW 中，每个绘图中允许有多个页面，而每个页面又可以包含多个图层。在默认情况下，一个绘图中只有一个页面，而一个页面中只有一个图层，用户可以在绘图中根据自己的需要创建新的页面和图层。

1. 创建和删除页面

（1）创建页面。在绘图中，添加一个新的页面是非常方便的，并且用户可以将新页面添加到任意页面的前或后。添加页面的方法有 3 种：

① 用"布局 | 插入页"命令，将出现如图 3-5 所示的"插入页面"对话框。

图 3-5　"插入页面"对话框

图 3-6　添加新页面

在"插入"中键入要插入的页数，在"页"中键入第几页，然后选定"之前"或"之后"单选钮，表示在指定页前或后插入新页；在"纸张"列表中选择纸张类型，或在"宽度"和"高度"中设置纸张尺寸；单击"确定"。这样，就在对象管理器中添加了新页，如图3-6所示，默认名称为"页面2"，用户可以用鼠标右键单击当前页面的名称，选择"重命名页面"，然后在对话框中输入自己想要的页面名称。

② 如图3-7所示，在绘图屏幕的左下角有两个"+"的标志，单击前面的"+"在当前页面的前面插入新页面，单击后面的"+"在当前页面的后面插入新页面。

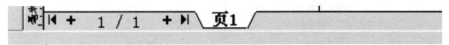

图3-7　插入新页面

③ 用鼠标右键单击图3-7中的"页1"或在对象管理器的现有页面上单击鼠标右键，会出现如图3-8所示的弹出菜单，用它也可以插入新页。

在对象管理器中，有一个名称为"主页面"的页面，称为主页面，当用户选定绘图中的不同页面时，主页面也会相应更改，当前页面即为主页面。辅助线层、桌面层、网格层总是显示在主页面中。

（2）删除页面。如果绘图中包含了太多的页面，可能会带来不必要的麻烦，而实际又不需要这么多，用户可以将多余的页面删除掉。删除页面的方法也有3种：

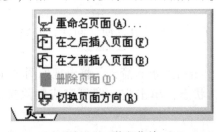

图3-8　弹出菜单

图3-9　"删除页面"对话框

① 用"布局|删除页面"命令，将出现如图3-9所示的"删除页面"对话框。

在"删除页面"中键入删除第几页；选定下面的复选框，在其中键入一个数，其值大于或等于"删除页面"框中的值。例如，"删除页面"框中的值为2，下面框中为3，表示删除第2到第3页，包含第3页。单击"确定"，就完成了页面的删除。

② 当文档为多页面时，用鼠标右键单击如图3-7所示的"页面1"或其他准备删除的页面，将出现如图3-8所示的弹出菜单，其中"删除页面"的命令也处于可选取状态，单击该命令，即可删除所选的页面。

③ 当文档为多页面时，在对象管理器中，用鼠标右键单击准备删除的页面，同样会出现如图3-8所示的弹出菜单，其中"删除页面"的命令也处于可选取状态，单击该命令，即可删除所选定的页面。

2. 创建和删除图层

应用多个图层对制图对象或要素进行管理，对各种图形和文字对象进行编辑处理，正是计算机制图使用图层的目的所在。所以，用户必须在页面中添加新的图层。单击对象管理器中的任一图层，该图层的图名显示为红色，表示该图层为当前图层。

（1）创建新图层：创建新图层的方法有以下三种：

① 打开对象管理器，单击右上角的箭头，将出现如图 3-10 所示的弹出菜单。在弹出菜单中选择"新建图层"命令，新建的图层将出现在原来的图层上面，同时可对其进行命名。

② 打开对象管理器，在对象管理器的任意空白位置，单击鼠标右键，也会出现如图 3-11 所示的弹出菜单。采用同样的步骤建立新的图层。

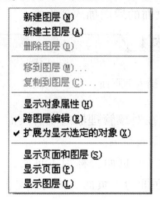
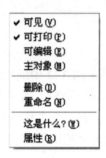

图 3-10　对象管理器选项菜单　　　图 3-11　图层弹出菜单

③ 打开对象管理器，单击如图 3-2 所示的其左下角的"新建图层"图标，可直接建立新的图层。

（2）删除图层。在 CorelDRAW 中，添加一个新的图层很方便，同样，要将一个图层删除掉，也很轻松。具体的方法有以下两种：

① 打开对象管理器，选定要删除的图层；单击右上角的箭头，将出现如图 3-10 所示的弹出菜单，其中的"删除图层"命令也处于可选状态，单击它，即可完成删除选定图层的操作。

② 打开对象管理器，选定要删除的图层；用右键单击它，将出现如图 3-11 所示的弹出菜单，选择其中的"删除"命令，即可完成删除选定图层的操作。

同样，用这个弹出菜单，也可以对已创建的图层，进行重命名。

3.1.3　控制图层

用图层来组织和管理对象，不仅是要把绘图中的多个对象放置在不同的图层上，还要通过设置图层的属性，达到控制图层的目的。如锁定或打开一个图层，隐藏或显示一个图层，设置一个图层是否打印，以及改变图层的堆积次序。

3.1.3.1　在对象管理器中控制图层

打开对象管理器，如图 3-12 所示，对象管理器对话框的图层部分，首先显示的是页面 1 图标，接下来是呈树状结构的含有不同图标的六列，它们的功能可用三种方法实现：打开对象管理器，直接点击这六个图标，对其进行功能切换；如图 3-12 所示，用鼠标右键单击选定的图层，弹出对话框，然后对各个功能进行切换；在图 3-12 的弹出菜单上，选择属性，将出现如图 3-13 所示的图层属性对话框（稍后再介绍这个对话框），也可以对所有的功能进行操作。下面将介绍这些部分。

图 3-12　对象管理器　　　　　图 3-13　图层属性对话框

1. 显示图层的内容

第一列显示的图标⊞，单击它，图标将变为⊟，如图 3-14 所示，这时选定图层的所有内容就显示出来。如果不想显示图层的内容，只需单击图标⊟，将其变为⊞即可。

图 3-14　显示图层内容

2. 隐藏和显示图层

在使用图层管理复杂的图形时，如果所有的图层都是可见的，则大量的绘图对象会使窗口显得杂乱无章，这时，用户可以根据需要将某些图层隐藏起来。

第二列上有眼睛图标，用它来控制当前图层的可见性和不可见性，单击眼睛图标就可以在可见与不可见之间进行切换。如果图标变灰，则说明当前层是不可见的。使某些图层隐藏，不但可以减少视图重画所需的时间，而且还可以减少图层之间的相互叠加干扰，以便操作。如果仅想显示某一图层，那么在这里也可以方便地做到。

3. 打印设置

第三列上是打印机图标，通过它可以设置当前图层是否要被打印。在缺省情况下，辅助线和桌面前面的打印机图标都是灰的。如果把它们打开，则可以在图片中打印出辅助线。除非用于打印的纸张尺寸要比页面尺寸大，否则请不要激活桌面前面的打印机图标(因为桌面上的对象一般不应打印)。网格的打印设置是不能更改的。而绘图页面中的所有图层都是可打印的。用户可以通过设置图层属性，使该图层上的对象不能在打印机上输出。单击当前图层的打印机图标，使之呈灰色，则该图层不可打印；再次单击打印机图标，使之有效，则该图层可打印。

4. 锁定图层

第四列中是铅笔图标，可以用它来锁定某一指定的图层。锁定图层的目的是为了防止用户意外地修改或移动当前图层中的内容。当某一图层被锁定之后，将不能选中或编辑它上面的任何对象，也不能将新的图形对象放置该图层上。这一项功能有时会把那些没有接触过图层的新用户搞糊涂，因为他们明明能在视图上看到某对象，但却选不中它。如果遇到这种情况，那么请首先检查一下当前的对象是否位于锁定的图层上。铅笔图标变灰表明当前图层是被锁定的。网格层的缺省设置是被锁定的，而且无法取消它的锁定状态。

要想锁定一个图层，只要单击该图层前的铅笔图标，使之呈无效状态(呈灰色)即可。再次单击它，就可以将该图层解锁，恢复编辑功能。

5. 图层颜色

第五列中的图标代表图层的颜色，双击此颜色图标，就可以在选择颜色对话框中改变图层设置的颜色。给每个图层设置不同的颜色有助于用"查看｜简单线框或线框"的方式来查看某一图层。

6. 命名图层

第六列中列出了图层的名称，默认的情况下，为"图层 1"或"图层 2"等。根据我们工作的需要，我们可以为图层进行命名。在图 3-11 的弹出菜单中，选择重命名，即可为指定图层进行更名。

3.1.3.2 改变图层顺序

每一图层中的多个对象，存在一种堆积顺序，用户可以用"排列｜顺序"的命令来改变对象的相对顺序。同样的，不同图层之间也存在一种堆积次序。在对象管理器中，在页面 1 下的图层的排列顺序就是这些图层的垂直堆积次序。后创建的图层总是默认地放在先创建的图层上方。图层就好像一张透明胶片，虽然它本身是看不见的，但它上面的内容却会互相遮盖。

在 CorelDRAW 中，用户可以使用鼠标交互式地改变图层顺序，这种改变只限于同一页面内。改变图层顺序的方法如下：

(1) 在想要移动的图层名称上按下鼠标左键。

(2) 拖动鼠标到新的位置，如图 3-15 所示。

(3) 释放鼠标后，图层就到了新的位置，图层移动后，图层上的对象也会相应地改变顺序，如图 3-16 所示。不同的图层顺序对对象顺序的影响，特别是在计算机专题制图中，图层之间的顺序是有比较严格的规定的。

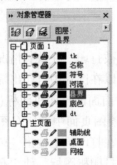

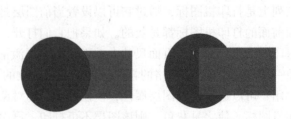

图 3-15　移动图层　　　　　　　图 3-16　图层顺序改变影响对象的顺序

3.1.3.3 创建主图层

在 CorelDRAW 中，有一个主页面，在缺省的情况下，它所包含的网格、辅助线和桌面都是主图层，而且不能改变。主图层是一个重复性的图层，也就是说位于主图层上的

40

任何对象都将出现在多页面文档的每一页面上。在主页面中，可以创建主图层。方法一：如图3-2所示，用鼠标点击"新建主图层"图标，即可创建新的主图层；方法二：如图3-10所示，用鼠标单击弹出菜单中的"新建主图层"命令，也可实现新主图层的创建操作。

这一项功能使我们可以方便地为文档中的每一页都添加页眉或者其他类型的共同对象，而不需要在每一页上都重复绘制相同的。如果要把某一图层变为主图层，只需用鼠标右键单击该图层并从弹出菜单中选择"主对象"就可以了。在主图层上单击鼠标右键，从弹出菜单中取消"主对象"，就可以取消某一图层的主图层属性。一个绘图中可以有多个主图层，主图层中任一页面中的图形都会出现在该主图层的其他所有页面中。

3.1.3.4 使用图层属性对话框

图层属性对话框提供了对绘图中的图层的附加控制，见图3-13。用鼠标右键单击图层名就可以弹出此对话框。此对话框除了"覆盖全色视图"和"图层更改只应用于当前页"命令外，其余选项前面都介绍过。如果选中了网格或辅助线图层，此对话框中还将出现一个"设置"按钮。单击此设置按钮可以得到它们各自的设置对话框，用于控制网格的设置和辅助线的颜色等的设置。

下面介绍图层属性对话框中特有的两个选项。

1. 覆盖全色视图

如果选中了"覆盖全色视图"前面的复选框，那么图层中所有对象的填充将被隐藏，而只保留轮廓线。通过单击"图层颜色"按钮，可以为轮廓线配上一种颜色，可以更容易区别对象。使用"覆盖全色视图"选项是另一种隐藏对象而又使其不完全可见的方法。这种方法使得系统大大减少了重画复杂图形所耗费的时间，同时能查看图形在页面上的位置。

2. 图层更改只应用于当前页

选中此选项将使得图层属性对话框中所设置的全部选项仅适用于当前页面中的图层。仅当使用多页文档的时候才需要用到此选项。

3.1.4 用图层编辑对象

使用对象管理器，用户不仅可以组织和管理对象，而且还可以编辑对象，将对象管理器和绘图窗口结合起来编辑对象，操作起来会更加方便。

3.1.4.1 选定对象

在对对象进行任何编辑之前，必须先选定对象。在绘图窗口中，用户可以单击图形对象来选定它。在对象管理器中，用户可以用单击对象名称的方法来选定它。在对象管理器中选定对象后，绘图窗口中的相应对象也呈选中状态，如图3-17所示。

3.1.4.2 在图层间移动或复制对象

在如图3-10所示的弹出菜单上，选择"移动到图层"或"复制到图层"命令，可以将选定的对象移动或复制到新的图层上。当用户把对象移动或复制到新图层上时，对象位于新图层的最上部。在图层间移动或复制对象的方

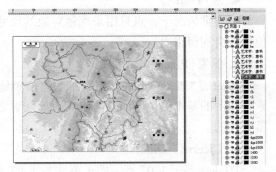

图3-17　在对象管理器中选定对象

法有两种：

（1）使用如图 3-10 所示的弹出菜单：用选择工具选定对象；打开对象管理器，单击右上方的箭头，在弹出菜单中，选择"移动到图层"或"复制到图层"命令。前者表示将对象移动到新图层，后者表示将选定的对象复制到新图层；移动鼠标到新图层，单击即完成操作。

（2）用户也可以通过鼠标的拖动，交互式地将选定的对象移动到新图层：打开对象管理器；用选择工具选定对象，按下鼠标不放开，将鼠标移动到新的图层，放开即可。

3.1.4.3　跨图层编辑

当用户希望同时编辑绘图窗口中的对象时，就需要使用该功能，否则，用户只能编辑当前活动图层中的对象。单击如图 3-3 所示的对象管理器上方的"跨图层编辑"按钮，使之保持按下状态，用户可以同时选定不同图层中的对象进行编辑。

在对象管理器中，选定对象，可以实现在绘图窗口中所做的任何编辑操作。

3.2　标尺、辅助线和网格

标尺、辅助线和网格是绘图中不可或缺的工具，没有它们将无法为制图对象设定大小、位置等。

3.2.1　标尺

3.2.1.1　度量单位

对于标尺，CorelDRAW 提供了很多单位，下面将逐一介绍。

1. 英寸（Inches）

英寸是英文版 CorelDRAW 缺省的度量单位，其在 CorelDRAW 中的地位是不可动摇的。英寸是最小的度量单位，1 英寸等于 2.54 厘米。

2. 毫米（Millimeter）

在米制系统里，毫米是一个很小的测量单位。在海外版本中，毫米是缺省的度量单位。1 毫米等于 0.1 厘米。

3. Picas,Points

主要用于印刷界。在传统上，1 英寸要大于 72 点（Points），但现在已经把这个定义改为 1 英寸等于 72 点。1Picas 等于 12 点。在一般情况下都用 Picas,Points 的格式来度量尺寸。注意，两个单位之间是逗号而不是小数点。例如 1,3 就表示 1Picas+3Points，即 15 点。

4. 点（Points）

在通常情况下，点只用来度量对象的尺寸和行间距等。用点来度量其他尺寸时，有时数值可能会变得很大。

5. 像素（Pixel）

Pixel 是"Picture Element"的缩写。简单地说，一个像素就是计算机屏幕上的一个点。像素是位图的基本单位，如果要生成诸如网页之类的需要用位图来表示的图片，那么像素是非常有用的。

6. Ciceros, Didots

1Didots 等于 1.07 点，即 1 英寸等于 67.567Didots。1Ciceros 等于 12Didots。这种计量单位用于法国。它们的使用方法和 Picas,Points 很相似。

7. Didots

就像 Point(点)一样，一般把 Didots 单独使用，用以度量对象的尺寸和行间距。1Didots 等于 1.07 点。

8. 英尺(Feet)

美国、英国等国家使用英尺，这是一个相对较大的单位，1 英尺等于 12 英寸。

9. 码(Yard)

1 码等于 3 英尺。

10. 英里(Miles)

1 英里等于 5280 英尺。

11. 厘米(Centimeters)

厘米是米制系统中的一个单位，1 厘米等于 10 毫米，1 厘米等于 0.394 英寸。

12. 米(Meters)

1 米等于 100 厘米。

13. 千米(Kilometer)

1 千米等于 1000 米。

3.2.1.2 使用标尺

第一次启动 CorelDRAW 时，在绘图窗口中将显示标尺。标尺位于绘图窗口的顶端和左边。如果标尺未被显示出来，则可用"视图｜标尺"命令来打开标尺。标尺的原点，即标尺刻度为 0 的点，位于页面的左下角(图 3-18)。

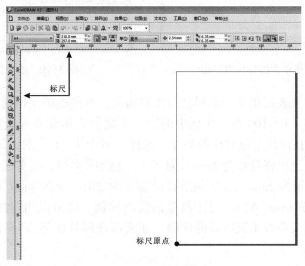

图 3-18　标尺及标尺原点

如果按住"Shift"键，可以把标尺拖到绘图窗口中的任意位置。如果在双击两个标尺相交点时按下"Shift"键，那么它们将回到原始位置。

要改变标尺的缺省设置，必须调出"工具｜选项｜标尺"命令，打开标尺对话框，如图 3-19 所示。或者也可双击绘图窗口中的标尺，直接调出标尺对话框。在对话框出现后，可以用前面所提到的单位中的任意一个来分别设置水平标尺和垂直标尺的单位。在缺省情况下，由于选择了"水平和垂直标尺的单位相同"选项，所以水平标尺和垂直标尺所用的单位是一样的。如果想使用不同的单位，只要取消"水平和垂直标尺的单位相同"选项就可以了。

通过在"原点的水平和垂直"参数框中输入相应的数值，可以改变标尺原点的位置。如果输入了负值，则将使得水平标尺右移，而垂直标尺将上移。另一种改变标尺原点的方法是单击两标尺相交处的小方框，并把十字丝标线移到所需的地方。当松开鼠标键时，标尺会立即发生相应的改变。双击标尺的相交处，就又可以把它们恢复到缺省位置了。

对话框中的"刻度记号"参数框还允许把标尺上的刻度细分数设置为 2~20 中的任一数字，具体选用哪个数值应该根据所选的标尺单位而定(毫米、厘米、米、千米，缺省选择为 10；英寸、英里，缺省选择为 8；Picas,Points、点、像素、Ciceros,Didots、英尺、码，缺省选择为 6)。在"刻度记号"参数框的下面是"显示局部"复选框，选中了此复选框，将在标尺上显示分数而非十进制小数。如果用英寸作为标尺单位，那么使用"显示局部"选项将带来很大的好处，因为经常会遇到诸如"半英寸""四分之一英寸"之类的数值。如果使用米制系统，那么由于所有的单位都能用十进制清晰地表示出来，因此使用小数将更方便。

单击"编辑刻度"按钮，可以调出如图 3-20 所示的"绘图比例"对话框。

图 3-19   选项菜单中的标尺对话框

图 3-20   绘图比例对话框

"绘图比例"下拉列表提供了一系列绘图比例选项，有些绘图比例是直接用数字表示的，如 1:1、1:2、……、1:100 等。比例中的第一个数值表示在页面上所绘制的对象尺寸，第二个数字表示对象在标尺上所对应的尺寸。这样，对于 1:1 绘图比例，页面上所绘制的 1mm 的对象，在标尺上也将显示为 1mm。对于 1:2 绘图比例，则页面上所绘制的 1mm 的对象，在标尺上将显示为 2mm，这样如果在屏幕上为 210mm×297mm(A4)的纸张，在标尺上将显示为 420mm×594mm(A2)。对于其他的绘图比例，也可以用同样的方法解释。如果在"绘图比例"下拉列表中找不到所需的比例，那么可选用其底部的"自定义"选项来生成自定义比例。

3.2.2   网格

绘图窗口中的每个页面上都有一个网格，在缺省情况下，网格是不可见的并且也不会对绘图操作产生任何影响，但可以在绘图过程中利用这个网格。如果选取"工具 | 选项 | 网格"命令，打开网格对话框，则如图 3-21 所示。另外，用"视图 | 网格"命令也可以显示网格；用"视图 | 贴齐网格"命令或快捷方式"Ctrl+Y"来执行网格对齐的属性；在属性栏上也可以找到"贴齐网格"图标；用"视图 | 网格和标尺设置"可以对网格和标尺进行设定。

图 3-21　选项菜单中的网格对话框

网格对话框中的"频率"选项表示每一标尺单位长度内出现网格线的数目。对于很小的标尺单位，可在网格频率参数框中输入小数。例如，标尺所用的单位是点，那么你也许会在"频率"参数框中输入数值 0.1，这也就是说每间隔 10 点将出现一网格线。

"间距"选项用于指定网格线格点之间的距离，选中"间距"选项按钮将显示如图 3-22 所示的对话框。

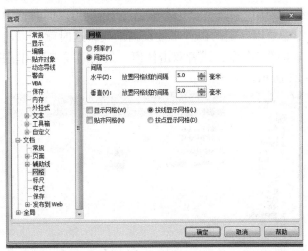

图 3-22　网格对话框中的"间距"选项被选中

对于"间距"选项，可以分别指定水平方向和垂直方向网格线或辅助线格点的距离。选中"显示网格"复选框将在屏幕上显示出所设置的网格线。不过请注意，如果选中"按线显示网格"，所显示的网格是用真正的网格线来表示的；如果选中"按点显示网格"并非用真正的网格线来表示，而仅仅在网格线相交处用小十字线表示。

网格对话框中的"贴齐网格"选项可以使网格发挥其作用，选中此选项，可使得所欲绘制、变形或拖动的对象都与网格对应。举个例子来说，如果想对齐绘图中的某些对象，那么使用此选项将会给你带来很大的便利。另外，使用此选项将有助于绘制具有确定尺寸的对象。

3.2.3　辅助线

辅助线和网格非常相似，在水平和垂直方向上的任何地方都可以设置辅助线。辅助线与网格的唯一区别是辅助线可以在屏幕上的任意位置出现，而网格必须以某一固定的频率间隔出现。

单击两个标尺上的任意一点并把它拖动到绘图窗口中，就可以绘制出相应的辅助线。在绘制过程中，在鼠标光标的位置上将会出现一条黑色虚线。在松开鼠标键时，CorelDRAW就会在相应的位置放置一条辅助线，颜色将变为红色。如果取消对这条辅助线的选择，它将变为蓝色虚线出现在绘图窗口中。注意，辅助线的方向是由其所使用的标尺决定的，使用水平标尺将得到水平方向的辅助线，使用垂直标尺将得到垂直方向的辅助线。如果在绘制辅助线的过程中按住"Alt"键，就可以得到一条与当前标尺垂直的辅助线。如果要手工删除一条辅助线，只需选中它，然后按 DEL 键就可以了。

CorelDRAW 中的辅助线的表现与屏幕上的其他对象非常相似，选中一条辅助线后拖动它，就可以把它放到其他位置。如果再单击一次，辅助线上将出现旋转控点和旋转轴。利用这些旋转控点和旋转轴可以精确地旋转辅助线到某设定的位置。在屏幕上有两条辅助线，单击其中一条将其选中，然后按住 Shift 键并单击第二条辅助线，这样两条辅助线都被选中了。现在可以同时将它们移动、删除、旋转、剪切、复制、粘贴或进行其他任何操作。注意，由于它们都被选中，因此它们的颜色都为红色。利用这些变化，可以不进行任何数学计算就创建出倾斜的平行辅助线。利用"编辑｜全选｜辅助线"命令可以同时选中所有辅助线。

在一般情况下，都需要以一定的位置来铺设辅助线，这时就可以通过"视图｜辅助线设置"或"工具｜选项｜辅助线"命令，或者双击任何一条辅助线来调出辅助线对话框，对辅助线进行设置，如图 3-23 所示。

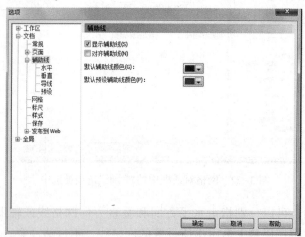

图 3-23　辅助线对话框

辅助线对话框中"水平"标签和"垂直"标签中的内容是一致的，如图 3-24 所示，在对话框的左边列出了当前存在的辅助线。要新添一条辅助线，可以在列表框上面的参数框中输入数值并单击"添加"按钮；要移动一条已经存在的辅助线，则可先选中它，然后输入所需的位置参数再单击"移动"按钮即可；如果要删除一条已经存在的辅助线，则可先选中它，然后单击"删除"按钮即可；如果要删除所有的辅助线，则只需单击"清除"按钮即可。

图 3-24　辅助线对话框中水平标签被选中

辅助线对话框中"导线"标签可以设置倾斜辅助线，如图 3-25 所示。通过"指定"列表框，可以选择两种倾斜方式中的一种。对于"角和 1 点"选项，必须在 X、Y 参数框中输入相应的数值，在"角"参数框中输入角度数值。请注意，要输入的数值必须是辅助线与页面边缘交点的坐标，而不是辅助线与标尺交点的坐标。对于"2 点"选项，必须输入辅助线与页面边缘相交的两个点的坐标。请注意，当改变辅助线参数之后，单击"移动"按钮才能使其生效。"删除"和"清除"按钮的功能如前所述。

图 3-25　辅助线对话框中导线标签被选中

"显示辅助线"选项用于控制页面上辅助线的可见性。"贴齐辅助线"选项将决定所绘制的辅助线是否发挥作用，如果选中此选项，那么它将会对绘图、移动、整形等操作产生影响。虽然网格和辅助线对于绘图是非常有用的，但有时还是需要关闭它们的"对齐"属性，以防止在操作过程中对象发生跳跃。

绘制任何一个对象都可以作为参考物来使用，要是某对象成为参考物，必须将其放置在"辅助线"图层。不过要记住："辅助线"图层中对象与辅助线的工作原理并不完全相同。对于"辅助线"图层中的对象来说，如果启用了对齐到对象，其他对象只会与它的对齐点（通常为节点)对齐，而不会沿着它的整个路径对齐。也可以通过"视图｜贴齐对象"来达到这种对齐效果，而并不一定非得把对象放置在"辅助线"图层。同样，其他的对象将与设置的对象在对齐点处对齐，而不会与整个对象都对齐。

3.3 选取和处理对象

虽然"挑选"工具并不能画出什么图形，但它却是 CorelDRAW 工具箱中最有用的工具。可以用它来选取、移动、旋转、放大、缩小和偏斜对象。对于所有的这些操作，都可以通过多种途径来实现。

3.3.1 选取对象

如果要编辑某个对象，首先要做的事情就是选中它。在 CorelDRAW 中，提供了四种选取对象的方法：鼠标、选择框、Tab 键和菜单。

3.3.1.1 使用鼠标选取对象

选取对象最简单的方法是用鼠标左键单击，可以通过单击对象轮廓线或对象内部的方式来选中对象。如果在对象内部单击时，不想选中没有被填充的对象，那么可以选取"工具｜选项｜工作区｜工具箱｜挑选工具"，然后取消其中的"视所有对象为已填充"复选框。另外也可以用属性栏上的"视为已填充"按钮切换上述设置。

一旦对象被选中，在它的边框线上将出现八个控点，其中心将出现一个"×"符号(如图 3-26 所示)。注意，边框的范围可以比对象边缘的范围大，边框中点上的四个控点称为拉伸控点，通过拖动这四个点可使对象在水平或垂直方向发生任意变形；四个角上的控点称为尺寸控点，通过拖动这四个点可使对象按比例放大或缩小。当一个对象被选中时，状态栏将给出有关当前对象的信息，比如说高度、宽度、中心点坐标、节点数目和对象所在的图层等，具体提供什么信息与选中的对象类型有关。

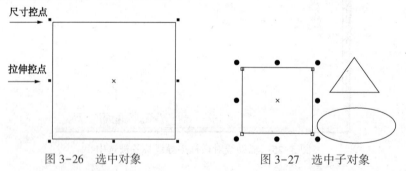

图 3-26　选中对象　　　　　　　图 3-27　选中子对象

如果在单击鼠标的同时按住 Shift 键，那么就可以选中多个对象，随着选中对象的增加，控点也将相应地改变其位置以包含所有被选中的对象，同时，状态栏也提示当前选中对象的数目。如果发现错选了一些不需要的对象，那么可以通过按住 Shift 键并单击对象的方法来取消对象的选中状态。随着每一次操作，状态栏中会显示被选中对象的数目减少了一个。

如果要选中某一对象的子对象，则有如下两种方法：其一就是使用相应的命令把对象分解为子对象，然后再用鼠标选取。其二就是先选中该对象，然后在选取子对象的同时按住 Ctrl 键，这样就可以直接选中子对象。当选中子对象时，它的控点就将变为圆形而非原来的方形(如图 3-27 所示)，同时状态栏也会显示所选取的子对象的信息。使用按住 Ctrl 键同时单击鼠标的方法也可以选中嵌套对象组中的一个对象组。

如果要选取隐藏在其他对象后面的对象，需要按住 Alt 键，并在隐藏对象所处的位置单击，这时对象中心的"×"和周围的控点将显示出来。如果对象前覆盖了很多层其他对象，则可以连续执行上述操作，直到所需对象被选中为止。要选择多个对象，在单击的同时按下 Alt+Shift 键，则新选中的对象将加到以前选中的对象中。最后还要说明一点，可以选中对象组中的隐藏对象，只要同时按下 Alt+Ctrl 键并单击就可以了。如果上述所有方法都不能完成所需的选择，可以使用"视图｜线框"命令或使用"对象管理器"完成隐藏对象的选择。

3.3.1.2　使用选择框

如果仅选取一两个对象，那么用鼠标单击的方法是非常快捷的。但在通常情况下，总是要选取一组相邻的对象，在这种情况下，可以用选择框的方法来选取对象。

用"挑选工具"来绘制选择框，其过程类似于用"矩形工具"绘制矩形。绘制选择框时，系统将用蓝色的虚线来表示选择框的边线。一旦选择框包围了所有的目标对象，松开鼠标左键就可以全部选中它们了。

用选择框选取一组对象时，经常会同时选中一两个不需要的对象，这时可以用按住 Shift 键再单击对象的方法来取消选中的对象。如果用选择框选取对象时按住 Alt 键，那么将同时选中选择框内的对象和任何与选择框相交的对象。按住 Ctrl 键将使选择框变为正方形。同样也可以用选择框来取消某些被选中的对象。具体做法如下：按住 Shift 键，然后用选择框选取部分被选中的对象，就可以取消选择框内对象的选中状态。如果在一大片选中对象中取消一小部分相邻对象的选中状态，那么这个功能是非常有用的。

3.3.1.3　使用 Tab 键

另一种选取对象的方法是使用 Tab 键。每次按下 Tab 键时，CorelDRAW 总是按照叠加次序选中下一个对象。如果想在绘图页面中逐个检查有问题的对象或具有特定填充效果的对象等，那么使用 Tab 键将是一个极佳的方法。请记住：按下 Shift 键，再按下 Tab 键，可以选中当前对象的前一个对象。如果你选中了某一对象的子对象，那么按下 Tab 键，只能逐个选取当前对象中的各子对象。

3.3.1.4　使用菜单

如果想选中所有对象，可以选用"编辑｜全选｜对象"命令，来选中全部对象。另外，用双击"挑选工具"也可以选中所有对象。所有 Esc 键可以取消所有对象的选中状态。

3.3.2　处理对象

几乎没人是仅仅为了选取对象而选中它们，通常选中对象是为了"改变"它，这些"改变"包括：移动、复制、放大、缩小、旋转、镜像和偏斜等。在 CorelDRAW 中，可以用多种方法来实现这些功能，而且每种方法各有所长。

3.3.2.1　移动对象

如果仅想把一个或多个对象随意地从一个地方移动到另一个地方，那么用鼠标选中并把它拖过去就可以了。松开鼠标后，被拖动的对象就停在当前的位置。在拖动对象的过程中，在鼠标指针的周围会出现一个蓝色虚线框，通过它，可以确定对象将要放置的确切位置。如果在移动对象的过程中稍微停顿一下，那么在虚线框内将会立即重画对象。通过"工具｜选项｜工作区｜工具箱｜挑选工具"命令的"重绘复杂对象"复选框，选择"延迟"参数框，输入适当的数值，可以确定图像重画之前的延迟时间。在移动的过程中，状态栏将显示对象移动的水平距离（X 轴方向）、垂直距离（Y 轴方向）、直线距离和角度。

3.3.2.2 复制对象

如果在移动对象时想在原位置保留它的一个拷贝，可以采取的方法有多种。

1. 复制和粘贴

可以使用菜单命令，调出"编辑 | 复制"（Ctrl+C）命令，复制对象后，将其放置到剪贴板上，而在绘图中保留了原始对象；然后调出"编辑 | 粘贴"（Ctrl+V）命令，将复制好的对象粘贴到绘图或其他应用程序中。或者应用"编辑 | 剪切"（Ctrl+X）命令，只不过剪切后，对象从绘图中删除被放置到剪贴板上。

2. 再制

再制对象可以在绘图窗口中直接放置一个副本，而不使用剪贴板。再制的速度比复制和粘贴快。同时，再制对象时，可以沿着 X 轴和 Y 轴指定副本和原始对象之间的距离。此距离称为偏移。调出"编辑 | 再制"（Ctrl+D）命令，就可以执行这一操作。

可以将变换（如旋转、调整大小或倾斜）应用于对象的副本，而不更改原始对象。如果决定要保留原始对象，则可以删除副本。

3. 克隆

克隆对象时，将创建链接到原始对象的对象副本。对原始对象所做的任何更改都会自动反映在克隆对象中。不过，对克隆对象所做的更改不会自动反映在原始对象中。通过还原为原始对象，可以移除对克隆对象所做的更改。

在对象被选中的状态下，调出"编辑 | 仿制"命令，生成一个克隆对象。可以反复使用这个命令，生成多个克隆对象。也可以将第一个克隆对象（注意必须用克隆对象，而不能用原始对象），使用快速复制的方法，生成多个克隆对象。

通过克隆可以在更改主对象的同时修改对象的多个副本。如果希望克隆对象和主对象在诸如填充和轮廓颜色等特定属性上不同，并且希望主对象控制诸如形状之类的其他属性，则这是特别有用的。

4. 快速复制

可以使用其他方法来快速地创建对象副本，而无须将对象副本放置在剪贴板上。方法一，在松开鼠标左键之前，按一下数字键盘上的"+"键，每按一下就复制一个对象。方法二，松开鼠标左键之前单击鼠标右键。也可以通过右击并拖动对象的方法进行移动或复制对象，当右键被松开后，将看到一个弹出，其中包含移动和复制选项。方法三，先选定对象，然后在按空格键的同时，拖动对象，从而立即创建对象副本。

3.3.2.3 准确定位

以上所讨论的各种方法都不能把对象移动到一个准确的位置，下面将讨论怎样使用属性栏来实现对象的准确定位。用"挑选工具"选中某一对象时，在属性栏的最左边将出现对象的绝对坐标值 x、y。改变 x、y 参数框中的数值并按下回车键（Enter），当前选中的对象将自动移到指定的位置。输入数值之后再输入单位的英文缩写，则可以使用任何系统认可的单位，无须考虑标尺的单位。请记住：在按下回车键后，CorelDRAW 将自动把当前的单位换算成系统所有的单位。

1. 相对定位

很多情况下需要把对象沿着某个方向移动一段确定的距离，这时移动是相对于当前位置的。用鼠标可以实现这种移动，但要把对象准确地放到所需的位置非常困难。下面介绍准确定位对象的方法：使用"位置"卷帘窗，可以用"排列｜变换｜位置"(Alt+F7)命令或者"窗口｜泊坞窗｜变换｜位置"命令，来调出"位置"卷帘窗，如图3-28所示。

可以在"水平"和"垂直"参数框中输入所需移动的水平距离和垂直距离，数值为正时，对象向右和上方移动；数值为负时，对象向左和下方移动。在卷帘窗的中部有"相对位置"复选框，选中此复选框表示"水平"和"垂直"参数框中的数值是对象移动的相对量，其基准是相对于页面(0，0)位置的对象当前位置值。单击底部的"应用"按钮或回车键就可以把对象移动到指定的地方；如果想在原始的位置留下对象的拷贝，则应单击"应用到再制"按钮。"位置"卷帘窗可以扩展，以让用户制定对象上九个位置的坐标。这些点是选取框的四个角点、四个边框中点和一个中心点。应用时选中"相对位置"复选框，然后选择其下面坐标网格九个选项中的任一位置即可完成操作。

2. 绝对定位

当要把对象绝对定位时，可先去掉"相对位置"复选框，选中坐标网格中的任意一个选项按钮，这不会使对象被移动，但要影响网格中所选当前位置的坐标。通过改变"水平"和"垂直"参数框中的参数，就可以把对象精确地定位。如图3-29所示，去掉"相对位置"复选框；选取坐标网格中心的选项按钮，在"水平"参数框中输入数值0，"垂直"参数框中输入数值0；单击"应用"，则对象移动到页面的左下角，其中心点在原点位置(0，0)。

图3-28　位置卷帘窗　　　　图3-29　绝对定位

3.3.2.4　用键盘移动对象

CorelDRAW有一个称为"微调"的功能，它允许用户使用键盘的箭头移动所选择的对象，这在需要将对象"推"到某一位置时非常有用。通过"微调"功能，可以精确调整对象的位置。按动箭头键之后，对象将向相应方向移动。打开"工具｜选项｜标尺"对话框，在"微调"参数框中输入数值，即可设定对象移动的距离。在默认的情况下，"微调"功能的最小移动距离是2.54mm。每按一次键盘中的光标移动键"←、↑、→、↓"，对象相对于原来的位置分别将向左、向上、向右、向下移动2.54mm。如果觉得这个值太大或太小，那么可以把它调整到所需的大小，新数值将对当前工作区中所有的对象都有效。利用属性栏可以快速地改变"微调"的设置值，具体做法是，在没有选中任何对象时将如图3-30所示的"微调偏移"文本框中的内容修改为所需的数值，并记住，在改完后按回车键。

图3-30　属性栏中
"微调"参数设置

51

在 CorelDRAW 中还有一个称为"精密微调"的功能，通过使用 Shift 键，用户可以最小移动距离的整数倍来移动对象，移动的倍数值可以通过"工具｜选项｜标尺"对话框中的"精密微调"命令来设置。在默认的情况下，相对于对象原来的位置，移动的距离为 2mm×2.54mm。当按动方向键的同时按下 Shift 键，会发现对象移动的距离增加了。如果觉得增加的距离不够的话，可以适当地调整倍数值。虽然"精密微调"功能并没有什么了不起，但它的确能节省很多时间。

3.3.3 锁定对象

在 CorelDRAW 中，允许把对象放在图层中，然后锁定图层，当图层被锁定后，这个图层上的所有对象就不能再被移动、复制、变换、填充或以轮廓显示。但图层解锁后，所有对象可以进行任何操作。

如果要锁定某个对象，可以先选中它，然后选择"排列｜锁定对象"（如图 3-31 所示）。另外也可以右击该对象，然后从弹出菜单中选择"锁定对象"命令。对象被锁定后，它四周的控点上将显示小锁形图标（如图 3-32 所示）。如果想对所选的已锁定的对象进行任何操作，则会发现 CorelDRAW 对此置之不理。

要解除对象的锁定状态，首先需要选中它，可以选择"排列｜解除锁定对象"或右击对象并从弹出菜单中选择"解除锁定对象"命令（如图 3-33 所示）。如果选择"排列｜解除锁定全部对象"命令，可以取消绘图区中所有对象的锁定状态，在这之前不用选定任何对象。执行完上述命令后，所有以前被锁定的对象都将被选中。

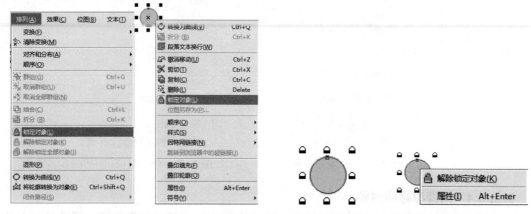

图 3-31　锁定对象命令　　　　　图 3-32　对象被锁定　　图 3-33　解除锁定对象

3.3.4 缩放对象

在绘图过程中，创建的对象一般很少正好与所需尺寸相符，因为人们一般更关心对象看起来是否正确，而不是它的尺寸如何。CorelDRAW 提供了多种缩放对象的方法。

3.3.4.1 手动缩放对象

选中对象后，缩放对象最简单的方法是用鼠标点中控点并把它向所需的方向拖动，以增加或减少其尺寸。如果拉伸的是选择框的角上的控点，那么拉伸后的对象将保持原来的比例。如果拉伸的是边框中点上的控点，那么对象将只在一个方向上缩放，这也将导致对象变形。在拉伸的过程中，如果按住 Ctrl 键，则可以把对象放大一倍。在缩放的过程中，如果按

52

一下数字键盘上的"+"键或者单击鼠标右键,那么将在原来的位置留下一个对象的拷贝。按住 Shift 键将以对象的中点为基准进行缩放。同时按住 Ctrl 键和 Shift 键将把对象放大一倍,并以中点为基准。

3.3.4.2 精确缩放对象

1. 属性栏设置

在绘制图纸时,经常需要把对象缩放到某一确定的尺寸。在 CorelDRAW 中,准确缩放对象最快捷的方式是使用属性栏。如图 3-34 所示,依次为对象尺寸参数框、缩放因素参数框、锁定按钮、旋转角度参数框和镜像按钮。

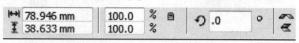

图 3-34   对象变换属性栏

可以在相应的尺寸参数框中输入对象的水平和垂直尺寸,然后按回车键,就可以准确地将对象缩放到确定的尺寸。注意,可以用 Tab 键来切换属性栏中的选项。在缩放对象时,如果想保持图形的原始比例不变,那么可以按属性栏上的锁定按钮。这样,如果一个参数框中的数值改变了,那么另一个参数框中的数值也将相应地发生改变,以确保原比例不变。

也可以按对象尺寸的百分比来缩放对象,也就是说在按比例缩放对象的过程中,只需要在"缩放因素"参数框中输入缩放的比例数值就可以了。例如,如果在两个参数框中都输入 50,则对象的尺寸将只有原来的一半;如果都输入 200,那么对象的尺寸将为原来的两倍。同样,也可以用锁定按钮来控制对象的高度和宽度按系统比例放大或缩小。注意,用参数框输入数值时,只有按下回车键之后对象的尺寸才会改变。

2. 卷帘窗设置

(1) 大小卷帘窗:上述的这些功能,通过"大小卷帘窗"也可以实现。选中命令"排列 | 变换 | 大小"(Alt+F10)或"窗口 | 泊坞窗 | 变换 | 大小"命令,可以得到如图 3-35 所示的卷帘窗。

在"水平"和"垂直"参数框中分别输入对象的水平尺寸和垂直尺寸,然后单击"应用"按钮就可以了。如果想要缩放对象的拷贝,那么单击"应用到再制"按钮即可。如果想要保持被缩放对象的原始比例不变,则应取消"不按比例"复选框。这时只要在一个参数框中输入数值,那么另一个参数框中的数值也将做相应比例的变化。选中窗口中的坐标网格,将允许用户选定对象缩放的基准点。被选中的复选框对应的点保持不动,对象以此点为基准来进行缩放。

(2) 缩放与镜像卷帘窗

① 缩放图形。也可以用"缩放与镜像"卷帘窗来实现按比例缩放,选中命令"排列 | 变换 | 比例"(Alt+F9),可以调出如图 3-36 所示的"缩放与镜像"卷帘窗。在窗口的"水平"和"垂直"参数框中分别输入百分比,然后单击"应用"按钮就可以完成按比例缩放。如果想要缩放对象的拷贝,那么单击"应用到再制"按钮即可。如果想要保持被缩放对象的原始比例不变,则应取消"不按比例"复选框。这时只要在一个参数框中输入数值,那么另一个参数框中的数值也将做相应比例的变化。如果选中窗口中的坐标网格,对象将以选中的点为基准来进行缩放。

图 3-35　大小卷帘窗　　　　图 3-36　缩放与镜像卷帘窗

② 镜像图形。一个真正的镜像图形是需要保留原始图形的尺寸的，通过"缩放与镜像"卷帘窗可以生成各种不同尺寸的镜像图形。其实要生成镜像图形最简单的方法是使用鼠标。只需要用鼠标点中选择框中间的控点(不是角上的控点)，然后拖动它穿过对象的中点到达对面某一处就能生成当前对象的镜像图形。在拖动控点的过程中，如果按一下数字键盘上的"+"键(注意，先释放鼠标左键，然后再释放"+"键)或者单击鼠标右键，就能得到一个原始对象的拷贝。如果要生成与原始对象尺寸完全一致的镜像对象，那么在拖动鼠标过程中按住 Ctrl 键就可以了。在生成镜像图形的过程中，可以看到状态栏将显示对象的镜像方向和精确的比例数值。

实际上，生成镜像图形就是用负百分比来缩放原始对象。如果在缩放参数框中输入负的数值，那么同样可以生成镜像对象。也就是说，这里也可以使用前面讲过的属性栏和"缩放与镜像"卷帘窗。如果要生成真正的镜像图形，则可以使用"缩放与镜像"卷帘窗中提供的镜像按钮，窗口中明确显示了用于生成镜像的两个按钮，包括水平镜像与垂直镜像。选中其中一个按钮，单击"应用到再制"按钮，就可以得到一个保留原始对象的镜像图形。

3.3.5　旋转和倾斜对象

3.3.5.1　旋转对象

1. 任意旋转

如果要旋转或倾斜对象，那么首先需要再单击一次所选对象或第一次选中对象时用鼠标双击。这时，在对象的选择框将出现如图 3-37 所示的控点。四个角上的控点称为旋转控点，四边中点上的控点称为倾斜控点，在对象的中心位置还会出现一个旋转轴。

用鼠标点中四个旋转控点中的任意一个并且拖动它移动，这时整个图形将跟着旋转，同

图 3-37　旋转或
倾斜对象

时状态栏将显示旋转的角度。松开鼠标左键，对象也将停止旋转。如果按住 Ctrl 键，那么对象将以某基准角度的倍数旋转。CorelDRAW 中默认的基准角度是 15°。通过"工具 | 选项 | 工作区 | 编辑"命令中的"限制角度"选项来改变基准角度的度数。如果在松开鼠标左键以前按一下数字键盘上的"+"键或者单击鼠标右键，那么就可以得到原始图形的一个拷贝。

在默认的情况下，对象将围绕着它自己的中心点旋转。也可以把对

象的旋转轴放到绘图窗口中的任意位置，只需拖住旋转轴(只在中心位置有一个点的圆)并将它移动到所需的位置就可以了。如果在拖动旋转轴的过程中按住 Ctrl 键，则可以把旋转轴置于对象的任意一个控点或对象的中心位置上。

2. 精确旋转

用对象变换属性栏也可以旋转对象，只需在如图 3-34 所示的旋转参数框中输入数值并按回车键就可以把对象旋转到指定的位置。请注意，每次旋转，参数框中的数值将立即重新置零，因此在属性栏上，无法观测到对象已经被旋转的角度。

另外还可以通过"旋转"卷帘窗来旋转对象。要调出卷帘窗，我们可以选用"排列｜变换｜旋转"(Alt+F8)命令或"窗口｜泊坞窗｜变换｜旋转"命令，如图 3-38 所示。在此窗口中可以输入旋转轴的位置坐标和旋转角度值。

对于"旋转"卷帘窗，同样可以调出坐标网格，用于确定旋转轴的位置。单击网格上的任意一个选项按钮，就可以自动把该对象的旋转轴移动到相应的位置上。如果选中了"相对中心"复选框，选中中心位置将是以对象边框中心为基准的相对数值。

3.3.5.2 倾斜对象

1. 任意倾斜

倾斜就是使对象在水平或垂直方向上发生倾斜变化，对象看上去倾斜了。倾斜对象最简单的方法是用鼠标拖动控点。记住，通过双击对象可以获得旋转和倾斜控点，如图 3-37 所示的四边中点上的控点称为倾斜控点。如果想垂直倾斜对象，那么可以拖动垂直方向上的倾斜控点。在倾斜的过程中，状态栏将随时显示倾斜的角度。这个角度可以是正值也可以是负值，具体由所选控点和移动方向决定。上面的倾斜控点，移动时向左为正，向右为负；下面的倾斜控点，移动时向左为负，向右为正；左面的倾斜控点，移动时向上为负，向下为正；右面的倾斜控点，移动时向上为正，向下为负。

如果在倾斜的过程中，按住 Ctrl 键，那么角度将以 15° 的整数倍变化(除非基准角度已经改变)。请注意，属性栏中没有倾斜功能，这一点与其他处理不同。

2. 精确倾斜

可以选用"排列｜变换｜倾斜"命令或"窗口｜泊坞窗｜变换｜倾斜"命令，调出如图 3-39 所示的"倾斜"卷帘窗。

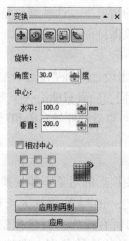

图 3-38　旋转卷帘窗

图 3-39　倾斜卷帘窗

可以在"水平"和"垂直"参数框中输入水平倾斜角度和垂直倾斜角度,单击"应用"即可。如果要保留一个原始图形的拷贝,单击"应用到再制"。

在默认的情况下,倾斜基准点位于对象的中心。但是,通过选中"使用锚点"复选框,选中坐标网格来改变倾斜基准点。

3.3.6 自由变换对象

变换对象的方法似乎总是不够,在 CorelDRAW 中还有一系列自由变换的工具。乍一看这些工具与已有工具好像没有什么不同,但使用之后会发现它们是非常方便易用的工具。从工具箱的"形状"工具的展开工具栏中选择"自由变换"工具,其属性栏将显示如图 3-40 所示的内容。

所有这些工具都需要单击并拖动。在拖动的过程中,会看到对变换后图形的预览。第一次单击用于设置基准点,变换正是相当于那一点进行的。

图 3-40　自由变换属性栏

3.3.6.1 自由旋转工具

使用自由旋转工具时,第一次单击用于设置对象的旋转中心。拖动对象过程中,屏幕上除了显示旋转对象的预览外,还将显示一条直线,以指明相对于对象原始位置的旋转角度,状态栏和属性栏中均会显示精确的旋转度数。松开鼠标左键,旋转即结束。

3.3.6.2 自由角度镜像工具

使用自由角度镜像工具时,第一次单击用于设置对象镜像的基准点。所以如果此点距离对象有几毫米,在拖动光标时要移动两倍的距离。这时在屏幕上可以看到原始对象、镜像基准点和需用轮廓表示的转换后的对象。

3.3.6.3 自由缩放工具

自由缩放工具最难理解。第一次单击用于设置缩放对象的基准点。拖动过程中,对象的形状根据基准点和拖动方向而发生改变。在默认的情况下,这种缩放是无比例关系的,因此对象将严重变形。按住 Ctrl 键可以使缩放后的对象保持原有的比例。

3.3.6.4 自由倾斜工具

使用自由倾斜工具与其他工具一样,第一次单击设置倾斜基准点。拖动过程中,倾斜同时在 X 轴方向和 Y 轴方向进行,这与使用倾斜控点不同,后者只能沿一个方向倾斜。按下 Ctrl 键可以把倾斜限制在一个方向上。在倾斜的过程中,可以看到原始对象和对它进行的转换。

3.3.7 撤销所有变换

可以对图形进行很多变换,但有时候会发现变换后的对象不如变换前,这时通常应选用"编辑|撤销"(Ctrl+Z)命令,撤销上一步操作。CorelDRAW 理论上支持无限次的撤销和重做(Ctrl+Shift+Z)。CorelDRAW 可以记住所进行的所有操作,而且撤销这些变换非常方便。只需选择"排列|清除变换"命令,就可以恢复对象的原始状态,即使图形已被保存、关闭或重新打开过。

3.4 对象整形

创建一个对象后，对它进行修改是不可避免的，目的是使其更加完美。也许对图形只需要修改一两个地方，但很快就会发现，如果要用好 CorelDRAW，就必须完全了解怎样整形对象。在工具箱中选择"形状"工具，有时也称为节点编辑工具。

在 CorelDRAW 中，用得最多的就是"形状"工具，它可以用来修改曲线、矩形、椭圆、多边形、星形、文本、位图等。对于所有这些对象，其修改的方法大同小异。

3.4.1 节点

节点是矢量图形的组成部分，一个节点就是图形中一个带有 x、y 坐标的点，下面先介绍为什么需要在图形中使用到节点，然后再介绍怎样使用节点来整形对象。

3.4.1.1 矢量图和位图

计算机中显示的图形一般可以分为两大类——矢量图和位图。

1. 矢量图

矢量图，也称作向量图或称为面向对象的图像或绘图图像，是在数学上定义为一系列由线连接的点。矢量图使用直线和曲线来描述图形，这些图形的元素是一些点、线、矩形、多边形、圆和弧线等等，它们都是通过数学公式计算获得的。矢量文件中的图形元素称为对象。每个对象都是一个自成一体的实体，它具有颜色、形状、轮廓、大小和屏幕位置等属性。既然每个对象都是一个自成一体的实体，就可以在维持它原有清晰度和弯曲度的同时，多次移动和改变它的属性，而不会影响图例中的其他对象。这些特征使基于矢量的程序特别适用于图例和三维建模，因为它们通常要求能创建和操作单个对象。基于矢量的绘图同分辨率无关。这意味着它们可以按最高分辨率显示到输出设备上。

由于矢量图形可通过公式计算获得，所以矢量图文件占用空间较小，适用于图形设计、文字设计和一些标志设计、版式设计等。矢量图形最大的优点是无论放大、缩小或旋转等都不会失真。举例来说，矢量图就好比画在质量非常好的橡胶膜上的图，不管对橡胶膜怎样地常宽等比成倍拉伸，画面依然清晰，不管离得多么近去看，也不会看到图形的最小单位。Adobe 公司的 Freehand、Illustrator，Corel 公司的 CorelDRAW 是众多矢量图形设计软件中的佼佼者。大名鼎鼎的 Flash MX 制作的动画也是矢量图形动画。

因为这种类型的图像文件包含独立的分离图像，可以自由无限制地重新组合。它的特点是放大后图像不会失真，和分辨率无关。因此在印刷时，可以任意放大或缩小图形而不会影响出图的清晰度。

2. 位图

位图也称作点阵图、栅格图、像素图、光栅图等，是由称作像素（图片元素）的单个点组成的。我们可以把一幅栅格图像考虑为一个矩阵，矩阵中的任一元素对应于图像中的一个点，而相应的值对应于该点的灰度级。数字矩阵中的元素称作像素，这些点可以进行不同的排列和染色以构成图样。每个像素有自己的颜色，类似电脑里的图片都是像素图。当放大位图时，可以看见赖以构成整个图像的无数单个方块。扩大位图尺寸的效果是增大单个像素，从而使线条和形状显得参差不齐。然而，如果从稍远的位置观看它，位图图像的颜色和形状又显得是连续的。

位图颜色常用的编码方法有 RGB 和 CMYK 两种。RGB 是用红、绿、蓝三原色的光学强度来表示一种颜色，是最常见的位图编码方法，可以直接用于屏幕显示。CMYK 是用青、品红、黄、黑四种颜料含量来表示一种颜色，也是最常用的位图编码方法之一，可以直接用于彩色印刷。

处理位图时，输出图像的质量决定于处理过程开始时设置的分辨率高低。分辨率是一个笼统的术语，它指一个图像文件中包含的细节和信息的大小，以及输入、输出或显示设备能够产生的细节程度。是指给定面积上的像元数目，一般用每英寸长度单位的像元数表示。操作位图时，分辨率既会影响最后输出的质量也会影响文件的大小。处理位图需要三思而后行，因为给图像选择的分辨率通常在整个过程中都伴随着文件。无论是在一个 300dpi 的打印机还是在一个 2570dpi 的照排设备上印刷位图文件，文件总是以创建图像时所设的分辨率大小印刷，除非打印机的分辨率低于图像的分辨率。如果希望最终输出看起来和屏幕上显示的一样，那么在开始工作前，就需要了解图像的分辨率和不同设备分辨率之间的关系。显然矢量图就不必考虑这么多。

优点：只要有足够多的不同色彩的像素，就可以制作出色彩丰富的图像，逼真地表现自然界的景象。缺点：缩放和旋转容易失真，同时文件容量较大。Photoshop、画图等软件主要是对位图进行操作。BMP、GIF、JPG、TIFF 等是位图文件常用的保存格式。

对于同一幅图形文件，用矢量图表示要比用位图表示更有好处。用矢量图表示可以得到更好的图形质量，同时也将节省硬盘的存储空间。但对于有些图片而言，如彩色照片，几乎不可能被转换为矢量图，用位图表示效果更好。

请注意：专业制图中使用矢量图来表示比位图具有更大的优势，因为地图需要缩放来查看详细的区域。另外，在修改地图时，只需要对原有的矢量信息进行编辑即可，而位图就需要重新绘制了，只是矢量图在显示器上显示时，是需要实时运算转换成像素图的，因为显示器本身是像素结构的。在占用空间大小方面，矢量图也是明显优于位图。当用户有一个非常大的图形，如海报等，矢量图形可能只占用几个字节的空间，而位图可能要占用上百兆！如果图形是用 CorelDRAW 生成的 CDR 格式的文件，那么它就是矢量图。但如果图片是通过扫描得到的或以 JPG 等格式保存的位图文件，那么必须使用相应的工具从位图转化成矢量图。

3.4.1.2　线型与节点类型

1. 两种线型

任何一个节点都不能在绘图窗口中独立存在，当画好两个节点时，总会有一条线段把它们连接起来，这条线段既可以是直线段也可以是曲线段。第一个节点显示时总比其他节点大，当它被选中时，状态栏上将指明它是第一个节点。

直线段：指的是两个节点之间的一条直线。请注意，不能仅仅因为一条线是直的，就称其为直线段(因为曲线段在某种特定情况下也可以是直的)。直线段两端的节点称为"直线节点"，直线节点是没有"贝塞尔"控点的。如果整个路径包括的节点数超过两个，那么这个路径中既可以存在直线段也可以存在曲线段，也就是说节点是线段的分割点。

曲线段：在某些情况下，曲线段可以是直的，但直的曲线段与直线段的不同之处在于它有"贝塞尔"控点(如图 3-41 所示)，可以通过"贝塞尔"控点来调整曲线的高度和倾斜度，改变曲线的形状。每个节点与"贝塞尔"控点都表现为画面上的一个点，可以看到节点和"贝塞尔"控点之间是用蓝色的虚线连接起来的。请注意，这条虚线与曲线是相切的，切点就是节点。

2. 三种节点类型

在 CorelDRAW 中有三种类型的节点：尖突节点、平滑节点和对称节点。对应于节点类型的不同，"贝塞尔"控点的功能也会有所不同。如果想要很好地整形所绘制的对象，那么理解这三种节点之间的区别和联系是十分重要的。你可以拖动"贝塞尔"控点移近或远离节点，也可以将它围绕节点旋转。当"贝塞尔"控点移近节点时，曲线将变短；当"贝塞尔"控点远离节点时，曲线将变长。

（1）尖突节点。位于直线或曲线的端点，或在曲线中的尖角处，如图 3-42 所示。通过移动和旋转"贝塞尔"控点，可以调整曲线的形状。注意：尖突节点的两个"贝塞尔"控点的操作是相互独立的。

（2）平滑节点。不能用于两条直线段相交的地方，因为在两条直线的相交处将需要用到尖突节点。虽然可以用平滑节点来连接直线段和曲线段，但是连接的结果总是显得别扭。在大多数情况下，平滑节点用于曲线的平滑处。对于平滑节点来说，它和两个"贝塞尔"控点总是处于同一条直线上。这就意味着一个"贝塞尔"控点的转动将是另一个控点也做同样的转动，如图 3-43 所示。另外，也可以沿虚线的方向移动"贝塞尔"控点，这时两个控点将不做同步移动。这时应非常留意，以免不小心对它们进行了旋转。

（3）对称节点。不能用于直线段，而只能把它用于曲线段。对称节点必须与两边的"贝塞尔"控点处于同一条直线上，并且两个"贝塞尔"控点到节点的距离要相等。这样移动任何一个"贝塞尔"控点将使得另一个控点也做同步运动。如果想生成对称节点的曲线图形，对称节点是非常有用的，如图 3-44 所示。

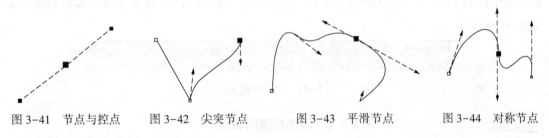

图 3-41 节点与控点　　图 3-42 尖突节点　　图 3-43 平滑节点　　图 3-44 对称节点

3.4.2 选择和移动节点

选取对象时使用的技术有很多可以用到选取节点上来。要调出"形状工具"，可以在工具箱中点中"形状工具"图标或者按 F10 功能键。

3.4.2.1 选取节点

用"形状工具"单击节点可以将它选中，如果在选取的过程中按住 Shift 键，那么可以一次选取多个节点，也可以取消节点的选中状态。另外也可以用选择框的方法来选取多个相邻的节点，即用"形状工具"在绘图窗口中绘制一个虚拟矩形（按住 Ctrl 键将使选择框成为正方形）或手绘图形，当绘制完成后，将选中虚拟矩形或手绘图形中的全部节点。如果在用选择框选取节点时按住 Shift 键，那么选择框内每个节点的状态将发生反转，即选中的变成不选中，不选中的变成选中。

如果用键盘来选取，那么 Home 键将选中当前曲线的第一个节点，End 键将选中最后一个节点。如果路径是闭合的，那么曲线上的第一个和最后一个节点将重合。Tab 键将选中当前节点的下一个节点，Shift+Tab 键将选中当前节点的前一个节点。Shift+Home 键将反转第一个节点的选取状态，。Shift+End 键将反转最后一个节点的选取状态。另外，Ctrl+Shift+Home 键和 Ctrl+Shift+End 键将选取当前路径上的所有节点。

注意：单独路径中的所有节点都被选中后，直线节点显示为空心，而曲线节点显示为实心。

3.4.2.2 移动节点

节点被选中后，可以把它拖动到另一个位置。如果多个节点同时被选中，那么拖动的过程中，这些节点将被同步移动。按下 Ctrl 键将使节点只能在水平方向或垂直方向上进行移动。

就像用"微调"功能和"精密微调"功能来移动对象一样，也可以用此功能来移动节点。这个功能在需要精确调整曲线形状的时候尤其有用。这里再重复一下，"微调"功能是用箭头键来移动节点，"精密微调"功能是用 Shift 键和箭头键来移动节点。

对于被选中的贝塞尔控点，同样可以使用"微调"功能和"精密微调"功能。在某些情况下，贝塞尔控点与节点处于同一位置，这将使得我们无法用"形状工具"直接选中贝塞尔控点，这时用按住 Shift 键的方法就可以把贝塞尔控点从节点上拖开。

3.4.3 编辑节点

到目前为止，我们对节点已经有了一个全面的了解，下面介绍怎样对节点进行编辑。调出节点编辑工具的方法有两个：一是从工具箱中，选择用其点中对象，出现节点编辑的属性栏（如图 3-45 所示）；二是用"形状工具"右击节点，CorelDRAW 将显示节点编辑弹出菜单，如图 3-46 所示。

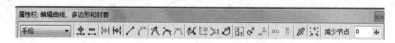

图 3-45　节点编辑属性栏

图 3-46　节点编辑
弹出菜单

3.4.3.1 添加和删除节点

在整形曲线时，如果需要把它拉伸成所需的形状，那么将需要在曲线上添加许多节点。要在曲线上添加节点，只要在相应的位置用鼠标单击，在单击的地方将出现一个黑色圆点，单击属性栏上的"+"图标或按一下数字键盘上的"+"键，则圆点处将出现一个节点。用"形状工具"在曲线的任何位置双击，也会在那里生成一个节点。如果在选中某个节点后，再单击"+"图标，那么将会在当前节点前面的线段中点位置出现一个新的节点。注意。当新节点生成后，它与原来的节点同时处于选中状态。这时，再单击"+"图标，将会以同样的方式在曲线上新增两个节点。如果连续单击"+"，可以在曲线上添加很多节点。

如果需要删除节点，需要先选中要删除的一个或多个节点，然后再单击属性栏上的"−"图标或单击 DEL 键。用"形状工具"双击一个已经存在的节点，它将被删除。

3.4.3.2 分离和合并

任意选中曲线上的一个节点，然后单击"分割曲线"图标，就可以把当前节点分成两个节点，移动两个节点中的任何一个，会发现它们之间已经没有任何联系了，这时状态栏中显示当前的路径被分成了两条子路径，但曲线仍然以一个对象的形式存在。

某些对象可能含有两条或多条子路径，如果想把这些子路径合并成一个单一路径，那么可以先选中两条子路径的顶端节点，然后再单击"连接两个节点"图标，联合节点将出现在原来两个节点的中间位置。所以，最好把两个节点叠起来放到希望联合节点出现的位置。

3.4.3.3 拉伸和旋转节点

可以用选中的节点来拉伸和旋转对象，只有同时选中两个或两个以上节点时，相应的拉伸和旋转节点的命令才会有效。下面举一个例子加以说明。

（1）应用"椭圆工具"，先画一个圆（请注意要按下 Ctrl 键）。

（2）用"排列｜转换为曲线"命令或 Ctrl+Q 快捷键，将圆转换成曲线。

（3）选择"形状工具"，用选择框选取所有的四个节点，然后按两次数字键盘上的"+"键以生成 16 个节点。

（4）用 Shift 键加单击的方法（即按住 Shift 键再单击鼠标左键的方法），间隔一个选中节点。

（5）单击属性栏上的"伸长和缩短节点连线"图标。这时，在选中的节点周围出现了控点，就像某个对象被选中时的情形一样，按下 Shift 键，并选中四个角上的其中一个控点，把它们向圆心拖动半径 2/3 的距离，就可以得到如图 3-47 所示的图形。

（6）单击属性栏上的"旋转和倾斜节点连线"图标；图形上将出现旋转控点，按下 Ctrl 键并把这些节点旋转 90°；最后得到的图形如图 3-48 所示。

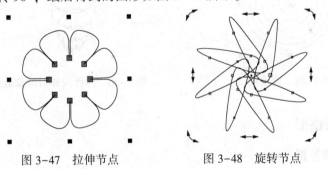

图 3-47　拉伸节点　　　　　图 3-48　旋转节点

注意：拉伸和旋转对象时用到的概念同样适用于节点。

3.4.3.4 封闭开放路径

对于 CorelDRAW 的对象来说，只有闭合才能对其进行颜色填充，因此封闭开放的路径意义重大。要封闭一条开放的路径，方法之一就是使用"手绘工具"或"贝塞尔工具"把开放路径的两个末端连接起来。但这里有一种更简单的方法：先选取开放曲线两端的节点，然后单击属性栏上的"延长曲线使之闭合"按钮，这时在两个节点之间将出现一条直线，使曲线成为一个闭合的对象。注意：只有在两端的节点都被选中的情况下，此按钮才有效；如果只有一端的节点被选中，则此按钮处于无效状态。

另外还有一种方法是使用属性栏上的"自动闭合曲线"按钮，只要在选中开放路径的情况下，选择"形状工具"命令；或用"形状工具"直接选中开放路径，这个按钮均可执行。

3.4.3.5 分解子路径

当某条曲线包含多条子路径时,可以有很多种方法来分解子路径。其中最普通的方法是使用"排列│拆分"(Ctrl+K)命令,使用这个命令时,将会把当前曲线的所有子路径都分隔出来。

有时候仅需要分隔其中的一条子路径,这时可以采用下面的方法,先点中所需分隔路径上的任意一点,然后单击属性栏上的"提取子路径"按钮,选中的子路径将从曲线上分隔出来,同时曲线的其他部分保持不变。

3.4.3.6 弹性拉伸模式

通常情况下,选中并移动多个节点,它们将移动相同的距离。但激活"弹性模式"时,被选中的节点中离拖动点近一些的将移动更长的距离,而离拖动点远一些的移动距离将要小一些。注意,这里的移动距离不是指沿着直线方向的移动距离,而是指沿着曲线自身的移动距离。下面举一个例子加以说明,具体步骤如下:

(1)绘制一个螺旋线,选中"螺纹工具",在其属性栏中设置圈数为8(在绘制的过程中按住 Ctrl 键),如图 3-49 所示。

(2)用"形状工具"选中所有的节点;在属性栏上选中"弹性模式"按钮;拖动螺旋线最外面的一个节点并向上移动,得到如图 3-50 所示的图形。

 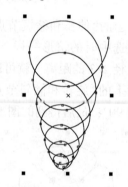

图 3-49　螺旋线　　　　　图 3-50　弹性拉伸后的螺旋线

3.4.4 高级整形

3.4.4.1 椭圆整形

用"形状工具"可以对椭圆进行整形,把它改造成我们所需要的形状。处理椭圆以前,必须先用"排列│转换为曲线"命令或 Ctrl+Q 快捷键,将圆转换成曲线,否则创建出来的将是圆弧或饼形。

一旦把椭圆转换成曲线之后,就可以通过拖动节点,调整贝塞尔控点的位置,甚至添加新节点的方法把椭圆改造成所需的形状。由于原始椭圆转换成曲线后只有四个节点,因此在整形过程中可能需要添加更多的节点。

用上述方法来绘制所需的图形是非常方便的,而且画出来的曲线比"手绘工具"画出来的要平滑得多。另外,用这种方法可以更直观地改变图形。

3.4.4.2 多边形整形

用"形状工具"也可以处理多边形(包括矩形),并且用它们可以绘制出很多美妙的图形。用高级整形的方法来处理多边形,它将使多边形的处理不仅仅只限于已有的节点。

和处理椭圆一样，处理多边形之前，必须先用"排列｜转换为曲线"命令或 Ctrl+Q 快捷键，将多边形转换成曲线，然后拖动曲线的贝塞尔控点来调整曲线的形状，当然也可以在需要的地方任意添加节点。这些改变都在多边形中有所表示，使用这些功能，就可以用多边形绘制出更加漂亮的图形。

3.4.4.3　位图整形

用"形状工具"处理位图时，不仅可以选择位图每一个角上的节点，把它们以矩形的形状作为直线来处理，而且可以在位图边框上任意添加节点，并且任意地把边框线改变为曲线，创建出任何形状。

请注意：在整形位图的过程中，并没有改变位图的文件内容，而仅仅是改变了它的显示方式。这一点与菜单命令"效果｜图框精确剪裁"的功能很相似，但对于某些位图而言，对其进行裁剪与使用"图框精确剪裁"同样简单。

3.5　多个对象造形

这一节所提到的所有命令有一个共同的特征：它们都位于"排列"菜单中，而且都是用于处理多个对象。也许有人怀疑"转换成曲线"命令是否也具有这个特点，其实在大多数情况下，我们总是用此命令把一组对象都转化成曲线的。用户可以尽可能用属性栏来选取相关的命令，只有当属性栏上不存在相应的命令时，才从"排列"菜单中选取命令。

3.5.1　结合与拆分

3.5.1.1　结合

当两个或两个以上的对象被选中时，属性栏上的"结合"命令（Ctrl+L）就会被自动激活，当然也可以调用菜单命令"排列｜结合"。"结合"命令也许是所有这些命令中最容易理解的一个。它的功能就是把两个或两个以上的对象合并成一个。虽然"焊接"命令也是把两个或两个以上的对象合并到一起，但是它们两者的工作原理是有区别的（关于"焊接"命令在后面的章节中讨论）。理解这两个命令的区别很重要，但现在更重要的是要知道"结合"命令的功能，以便能够正确使用它。另外，还应该了解多个对象在什么时候被合并为一个对象。

要理解"结合"命令的功能，可以先在页面上绘制一个椭圆和一个矩形，然后再同时选中这两个对象（用选择框的方法或 Shift 加单击的方法）。当两个对象同时被选中时，在状态栏中将提示在图层 1 上选中了两个对象，然后再单击属性栏上的"结合"按钮，这时在状态栏中将显示在图层 1 上选中了一个有 8 个节点的曲线，如图 3-51 所示。也就是说，原来的椭圆对象和矩形对象已经不存在了，取而代之的是一个单一的曲线对象。现在可以用"挑选工具"把这个对象移动到页面的不同位置。在移动的过程中，虽然它看起来还是像两个相互独立分隔的对象，但 CorelDRAW 已经把它当作一个独立的对象来处理了——状态栏上也是这么显示的。

如果合并一些有填充的对象，那么最后一个被选中的对象将决定填充的颜色。例如，如果先选中一个黄色对象，再选中一个红色对象，然后把它们合并到一起，那么最后所得到的结果将是对象被填充为红色。

"结合"命令是一个非常有用的命令，它最重要的用途是通过合并两个有相同属性的对象来节约存储空间，存储一个合并而成的对象要比存储各自独立的对象所占用的空间要小。

3.5.1.2 拆分

"拆分"命令（"排列｜拆分"或 Ctrl+K）与"结合"命令相对应，它的功能是取消"结合"命令的合并效果。另外，在属性栏上也同样可以得到"拆分"命令。

要观察"拆分"命令的效果，可先选中前面图 3-51 中由椭圆和矩形合并而成的对象，然后再单击属性栏上的"拆分"按钮。现在如果再选中椭圆，如图 3-52 所示，会发现只有椭圆本身被控点所包围，这与原来椭圆和矩形一起被控点包围的情况有所不同。这时再查看一下状态栏，将会发现它提示的是当前选中了一条曲线（而不是我们所期望的椭圆）。这是因为我们先合并对象，然后再进行分解操作之后，对象已经不能恢复到原来的状态，它们只能变成曲线。这样，经过拆分后，就可以独立地编辑两个对象了。

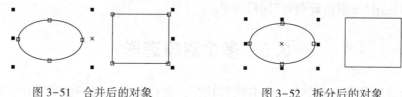

图 3-51 合并后的对象   图 3-52 拆分后的对象

另外，"拆分"命令也可以用于分隔对象的某些修改，从而使我们能够编辑其中某些对象。我们可以把这个命令认为是编辑某些效果中的对象所必须进行的一步。这些修改包括调和、路径中的调和、克隆、同心轮廓线、立体化、将文本嵌合于路径、尺寸线和连接线等，"拆分"命令把原始对象从上述效果生成的对象组中分离出来。

3.5.1.3 用"结合"命令来生成边框和掩膜

"结合"命令的另一个用途是用来生成边框和掩膜。在 CorelDRAW 的菜单中有一个"排列｜造形｜修剪"命令与"结合"命令的功能相类似，但是如果某一对象只是部分相交或根本没有重叠时，使用"结合"命令将得到与"修剪"命令不同的效果。

前面关于"结合"命令的例子中，两个要合并的对象是相互分隔的。如果两个对象相互有重叠的部分，则结合后的修改与前面有很多的区别。当对两个相互间有重叠的对象应用"结合"命令后，在叠加处将会出现一个洞。

如图 3-53 所示，左图中显示了一个矩形叠加于一个椭圆之上的情况（它们两者都以后面的窄矩形作为背景）。而在右图中，显示了两个对象被合并后的情况，可以看到在两个对象的叠加处有一个洞，并且从洞中可以看到作为背景的窄矩形。

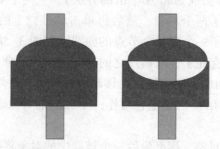

背景图形前相互叠加的对象   前面的两个对象已组合到一起

图 3-53 合并两个相互叠加的对象效果

64

虽然这种类型的合并方式的用途并不是很广泛，但使用它可以产生出非常漂亮的图形，图 3-54 就是一个很好的例子。具体步骤如下：

（1）在页面上绘制一个 10mm 宽、20mm 高的椭圆。

（2）将椭圆填充为青色，并把它的轮廓线改为红色。

（3）选中椭圆，单击两次，这时图中将显示出旋转控点。

（4）把椭圆的旋转控点移动到它的底部中心位置（如图 3-54 左图所示）。

（5）选择"排列｜变换｜旋转"命令，弹出"旋转"卷帘窗；在"角度"参数框中输入 15；单击"应用到再制"按钮 23 次，这样页面上出现一个有 24 个椭圆围成一圈的图形（如图 3-54 中图所示）。

（6）用选择框同时选中这 24 个椭圆，然后单击属性栏上的"结合"按钮，最后的图形将如图 3-54 右图所示。

图 3-54　合并"结合"命令生成的图形效果

3.5.1.4　用"结合"命令来生成文本掩膜

"结合"命令的另一个应用是用它来处理文本。将文本"CHINA"置于某矩形对象之上，后面有一幅地形图作为背景。将文本与矩形合并在一起以生成掩膜，以便通过文本部分地显示背景图样。图 3-55 就显示了这种效果，其中文本和矩形是合并在一起的，它们的背景是一幅地形图。图 3-56 看起来有点不同，这是因为我们不仅用页面背景色——白色填充了合并对象，而且还去除了它的边框线。这种效果使得文本看起来好像被背景物填充了一样。

图 3-55　用文本生成掩膜，
部分背景图样显示的效果

图 3-56　用页面颜色填充
合并对象的效果

虽然用掩膜的方法可以得到图片填充文本的效果，但这种效果是具有欺骗性的。另外，也可以用"效果｜图框精确剪裁"命令来生成类似的效果。

3.5.2　群组与取消群组

群组指的是把一组对象变成一个独立的单元，当很多对象被群组之后，就可以防止对象组中的某个对象被意外地移动。更重要的一点是当对象被群组后，就可以随意地移动整个对象组，而不会影响对象组中所有对象的相对位置关系。另外，我们也可以把几个对象组在其中成一个主对象组。当然，在状态栏上不会出现"主对象组"的名称，因为它在本质上还是一个对象组。例如，如果选中一个由三个对象组所组成的主对象组，那么状态栏将告诉用户所选中的是一个包含三个对象的对象组。事实上，CorelDRAW 并不知道三个对象其实就是对象组。

群组过程非常简单，只需先选中所需群组的对象，然后再单击属性栏上的"群组"按钮或按快捷键 Ctrl+G 就可以了。同样，取消群组的过程也很简单，只需选中对象组后，再单击属性栏上的"取消群组"按钮或者按快捷键 Ctrl+U 就可以了。在"排列"菜单中，"群组"与"取消群组"是相对应的一组命令，也可以选择它们完成群组对象和取消对象群组的操作。

属性栏上还有一个名为"取消全部群组"的命令按钮，它的功能是把选中的对象组完全取消群组。如果选中了一个对象组或一个主对象组或者同时选中两者，那么当选中"取消全部群组"命令时，所选中的对象组将会被拆分成完全独立的单个对象。

在一般情况下，要编辑对象组中的某个对象无须拆分对象组。例如，当要改变某个对象的尺寸、颜色或外形时，就没有必要拆分对象组。如果要编辑某个对象组中的某个对象，那么必须先用 Ctrl 加单击（即按住 Ctrl 键再单击）的方法来选取所需的对象。这时，在对象的四周将会出现圆形控点，而不是通常情况下的方形控点。同时状态栏也将显示出所选中的对象是一个"子对象"，即所选中的是对象组中的一个对象。当选中所需的对象之后，就可以像编辑任何其他对象一样来编辑它了。

3.5.3 转换为曲线

"转换为曲线"命令最主要的功能是把矩形、椭圆形、多边形和文本转化为曲线，使它们成为可任意编辑的对象。用 CorelDRAW 来绘制图形时，在大多数情况下都是从矩形、椭圆形和多边形开始的。虽然可以向这些对象添加某些 CorelDRAW 的效果，但不管怎么样，这些对象将保留它们的原型。但是如果把对象转换成曲线后，就可以有更大的自由度来控制对象。当然，这并不是说必须把所有的矩形、椭圆形、多边形和文本都转化为曲线，事实上只有在需要的时候才这么做，这样就可以对这些对象进行更多的艺术处理。

要把一个对象转化为曲线，既可以单击属性栏上的"转换为曲线"的图标，也可以按 Ctrl+Q 快捷键，还可以应用"排列｜转换为曲线"菜单命令。另外，可以右击对象弹出快捷菜单，执行"转换为曲线"命令。对于一个椭圆来说，它原来只有一个节点，但当被转化成曲线后，它将出现四个节点；对于一个矩形或多边形来说，它们的每个角上各有一个节点，当被转化成曲线后，这些节点都变成可编辑的了；对于文本来说，在每个字符的下面都有一个节点用于调整字间距，如果把它变为曲线，则系统会根据文本的形状再添加很多附加节点，这样就可以更方便地对文本进行艺术处理了。

3.5.4 造形

本节将讲解一组"造形"的命令，它们能帮助更好地绘制图形。这几个命令有一个共同的特点：在使用命令前，所有的操作对象都必须至少与另一个对象叠加。在菜单"排列｜造形"命令中含有六个卷帘窗，包括焊接、修剪、相交、简化、前减后和后减前。同时用户还可以在属性栏上选取这六个按钮，使用属性栏上的这些"快速"命令将比卷帘窗要快得多。

66

这六个命令可以应用于 CorelDRAW 绘制的图形、位图和文本等对象的操作之中。

3.5.4.1　焊接命令

"焊接"命令的功能是通过焊接两个或两个以上的对象来生成一个自定义的形状。在默认的情况下,"造形"的六个命令是处于同一个卷帘窗中的,如图 3-57 所示,这使得我们可以在这六个命令之间进行快速切换。当两个或两个以上的对象被选中的时候,"造形"属性栏中快速命令显示有效,如图 3-58 所示。

图 3-57　焊接卷帘窗　　　　　　　图 3-58　造形属性栏快速命令

"焊接"命令实际是建设多个互相叠加对象的相加过程,当执行这一命令之后,Corel-DRAW 将去除两个对象的叠加部分而保留它们的外边界,这样就可以得到一个新对象。如图 3-59 显示了两个对象焊接之前和之后的情况,在左边,一个圆形和一个矩形对象互相叠加而形成一个拱门,右边则是两个对象焊接之后的结果,在其中可以发现两个对象叠加的部分消失了,而且两个对象变成了一个对象。

1. 使用"焊接到"按钮

单击位于"焊接"卷帘窗底部的"焊接到"按钮是使用焊接窗口进行焊接的默认方法,要生成如图 3-60 所示的形状,需要按照以下的步骤来做。

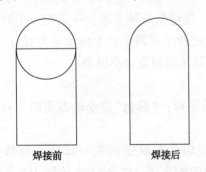

图 3-59　两个对象焊接前后的情况　　　图 3-60　用多个对象生成喷雾器黑色轮廓图

（1）在页面上绘制一个矩形作为喷雾器的主体。

（2）绘制一个圆,将它放到矩形的顶部,露出大约 1/4 的部分。

（3）再绘制两个矩形,其中一个绘制成圆角矩形,把它们按图 3-60 左图中的位置摆放好(注意:两个矩形和圆要叠加在一起)。

（4）用 Shift 加单击的方法选取大矩形之外的所有对象(这些对象就被称为来源对象),然后单击"焊接到"按钮。

67

（5）这时鼠标指针就变成了点箭头，用它选中大矩形（又称目标对象）。单击鼠标之后，所有的对象就焊接到一起了，这样就得到了喷雾器的轮廓图。

（6）用黑色填充所得图形，则可以得到如图3-60右图所示的喷雾器黑色轮廓图。

在"焊接"卷帘窗中，有"来源对象"和"目标对象"两个复选框，先选中的对象为来源对象，后选中的对象为目标对象，如果要保留它们的原件可以选中这两个复选框，执行命令后，新对象出现，同时原来的两个对象也被保留下来。

2. 用"焊接"命令生成街道广场图

如果没有"焊接"命令，那么要生成街道广场图是一件比较困难的事情。图3-61显示了一幅典型街道广场图的情况，其中左图是焊接之前的情况，右图是焊接之后的情况。在图中可以看到，要生成街道广场图，可先用矩形绘制单个的街道，曲折的道路用"自然笔"工具来绘制，中心广场用椭圆工具绘制，在绘制的过程中可以通过属性栏设置街道的宽度和中心广场的大小。绘制好以后，应用属性栏上的"快速焊接"命令将所有图形焊接到一起，就得到所需的图形。

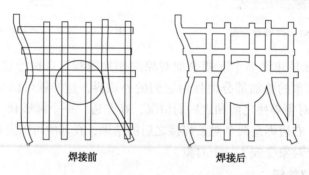

焊接前　　　　　　　　　　　焊接后

图3-61　用"焊接"命令生成街道广场图

3. 将"焊接"命令应用于对象组

在CorelDRAW中，"焊接"命令允许焊接对象组。这包括两种方法：一是把一个对象组中的所有对象焊接到一起，组成一个曲线对象；二是把两个或两个以上对象组焊接在一起。通过焊接以后得到的曲线对象所占用的内存空间要比原来的对象组小得多。

3.5.4.2　修剪命令

用"修剪"命令可以很轻松地生成许多独一无二的图形，"修剪"命令也需要两个对象相互叠加才能够工作。"修剪"卷帘窗如图3-62所示。

"修剪"命令的工作原理很像一把切刀，它是要切除对象中的某一部分。要修剪两个相互叠加的对象，必须先选中其中的一个对象作为切刀，这个对象又称为"来源对象"，然后再单击"修剪"卷帘窗底部的修剪按钮，这时用鼠标箭头来选取被修剪的对象（即目标对象）。注意：被修剪对象的切除部分形状是由切刀对象的形状所决定的。如图3-63显示了"修剪"命令最基本的功能。图中最左边的两个叠加对象显示的是使用"修剪"命令之前的情况，中间的半圆对象是先选中矩形后选中圆，即矩形作为切刀修剪圆以后得到的图形；右边的图形则是先选中圆后选中矩形，即圆作为切刀修剪矩形以后得到的图形。

图 3-62 "修剪"卷帘窗

互相叠加的两个对象　　被矩形修剪　　被圆修剪

图 3-63　应用"修剪"命令

在默认的情况下，"修剪"卷帘窗中，"来源对象"复选框是被选中的，这将使得"修剪"命令能够保留切刀的原始图形。如果不想保留切刀对象，则可以去掉"来源对象"选项前面的选中标记。

1. 案例一

如图 3-64 所示的是一个应用"修剪"命令的例子，具体步骤如下：

（1）绘制一个圆，然后再复制六个。

（2）使这些圆水平均匀分布。

（3）绘制一个矩形，并将其覆盖到圆的下半部分。

（4）通过选择框或 Shift+单击的方法选中所有的圆。

（5）单击"修剪"按钮，并用鼠标箭头选中矩形。

（6）将得到的图形填上喜欢的颜色。

图 3-64　应用"修剪"命令的例子

2. 案例二

"修剪"命令不仅可以用于两个封闭的对象，也可以用一条开放的曲线来修剪一个封闭的对象。如图 3-65 所示，可以按照项目的步骤操作。

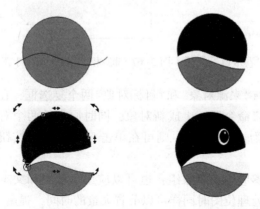

图 3-65　用一条曲线修剪一个圆，并把它变成一个有趣的图形

（1）先用"椭圆形"工具在页面上绘制一个圆，并且用 K30 将其填充。

（2）用"贝塞尔"工具绘制一条波浪线，使其穿过圆的中心，如图 3-65 左上角的图形所示。

（3）将波浪线选中，单击"修剪"按钮，然后使用鼠标箭头选中圆。

（4）用"挑选工具"选中整个圆，然后选择"排列 | 拆分"命令或单击属性栏上的"拆分"按钮。

（5）选取圆的上半部分并将其颜色改为黑色，这时所得到的图形如图 3-65 右上角的图形所示。

（6）在上半圆仍处于选中状态时，再次单击它以调出它的旋转箭头，然后把旋转中心移动到当前对象的左下角位置，选中右上角的旋转箭头并将其向上拖动，得到如图 3-65 左下角所示的图形。

（7）绘制第一个椭圆作为眼睛，填充为白色；第二个椭圆作为眼球，填充为黑色；第三个椭圆作为眼球中的亮点，填充为白色，就可以得到最后完成的图形。效果如图 3-65 右下角的图形所示。

"修剪"命令不仅能够应用于对象组，也可以应用于位图，得到意想不到的效果。应用"修剪"命令处理位图时可以节省大量的时间，提高工作效率。

3.5.4.3 相交命令

"相交"命令的功能是根据相互叠加对象的形状生成一个新的对象，"相交"卷帘窗如图 3-66 所示。"相交"命令是一个非常灵巧的工具，用它可以快速地生成各种奇妙的图形。

"相交"命令的工作过程如图 3-67 所示，在图中，箭头左边的图形是一个正方形和一个圆相叠加的情况，其中用虚线框起来的部分将是"相交"面积生成的图形。箭头右边的图则是使用"相交"命令之后生成的对象。注意：这个新对象是由各对象相互重叠的部分组成的。

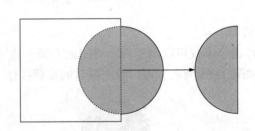

图 3-66　"相交"卷帘窗　　　　图 3-67　将"相交"命令应用于正方形和圆的情况

"相交"卷帘窗中也有"来源对象"和"目标对象"两个复选框，在默认的情况下，都处于选中的状态，执行"相交"命令后，生成新对象，同时原来的两个对象也保留下来。如果在生成相交对象时不想保留原来的对象，则可在单击"相交"命令按钮之前，取消这两个复选框选项。

"相交"命令不仅能够应用于对象组，也可以应用于位图和文本，能够获得意外的图形效果。应用"相交"命令处理位图时同样可以节省大量的时间，提高工作效率。

3.5.4.4 简化、前减后、后减前命令

这三个命令相当于"修剪"命令的快速版本，它们的卷帘窗中只有一个"应用"按钮，没有"来源对象"和"目标对象"两个复选框，如图 3-68 所示。

图 3-68 "简化""前减后"和"后减前"卷帘窗

这三个命令的工作过程是这样的，先选定两个相互重叠的对象，然后单击"应用"按钮，执行命令即可。三者所不同的是哪一个对象作为切刀，"简化"命令中位置处于前面的对象作为切刀，执行命令后，在新对象出现的同时保留了作为切刀的对象；"前减后"命令中位置处于后面的对象作为切刀，"后减前"命令中位置处于前面的对象作为切刀，这两个命令执行后则只生成新对象，原来的对象不保留。

要了解这三个命令的工作过程，见图 3-69。左上角为一个椭圆和一个矩形，两个相互叠加的原始对象；右上角为执行"简化"命令后的效果，生成新对象的同时作为切刀的椭圆被保留下来；左下角为执行"前减后"命令后的效果，位置在后的矩形作为切刀，修剪了前面的椭圆，生成新对象，而原来的对象椭圆和矩形没有被保留下来；右下角为执行"后减前"命令后的效果，位置在前的椭圆作为切刀，修剪了后面的矩形，生成新对象，而原来的对象椭圆和矩形没有被保留下来。

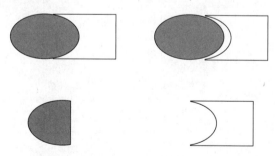

图 3-69 两个互相叠加的对象和执行"简化""前减后"和"后减前"命令后的图形

3.5.4.5 使用属性栏上的"造形"命令

属性栏上的"焊接""修剪""相交""简化""前减后"和"后减前"按钮（如图 3-58 所示）的工作方式与它们各自卷帘窗是相互独立的，也就是说改变卷帘窗的设置并不影响这些命令的功能。事实上，它们都是以各自的默认方式工作的。

属性栏上六个命令的工作方式如下：

（1）"焊接"命令将焊接所有被选中的对象，而不在页面上保留任何原始对象。

（2）"修剪"命令将最后选取的对象作为目标对象，而其他所有对象则作为切刀，执行

命令后，生成新对象的同时作为切刀的对象被保留下来。

(3)"相交"命令执行后，则在生成新对象的同时原始对象都被保留下来。

(4)"简化"命令执行后，生成新对象的同时作为切刀的对象被保留下来。

(5)"前减后"命令执行后，只出现新对象。

(6)"后减前"命令执行后，只出现新对象。

在学完了所有的这些命令之后，会发现在大多数情况下，使用属性栏上的命令按钮比卷帘窗中的命令更快捷和方便。如果在使用这些命令的过程中，保留了某些自己不需要的对象，将它们删除就可以了。

第4章 色彩设计与调色板

色彩是通过人的眼睛、大脑和我们的生活经验所产生的一种对光的视觉效应。人对颜色的感觉不仅仅由光的物理性质所决定，同时还包含心理等许多因素，比如人类对颜色的感觉往往受到周围颜色的影响。有时人们也将物质产生不同颜色的物理特性直接称为颜色。

自然界的一切色彩可分为消色和彩色两大类：黑、白和各种灰色为消色或非彩色；除此之外的，如红、橙、黄、绿、青、蓝、紫等各种颜色，即为彩色。消色和彩色统称为色彩或颜色。

色彩的应用历史很悠久，四大文明古国起源时，已经开始将颜料应用于壁画、雕塑、建筑装饰、服装等。我国长沙马王堆三号汉墓中出土的《驻军图》用黑、红、田青三色绘成，成图于2100多年前(汉文帝十二年即公元前168年)，是目前世界上发现最早的彩色地图。

色彩的科学研究从19世纪开始，以光学的发展为基础，牛顿的日光-棱镜折射实验和开普勒奠定的近代实验光学为色彩学提供了科学依据。

色彩的理论体系：奠基者是美国画家A·H·孟塞尔和德国科学家W·奥斯特瓦尔德。1915年《孟塞尔图谱》首次出版，"孟塞尔颜色系统"建立。美国、日本、英国、中国等国家的标准颜色都基于孟塞尔系统，艺术、印刷色彩教学都以该系统为基础。

色彩学是研究色彩产生、接受及其应用规律的科学，是重要的基础学科之一。以光学为基础，涉及心理物理学、生理学、心理学、美学与艺术理论等学科。

将色彩应用到制图中，是制图发展史上的一场重大革命。色彩的应用，弥补了符号、图形和尺寸的不足，改变了以单色绘制而产生的那种符号种类繁多、图形复杂，内容类型难分、主次不明、容量很小的局面。一幅彩色图，能给读者以自然而完整的区域面貌的概念。色彩是制图语言的重要内容，是计算机制图最重要的表达手段，色彩与图形、尺寸融合在一起，成为现代制图中不可缺少的最为活跃的要素。运用色彩可增强制图各要素分类、分级的概念，反映制图对象的质量与数量的多种变化；可简化制图符号的图形差别和减少符号的数量。利用色彩与自然地物景色的象征性，可增强图幅的感受力；利用色彩变化可以构建图面视觉层次，提高了图幅空间信息传递的容量，增强了表现力和科学性，增加了美感和艺术造型。

4.1 色彩的理论基础

为什么自然界的色彩如此绚丽灿烂、种类繁多呢？

经验证明，人类对色彩的认识与应用是通过发现差异，并寻找它们彼此的内在联系来实现的。因此，由人类最基本的视觉经验得出了一个最朴素也是最重要的结论：没有光就没有色。白天人们能看到五色的物体，但在漆黑无光的夜晚就什么也看不见了。倘若有灯光照明，则光照到哪里，便又可看到物像及其色彩了。

英国科学家牛顿曾致力于颜色的现象和光的本性的研究，1666年他进行了著名的色散实验。他将一房间关得漆黑，只在窗户上开一条窄缝，让太阳光射进来并通过一个三棱镜。

结果出现了意外的奇迹：在对面墙上出现了一条七色组成的光带，而不是一片白光，七色按红、橙、黄、绿、青、蓝、紫的顺序一色紧挨一色地排列着，极像雨过天晴时出现的彩虹。同时，七色光束如果再通过一个三棱镜就又重新还原成白光。实验得出如下结论：白光是由不同颜色（即不同波长）的光混合而成的，不同波长的光有不同的折射率。在可见光中，红光波长最长，折射率最小；紫光波长最短，折射率最大。牛顿的这一重要发现成为光谱分析的基础，揭示了光色的秘密。

牛顿之后大量的科学研究成果进一步告诉我们，色彩是以色光为主体的客观存在，对于人则是一种视像感觉，产生这种感觉基于三种因素：一是光；二是物体对光的反射；三是人的视觉器官——眼。即不同波长的可见光投射到物体上，有一部分波长的光被吸收，一部分波长的光被反射出来刺激人的眼睛，经过视神经传递到大脑，形成对物体的色彩信息，即人的色彩感觉。光、眼、物三者之间的关系，构成了色彩研究和色彩学的基本内容，同时亦是色彩实践的理论基础与依据。

光的作用、物体的特征与健康的人眼，是构成物体色的三个不可缺少的条件。它们互相依存又互相制约。只强调物体的特征而否定光源色的作用，物体色就变成无水之源；只强调光源色的作用不承认物体的固有特性，也就否定了物体色的存在。同时，如果人的眼睛存在问题，色弱、色盲或盲人是无法对色彩做出正确感受的。

4.1.1 光的物理性质

电磁波（电磁辐射）的波长和强度可以有很大的区别，从低频率到高频率，包括有无线电波、微波、红外线、可见光、紫外光、X射线和伽马射线等，如图4-1所示。人眼可接收到的波长在380~780nm之间，称为可见光，有时也被简称为光。

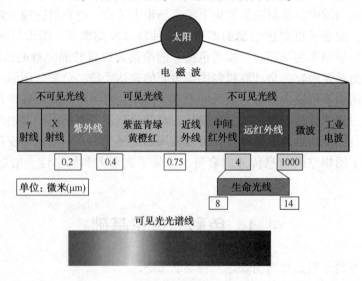

图4-1 电磁波波长分类

假如我们将一个光源各个波长的强度列在一起，我们就可以获得这个光源的光谱。一个物体的光谱决定这个物体的光学特性，包括它的颜色。不同的光谱可以被人接收为同一个颜色。虽然我们可以将一个颜色定义为所有这些光谱的总和，但是不同的动物所看到的颜色是不同的，不同的人所感受到的颜色也是不同的，因此这个定义相当主观。

一个弥散地反射所有波长的光的表面是白色的，而一个吸收所有波长的光的表面是黑色的。

一个虹所表现的每个颜色只包含一个波长的光。我们称这样的颜色为单色的。虹的光谱实际上是连续的，但一般来说，人们将它分为七种颜色：红、橙、黄、绿、青、蓝、紫；每个人的分法总是稍稍不同。单色光的强度也会影响人对一个波长的光所感受的颜色，比如暗的橙黄被感受为褐色，而暗的黄绿被感受为橄榄绿，等等。

大多数光源的光谱不是单色的，它们的光是由不同强度和波长的光混合组成的。人眼将许多这样的混合光的颜色与单色光源的光的颜色看成是同样。比如上面图中的橙色，实际上就不是单色的 600nm 的光，它是由红色和绿色的光混合组成的（显示器无法产生单色的橙色）。出于眼睛的生理原理，我们无法区分这两种光的颜色。

也有许多颜色不可能是单色的，因为没有这样的单色的颜色。比如说黑色、灰色和白色就是这样的颜色，粉红色或绛紫色也是这样的颜色。

4.1.2 物体的物理性质

同一物体在不同的光源下将呈现不同的色彩：在白光照射下的白纸呈白色，在红光照射下的白纸成红色，在绿光照射下的白纸呈绿色。因此，光源色光谱成分的变化，必然对物体色产生影响。电灯光下的物体带黄，日光灯下的物体偏青，电焊光下的物体偏浅青紫，晨曦与夕阳下的景物呈橘红、橘黄色，白昼阳光下的景物带浅黄色，月光下的景物偏青绿色等。光源色的光亮强度也会对照射物体产生影响，强光下的物体色会变淡，弱光下的物体色会变得模糊晦暗，只有在中等光线强度下的物体色最清晰可见。

物理学家发现光线照射到物体上以后，会产生吸收、反射、透射等现象。而且，各种物体都具有选择性地吸收、反射、透射色光的特性。以物体对光的作用而言，大体可分为不透光和透光两类，通常称为不透明体和透明体。对于不透明物体，它们的颜色取决于对波长不同的各种色光的反射和吸收情况。如果一个物体几乎能反射阳光中的所有色光，那么该物体就是白色的。反之，如果一个物体几乎能吸收阳光中的所有色光，那么该物体就呈黑色。如果一个物体只反射波长为 700nm 左右的光，而吸收其他各种波长的光，那么这个物体看上去则是红色的。可见，不透明物体的颜色是由它所反射的色光决定的，实质上是指物体反射某些色光并吸收某些色光的特性。透明物体的颜色是由它所透过的色光决定的。红色的玻璃所以呈红色，是因为它只透过红光，吸收其他色光的缘故。照相机镜头上用的滤色镜，不是指将镜头所呈颜色的光滤去，实际上是让这种颜色的光通过，而把其他颜色的光滤去。由于每一种物体对各种波长的光都具有选择性的吸收与反射、透射的特殊功能，所以它们在相同条件下（如：光源、距离、环境等因素），就具有相对不变的色彩差别。人们习惯把白色阳光下物体呈现的色彩效果，称之为物体的"固有色"。如白光下的红花绿叶绝不会在红光下仍然呈现红花绿叶，红花可显得更红些，而绿光并不具备反射红光的特性，相反它吸收红光，因此绿叶在红光下就呈现黑色了。此时，感觉为黑色叶子的黑色仍可认为是绿叶在红光下的物体色，而绿叶之所以为绿叶，是因为常态光源（阳光）下呈绿色，绿色就约定俗成地被认为是绿叶的固有色。严格地说，所谓的固有色应是指"物体固有的物理属性"在常态光源下产生的色彩。

4.1.3　人眼的色彩感受

光本身无色，所谓颜色只是人不同感光细胞在脑中产生的不同反应，或者说感觉。人眼有红、绿、蓝三种感光细胞。每种细胞只对一种波段的光反应敏感。这样当一定波长的光进入眼睛后，有一部分感光细胞兴奋，反应到大脑，我们称之为颜色。人们根据红、绿、蓝三种感光细胞，定义了三原色。其他颜色的波段都在这三种反应敏感区之间。人靠不同颜色感知细胞的反应强度，分辨不同颜色。

人眼中的视锥细胞和视杆细胞都能感受颜色，一般人眼中有三种不同的视锥细胞：第一种主要感受黄绿色，它的最敏感点在565nm左右；第二种主要感受绿色，它的最敏感点在535nm左右；第三种主要感受蓝紫色，它的最敏感点在420nm左右。视杆细胞只有一种，它的最敏感的颜色波长在蓝色和绿色之间。

每种视锥细胞的敏感曲线大致是钟形的，视锥细胞依照感应波长不同，由长到短分为L、M、S三种。因此进入眼睛的光一般相应于这三种视锥细胞和视杆细胞被分为四个不同强度的信号。

因为每种细胞也对其他的波长有反映，因此并非所有的光谱都能被区分。比如绿光不仅可以被绿视锥细胞接受，其他视锥细胞也可以产生一定强度的信号，所有这些信号的组合就是人眼能够区分的颜色的总和。

如我们的眼睛长时间看一种颜色的话，我们把目光转开就会在别的地方看到这种颜色的补色。这被称作颜色的互补原理。简单说来，当某个细胞受到某种颜色的光(例如黄色)刺激时，它同时会释放出两种信号：刺激黄色，并同时抑制黄色的补色蓝色。

人类一共约能区分一千万种颜色，不过这只是一个估计，因为每个人眼睛和大脑的构造不同，每个人看到的颜色也少许不同，因此对颜色的区分是相当主观的。人类色觉是不同波长的光线在人类感觉系统中产生的感受，而不是光线本身的性质。青年人和老年人在色觉上往往有细微差异。假如一个人的一种或多种锥状细胞不能正常对入射的光有所反应，那么这个人能够区别的颜色就比较少，这样的人被称为色弱。有时这也被称为色盲，但这个称呼并不正确，因为真正只能区分黑白的人是非常少的。

4.2　色彩的量度

自然界的色彩绚丽灿烂，种类繁多，鉴别色彩主要根据其三个基本特征：色相、亮度和纯度，统称为色彩的三要素或三属性。色彩的三要素是不可分割的，应用时必须同时考虑这三个因素。

4.2.1　色相

色相又称色别或色调，是色彩的最大特征。色相指色彩的相貌或类别，能够比较确切地表示某种色彩的名称，严格地说，是可见光谱中特定波长的色光给人的色彩感觉。如品红、黄、青、绿、紫、橙、黑等。不同的色相，在制图中多用于表达不同类别的对象，例如，在地形图上多用蓝色表示水系和湖泊，绿色表示植被，棕色表示地貌；在专题地图上表示不同对象的质量特征等，其分类概念十分明显。从光学物理上讲，各种色相是由射入人眼的光线的光谱成分决定的。对于单色光来说，色相的面貌完全取决于该光线的波长；对于混合色光来说，则取决于各种波长光线的相对量。物体的颜色是由光源的光谱成分和物体表面反射（或透射）的特性决定的。

4.2.2　亮度

亮度又称明度或光度，是指色彩本身的明暗程度。物理学上，亮度取决于光波的振幅宽窄。各种有色物体由于它们的反射光量的区别而产生颜色的明暗强弱。其中，又分三种情况：

（1）色相不同，亮度不一，如黄色的亮度最强，品红、绿色中等，紫色的亮度最弱。

（2）同一色相，因光照强弱不同，亮度也不一样，在强光照射下显得明亮，弱光照射下显得较灰暗模糊。如绿色随光照强弱，相应有明绿、绿、暗绿之分。

（3）同一色相，同一颜色加黑或加白掺和以后也能产生各种不同的明暗层次。若在其中加入白色成分，则亮度增加；加入黑或灰色成分，则亮度降低。

色彩的明度变化往往会影响到纯度，如红色加入黑色以后明度降低，同时纯度也降低；如果红色加白则明度提高，纯度却降低。在制图中，多用不同的亮度来表现制图对象的数量差异，特别是同一色相的不同亮度更能明显地表达数量的增减，如用蓝色的深浅表示降水的多寡程度。

4.2.3　纯度

纯度又称色度、彩度或饱和度，是指色彩接近标准色的纯净程度。它表示颜色中所含有色成分的比例，含有色彩成分的比例愈大，则色彩的纯度愈高；含有色成分的比例愈小，则色彩的纯度也愈低。可见光谱的各种单色光是最纯的颜色，为极限纯度。在 CMYK 模式中，其数值为 100 时，表示其纯度达到饱和。C100，表示青色达到饱和；M100，表示品红色达到饱和；Y100，表示黄色达到饱和。在光谱中，各种单色光是自然色彩中最饱和的色彩，故称标准色。若某色相越接近标准色，其纯度越大，色彩越鲜艳；反之，纯度越小，色彩越暗淡。当一种颜色掺入黑、白或其他彩色时，纯度就产生变化。当掺入的色彩达到很大的比例时，在眼睛看来，原来的颜色将失去本来的光彩，而变成掺和的颜色了。当然这并不等于说在这种被掺和的颜色里已经不存在原来的色素，而是由于大量的掺入其他彩色而使得原来的色素被同化，人的眼睛已经无法感觉出来了。有色物体色彩的纯度与物体的表面结构有关，如果物体表面粗糙，其漫反射作用将使色彩的纯度降低；如果物体表面光滑，那么，全反射作用将使色彩比较鲜艳。

绘制和印刷地图时，只有运用这一属性来调配色彩，才会收到好的效果。例如，当利用多种颜色的配合来表现制图对象的分布范围时，一般以纯度较高的色彩表示少量或小面积分布的制图对象，使之明显而突出；用纯度偏低的色彩表示大面积分布的制图对象，使之不因为过分明显而淹没小面积分布的其他现象。

任何色彩都具有上述三个要素，它们之间有密切的联系，若其中一个要素改变了，则其余一个或两个要素也会随之而变；由此，便可产生很多色彩。

4.3　色彩模型

所谓色彩模型，就是一种配置颜色的工具。色彩模型包括了加色和减色模型，两种类型的模型都是由数学公式衍生的各种颜色组成的，这个公式提供了使用颜色标准的基本量度。

CorelDRAW 提供了七种颜色模式和一种灰度模式。每种颜色模式中包含的颜色是大同小异的，它们都提供了上百万种的颜色选择。

4.3.1　减色模型

减色模型使用"油墨"来生成色彩，油墨用得越多，颜色越暗；颜色越暗，纸面反射的光线越少。

减色模型用于调配彩色打印机，使用减色三原色：青色(Cyan)、品红色(Magenta)、黄色(Yellow)，另外加上黑色(K：Black，K 取的是 Black 最后一个字母，之所以不取首字母，是为了避免与蓝色 Blue 相混淆)，这四色均使用透明油墨，构成 CMYK 模型。使用调配色时，可以简单地把它们混在一起产生($101×101×101 = 1030301$)百万种颜色，主要用于调配彩色打印机、颜料的混合和印刷纸张等载体。

点色也是一种减色模型，但它由非透明油墨组成。这种油墨不能与别的点色相调和，但是可以使用特定的各种深浅颜色。打印点色时，对图像中每一种点色都需要单独的色盘。

打印调配色图时，仅仅需要四个色盘。有些打印机仅用 CMY 三种颜色，用 CMY 三种颜色各 100%的调和来模拟黑色。但这种途径得到的黑色总的来讲不如包括黑墨的四色色盘得到的黑色好(理论上只需要 CMY 均为 100 就应该得到黑色，但是由于目前制造工艺还不能造出高纯度的油墨，CMY 相加的结果实际是一种暗红色)。

CMYK 色彩模型是计算机制图中使用的主要的色彩模型，它是用 CMYK 四色来定义颜色的。每一种颜色都以百分比(0~100)的形式来描述，用精确的数字来配置色彩。CMYK 色彩模型是基于反射光原理，以墨的颜色为基础，通过反射某些颜色的光并吸收其他颜色的光，墨就可以产生颜色。因为 CMYK 色彩模型是通过吸收光来产生颜色的，所以它被称为减色模型。在使用 CMYK 色彩模型时，用户也可以通过输入小于 100%的黑色，并把其他颜色设置为 0%的方法来定义灰色阴影。减色原色的等量叠合形成黑色，如图 4-2 所示。

4.3.2　加色模型

加色模型用"光线"来生成各种颜色，是由加色三原色：红色(Red)、绿色(Green)、蓝色(Blue)生成各种颜色。构成 RGB 颜色模型的这三种颜色，其值都在 0~255 之间。以三原色为基础，可以产生所有的其他色彩($256×256×256 = 16777216$)千万种颜色。颜色强度越大，颜色越亮。如果用最高强度的设置，三种颜色都设成 255，会生成白色；反过来，如果三种颜色都用最低强度，都设为 0，会生成黑色，如图 4-3 所示。

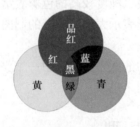

图 4-2　CMYK 色彩模型

图 4-3　RGB 色彩模型

RGB 颜色模型是基于发射光原理，通过增加光束产生颜色的，所以被称为加色模型，用于光的混合和彩色显示器的彩色显示。如果用户的作品最终是在显示器上进行时，RGB

是一种不错的选择，因为显示器使用的就是 RGB 颜色模型。

在 CorelDRAW 中提供的加色模型有 RGB、HSB、HLS、Lab 和 YIQ。这些颜色模型的不同，主要是因为它们由不同的公司开发的，每个公司都使用自己的一套公式。

颜色可以由红、绿、蓝的色调、饱和度和亮度（HSB）值来进行显示。人眼对用 HSB 显示的颜色比对其他颜色模型更灵敏。色调是实际的颜色，饱和度是颜色的纯度，亮度是色彩中白色的量值。

HLS 模型是从 HSB 模型演变而来的，是由色度、光度和饱和度（HLB）共同确定的。色度决定颜色，光度决定感知的强度，饱和度决定颜色的深度。

Lab 模型最为常用。Lab 模型使用的颜色范围包括 CMYK 和 RGB 模型所有颜色，而且是与设备无关的。像 HSB 模型一样，它代表的是人眼感觉颜色的方法。L 代表亮度值，它决定了颜色的明亮度；a 值表示颜色沿从绿色到红色的轴的颜色范围；b 值表示颜色沿从蓝色到黄色的轴的范围。亮度值为 0~100，a 值和 b 值为 -128~127。因为它与设备无关，所以在理论上它比其他任何颜色模式更易预测。设备无关意味着它显示生成的结果颜色与特定的显示器无关。

YIQ 颜色模型是北美洲电视广播系统使用的颜色模型。Y 是明亮度值，I 和 Q 是色彩强度值。在黑白显示器中只有 Y 值显示，在彩色显示器中三个值都会显示。

灰度颜色模型，提供了 256 种灰度颜色，供用户选择。当作品只以黑白色显示时，这种颜色模型很有用。

表 4-1 列出了 CorelDRAW 的八种颜色模式以及每种颜色模式使用的基色和最佳应用场合。因为我们主要是用四色打印来显示计算机制图作品的，所以在实际绘图应用中，我们一般采用 CMYK 颜色模型来配置色彩。

表 4-1　色彩模式

颜色模式	模式中的颜色	最佳应用场合
CMY	青色、品红、黄色	四色打印
CMYK	青色、品红、黄色、黑色	四色打印
RGB	红色、绿色、蓝色	显示器、网上显示和幻灯片
HSB	色调、饱和度、亮度	显示器、网上显示和幻灯片
HLS	色调、浓淡、饱和度	显示器、网上显示和幻灯片
Lab	包括 RGB 和 CMYK 颜色模式的颜色范围	四色打印
YIQ	亮度和染色值（NTSC）美国视频标准	电视广播图像
灰度	256 级灰度	黑白打印

4.4　色彩的设计与应用

4.4.1　色彩的混合

色彩的混合有两种，一种是色光的混合，色光中的红、绿、蓝光为加色原色，这三种原色混合得到白色；另一种是颜料色的混合，颜料色中的青、品红、黄为减色原色，这三原色混合则得到黑色。我们在计算机制图中主要运用 CMYK 模型，所以，下面介绍的是颜料色彩的混合情况。

4.4.1.1 原色

青、品红、黄三色称颜料的三原色。其他颜色都是由这三原色混合而成的，但任何别的颜色都无法调出这三原色，所以又称第一色。

4.4.1.2 间色

间色，是由两种原色混合所得到的颜色，又称第二色。如品红与黄混合成红色，品红与青混合成蓝色，黄与青混合成绿色。二原色混合时，随比例的不同，可混合成一系列的间色，青多黄少混合成青绿色，黄多青少混合成黄绿色等。调配颜色时可有等量与不等量两种，不等量调配时，必有一种为主导色。如图 4-4 间色调配中，颜色的右上角有"＊"的即为主导色。

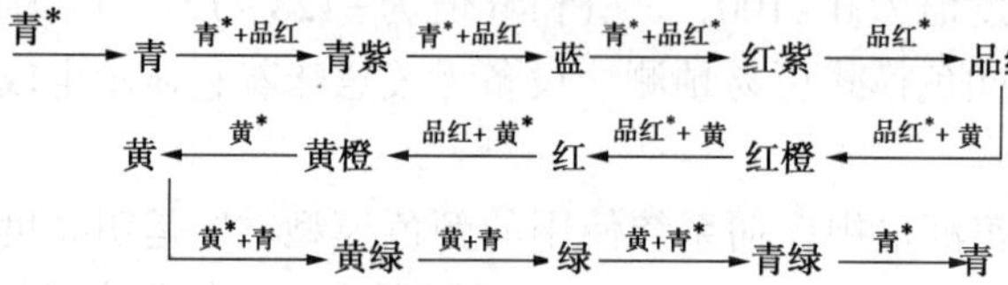

图 4-4 间色调配

4.4.1.3 复色

复色，是由两种间色或三原色不等量混合所得到颜色，又称第三色，或称再间色，如紫与绿混合成紫绿色(青灰色)等。复色一般都含有三原色的成分，所以构成的色相纯度降低了，不如间色那样饱和。

4.4.1.4 补色

补色，又称余色。两个原色等量混合而成的间色，即为另一原色的补色，如品红与绿、黄与蓝、青与红。鉴于它们之间不具有共同的色素，能起到强烈的对比作用。补色相加，颜色变暗，呈灰黑色。

4.4.2 色彩的选配

在同一图面上选用几种色彩进行配合来表示制图对象，以期取得理想制图效果的工作，称为色彩选配(图 4-5)。色彩选配恰当与否，对制图的艺术表现力至关重要。其选配方式有以下几种。

4.4.2.1 同类色选配

色环中，相隔 45°的各色，是由同一色相而亮度相近的颜色构成的，称为同类色(图 4-6)。同类色选配，即将同一色相的色彩变化按其亮度或纯度，分成浓淡不同的几个色阶，配合在一起表示制图对象同一类别现象的数量特征的差异，也可以称为单色渐变。这种选配具有自然、协调、柔和等效果，其亮度差距不宜过大。

4.4.2.2 类似色选配

色环中，凡在 90°范围内的各色，因彼此含有较多的共同色素，故称类似色或邻近色(图 4-7)。如品红-红橙-红-黄橙、红-黄橙-黄-黄绿等。在图面上选用类似色中某几种色表示几种制图对象的做法，称类似色选配，具有平和、丰富的效果。类似色在图上多用来表示现象质量特征的差异，亦可反映数量差别，如用于制作分层设色或分级设色地图。类似色选配，一般不宜超过三个相邻色相，否则，会使对比增大。

图 4-5　二十四色色环

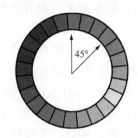

图 4-6　同类色

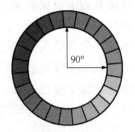

图 4-7　类似色

4.4.2.3　对比色选配

色环中，相距约 135° 的是两种可以明显区分的色彩，称为对比色（图 4-8）。因其较大的色相差，能得到良好的对比效果，但大面积的设色不宜使用，可以降低其饱和度应用。包括色相对比、明度对比、饱和度对比、冷暖对比、补色对比、色彩和消色的对比等，是构成明显色彩效果的重要手段，也是赋予色彩以表现力的重要方法。其表现形式又有同时对比和相继对比之分。比如黄和蓝、紫和绿、红和青，任何色彩和黑、白、灰，深色和浅色，冷色和暖色，亮色和暗色都可以进行对比色选配。

4.4.2.4　补色选配

色环中，相距 180° 的两种色彩，也就是色环的任何直径两端相对之色，都称为互补色（图 4-9）。任何一对互补色，既互相对立，又互相满足。它们是由品红与绿、黄与蓝、青与红这三对基本补色引申开来的，把充实圆满表现为对立面的平衡。当它们同时对比时相互能使对方达到最大的鲜明性，但它们互相混合时，就互相消除，变成一种灰黑色。互补色中那种互相满足的因素构成了一个结构简明的整体，因此，它在色彩中具有一种独特的表现价值。

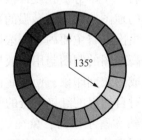

图 4-8　对比色

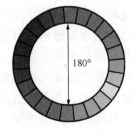

图 4-9　互补色

在图面上选用互为补色的颜色表示制图对象的做法，称为补色选配。补色配合在一起，对比强烈，差别很大。常用于表示含义不同或重点突出的要素，反映其质量特征。这种选配对提高阅读效果十分有利，在地质图、土壤图上用得较多。由于补色有强烈的分离性，恰当地运用补色，不仅能加强色彩的对比，拉开距离感，而且能表现出特殊的视觉对比与平衡效果。但使用不当，过分的强烈对比会使人感觉很刺眼。

4.4.3　色彩应用

制图中使用的色彩，有时需要选择对比强烈的色调，有时需要选择对比柔和的色调，有时还需要选择色度逐渐变化的色标。色彩运用的总原则是：使每一种色相、亮度与饱和度的设计同所有表示对象的实质与特征联系起来，最有效地反映制图对象的特征及其分布规律与区域差异。

不同的色彩给人们的感觉是不同的，一般都有冷与暖、远与近、兴奋与沉静之感。据此色彩又可以分为暖色、冷色和中性色。红、黄、橙给人以热烈、光亮、明快、兴奋、积极和近的感觉，属于暖色；青、蓝、紫等色，给人以清凉、寒冷、沉静、庄重、消极和远的感觉，属于冷色；介于冷暖之间的，黑、白、灰、绿、银、金等色，给人以不冷不热、温和、宁静、不远不近的感觉，属于中性色，如绿、黄绿等色，色泽柔和，久视而不疲劳；人们在看地图时，处于同一平面上的暖色似乎离眼睛近些，有凸起之感，而冷色似乎离眼睛远些，且具凹下感，故又将冷、暖色分别称为后退色和前进色。但是，色彩的这种感觉亦是相对的，如红与黄在一起，红比黄要显得更暖一些，土黄与柠檬黄虽都属于暖色，相比之下，土黄偏暖，柠檬黄偏冷。

4.4.3.1　色相

色相或色调主要用来表示和区别质量特征，其设色原则是：

1. 天然色

为了便于联想与意义自明，制图上的设色往往尽可能与制图对象的天然颜色相接近。如土壤中黑钙土、褐土、棕壤、黄壤、红壤等类型，本来就采用土壤颜色命名，因而就可以分别选用深灰色、褐色、棕色、黄色、红色表示。植被图中针叶林、阔叶林、草原等类型可以意想，分别用暗绿色、绿色、草绿色（黄绿色）表示。

2. 象征/含义

由于色彩有冷暖之分，所以在设计图纸时，要巧妙地利用色彩给人的感觉，将制图现象的性质与人对所用色彩的感觉一起揉进所设计的符号之中。如利用冷暖色表示某些有冷热特征的现象，以暖色表示零度以上气温或亚热带、热带气候；以冷色表示零度以下气温和寒温带、温带气候；以蓝、绿色表示湿润；以黄、棕色表示干旱等。在设计供老年人使用的地图时应多用老年人喜爱的沉静色，供小学生或少儿用的地图，则用刺激强的兴奋色，均可收到很好的效果。利用色彩的远近感来区分地图内容的主次，将主要内容用浓艳的暖色，次要内容用浅淡的冷色，使图面分出几个层次，有效地提高地图的制图与用途效果。

大千世界丰富的自然色彩和人们用色的习惯造成的长期印象，使某些色彩因地域和民族的差异而形成某种象征意义。其中，红色，使人易对自然界的红艳芬芳的鲜花、丰硕甜美的果实产生联想，所以常用红色象征艳丽、饱满、成熟和富于生命，象征欢乐、喜庆、兴奋，象征事业的兴旺发达、胜利、进步；红色还因长期用于信号灯，作为危险、禁止交通车辆通行的红灯，而形成危险的象征意义。绿色是生命之色，可以作为农、林、牧业的象征色，还可以象征春天、生命、青春、活泼，象征和平等。蓝色，易使人联想到天空、海洋、湖泊、严寒等，象征崇高、深远、纯洁、寒冷等。

政治象征含义：红色是左派（例如社会主义和共产主义）的标志；棕色是极右派（例如法西斯主义）的标志；黄色在中国自唐朝到清朝是皇帝的标志，在现代欧美国家是自由主义的标志。

有些国家和地区有自己的代表色：中国——红色；荷兰——橙色；法国以及俄罗斯等斯拉夫国家——红、白、蓝；阿拉伯国家——绿、红、白、黑；撒哈拉沙漠以南非洲国家——红、黄、绿。

不同的文化对色彩文化含义可能有很大的差异，比如中国传统白色是丧色，而在西方国家白色往往代表纯洁。传统上，中国人穿着黑色、白色、素色等丧服参与丧礼；相反，西方国家以白色作为婚礼的礼服主色。中国人喜欢红色为吉祥，但西方认为红色为邪恶的象征。

以下是一些色彩的文化象征意义：白色表示纯洁、干净、光明；灰色表示迷糊、忧郁；黑色表示成熟、权威、黑暗；红色表示热情、情感，在中国表示吉利、幸福，在西方则有邪恶、禁止、警告的意思；橙色表示温暖、活泼；黄色表示温和、明亮，也代表金钱；绿色表示环保、自然、和平，在西方有通行的意思；蓝色表示天空、海洋、水，象征冷静与自由的心态，也有克制节约的意味，在美国则有色情的意味；紫色表示高贵、优雅、正直；金色表示财富；棕色表示土地，一种沉稳的气质。

在图上用红色和蓝色箭头分别表示暖流和寒流，用红色和蓝色等温线分别表示7月份和1月份的气温；用红旗、红五星、红箭头表示革命力量，象征进步势力，用各种蓝色符号表示没落、衰败、衰减等特征的事物；环境地图上对水质清洁用浅蓝色、良好用深蓝色、尚可用绿色、轻污染用橘黄色、中污染用浅红色、重污染用深红色、严重污染用紫红色。地质图上采用国际地质大会通过的统一色标，如侏罗纪用蓝色，第四纪用黄色等。

3. 假定色

大多数制图对象采用有条件的或按一定标志设色。

4. 对比

设色一般应对比明显，易于区分；同时考虑类别与种属关系，相同类别与种属采用同一色系的不同色调。

4.4.3.2 亮度和饱和度

亮度或饱和度主要用以表示和区别数量差异，其设色原则是：

（1）亮度与色度的变化（增强和减弱）应与制图对象的数量变化相对应。如果制图对象是渐变的，则亮度与色度也应是渐变的；如果需要强调某种带有质变的数量差异，则可采用不同色调表示，如气温的零度以上与零度以下。

（2）地势的分层设色，可采用两种原则，"越高越亮"或"越高越暗"。

（3）对比明显，效果较好（采用深背景、亮线画符号等）。

（4）梯度系列：一种色相变化；两种以上色系变化（如气温、地势）。

4.4.3.3 设色应处理好的几个关系

1. 背景色与线画符号色（单一与混合背景）

如果是多层平面，底色或背景色色度不宜太高，否则个体与线状或面状符号不易分辨，如果主图色调比较明亮，则境外背景色亮度可低一些；反之，亮度应高些。如果是单一个体符号，如点值图，背景色可采用深暗色调，甚至黑色；如人口密度图，采用黑色背景、白色的点状符号，效果很好。

2. 对比与调和

根据需要，有时需要对比明显，有时需要柔和。同一种色相内各色调或相近色配合，比较协调；互补色的各色调配合使用，则对比强烈。另外，色块面积大，色度应小些（网线或网点比例小些）；色块小则色度应高些。

3. 色调与网纹

如需突出底色(往往为地图主要内容)，网纹的色度应小些；如需突出网纹，则底色的色度应低些。

4.5　调　色　板

在 CorelDRAW 中，提供了电子调色板。电子调色板与画家的调色板很相似，唯一的区别是电子调色板提供了更多的单色。调色板包含了用各种调色板调和或其他途径得到的各种色彩，CorelDRAW 的每一块调色板中都包含了不同的颜色组，这些颜色组是 CMYK、RGB 或点色。

固定于窗口右边的是默认的 CMYK 调色板，选择"窗口｜调色板"命令，可以显示默认的 RGB 等其他调色板(图4-10)，单击任一种调色板类型就可以了。想专用某种调色板时，为了便于访问，可以把这种调色板放在屏幕上(图4-11)。

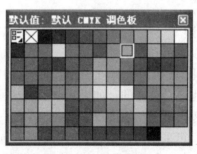

图4-10　默认调色板及其弹出菜单　　　图4-11　默认 CMYK 调色板　　　图4-12　调色板浏览器

4.5.1　默认 CMYK 调色板

默认 CMYK 调色板，包含 89 种 CMYK 颜色，10 种灰度和白色——共 100 种选择(图4-11)。

默认调色板包含 CMYK 调配色是因为大部分彩色打印机使用的都是调配色。理解这个事实是很重要的：不必为了用 CMYK 色彩打印而使用这个调色板中的颜色。事实上，可以从任何一种颜色模型中选用颜色，而仍用 CMYK 打印，因为 CorelDRAW 的打印引擎把所有色彩均以 CMYK 色彩处理。

需要特别注意的是：虽然在绘图时可以使用 RGB 色，但如果要把最终生成的图像输出到纸上或印刷成图，那么最好不要指望在打印时进行颜色转换，而应该在一开始就使用 CMYK 色彩模式和调色板，以求得最佳效果(这点在计算机专题制图中尤其重要，后面我们会重点讲解 CMYK 色彩的调配)。

这里提到了屏幕颜色与实际打印色不一致的问题，屏幕颜色很少能与纸上的或胶片上的真实打印色相近。这是由于屏幕使用的是加色模型，而打印机用的是减色模型。加色颜色由显示器的光线(RGB 色)表示，减色颜色由打印机使用的油墨(CMYK 色)表示。与 CMYK 颜色匹配的唯一办法是使用 CMYK 调色板配置颜色。

4.5.2　决定使用哪块调色板

在确定使用哪块调色板之前，首先必须确定绘制的图片要用于什么场合。是用彩色打印机打印图片？还是要在显示器上显示或被制成幻灯片？会把它用于 Internet 吗？CorelDRAW 把所有的可以得到的调色板都列在"调色板浏览器"窗口中，通过选择"窗口|调色板|调色板浏览器"命令就可以调出此窗口，如图 4-12 所示。

该窗口中显示有三个调色板：固定的调色板、自定义调色板、用户的调色板。默认 CMYK 调色板和默认 RGB 调色板。其中固定的调色板包括 33 块专用调色板，主要用于颜色匹配系统、网页显示和专色印刷。自定义调色板为用户提供了制定自己需要或喜好的颜色调色板的功能，包含 CMYK、RGB、256 级灰度梯度和灰度百分比。用户的调色板包含用户自定义专色、默认 CMYK 调色板和默认 RGB 调色板。

当选中了窗口中的任何一块调色板后，它就会在 CorelDRAW 的窗口出现。在默认的情况下，启动 CorelDRAW 时显示的是使用 CMYK 颜色的默认调色板。

4.5.3　自定义颜色调色板

CorelDRAW 为用户提供了自定义调色板，它不仅能存储自定义的颜色，而且能从与自定义调色板中颜色相关的样本手册中选择颜色，这样打印出的颜色就更可靠了。CorelDRAW 自定义调色板并没有样本手册，但可以自己制作一个。为自定义调色板制作样本手册是确保从自定义调色板中能正确打印出所选颜色的一个极其重要的步骤。

为自定义调色板制作样本手册(实际上只不过是一页纸)的过程，包括在页面上画一些小矩形(每个矩形对应于一种颜色)和用自定义调色板的每一种颜色将它们填充。然后在色块下面键入组成每一种颜色的 CMYK 值，并把这个文件打印出来，供以后使用。如果不制作自定义样本手册，我们不得不依赖于显示器上的颜色。前面我们已经讲过屏幕颜色与实际打印色是不一致的，所以有必要制作自己的颜色调色板。

自定义调色板，需要使用的工具是调色板编辑器，它解决了许多过去存在的问题。许多用户都在询问是否有创建包含几种颜色的自定义调色板的功能，实际上这种功能早就存在了，但要想知道如何创建和在哪里创建调色板并不容易。调色板编辑器的主要目的就是用于创建自定义调色板，当然也可以用于修改已有调色板。选择"工具|调色板编辑器|"或"窗口|调色板|调色板编辑器"命令，就可以获得如图 4-13 所示的调色板编辑器对话框。

打开调色板编辑器，单击其顶部的第一个标签，"新建调色板"，选择合适的路径为自定义的调色板命名，保存类型为"＊.cpl"格式的文件，然后单击"保存"，以保存自定义调色板(图4-14)。

图4-13　调色板编辑器　　　　　　　　　　　　图4-14　新建调色板

单击图4-13中的"添加颜色"按钮，将出现如图4-15所示的"选择颜色"对话框。

4.5.3.1　从模型中选取颜色的具体步骤

(1) 单击模型列表框的向下箭头，从列表中选择CMYK模型。

(2) 单击"选项"按钮，然后选择"颜色查看器"中的"CMYK——三维减色法"。

(3) 单击二维色彩框以选取颜色。

(4) 单击"加到调色板"，这样所选的颜色就出现在调色板区域中。再多选几种颜色，每次都要单击"加到调色板"(图4-16)。

图4-15　选择颜色对话框　　　　　　　　　　图4-16　为自定义调色板添加颜色

(5) 在调色板编辑器中，单击"确定"或其顶部的第三个按钮"保存"，将自定义的颜色保存到自定义的调色板中。

4.5.3.2　从混合器中选取颜色的具体步骤

(1) 单击"混合器"标签，将出现如图4-17所示的混合器对话框。

（2）单击"选项"按钮，然后选择"混合器"中的"颜色和谐"。

（3）单击"色度"列表框的向下箭头，从列表中选择"三角形1"；从"变化"列表框中选择"较亮"。

（4）用鼠标左键选中混合器色环中的小黑三角，然后拖动，选择颜色。

（5）单击"加到调色板"，这样所选的颜色就出现在调色板区域中。再多选几种颜色，每次都要单击"加到调色板"。

（6）在调色板编辑器中，单击其顶部的第三个按钮，单击"确定"或其顶部的第三个按钮"保存"，将自定义的颜色保存到自定义的调色板中。

应用"窗口｜调色板｜调色板浏览器"命令，选择调色板文档，单击"打开"（图4-18），就可以调出自定义的调色板。

图4-17 用混合器添加颜色对话框

图4-18 打开调色板对话框

4.6 填充颜色与轮廓染色

CorelDRAW 绘制的图形对象包括其实体和轮廓线，为对象添加色彩，是 CorelDRAW 非常重要的功能之一，也是利用它来绘图的主要原因。使用恰当的颜色，可以绘制美妙的图形。本节，我们以 CMYK 模型为例来讲解均匀填充(即单色实心填充)和轮廓线的染色。

4.6.1 利用屏幕调色板快速添加和删除填充色和轮廓色

在改变绘图对象轮廓色和填充色时，用户可以使用屏幕调色板快速地对对象的色彩进行改变。由于调色板总是显示在绘图窗口旁边，因此不需要打开任何对话框。

4.6.1.1 单击添色

操作步骤如下：

（1）用"工具箱"中的"挑选工具"选定对象。

（2）单击调色板中想要的颜色，用鼠标左键单击该颜色，就可以为对象填充颜色；用鼠标右键单击该颜色，就可以为其轮廓线染色。如图4-19所示为绘制好的椭圆进行的颜色填充和轮廓线染色。绿色为填充色，品红色为轮廓线色。

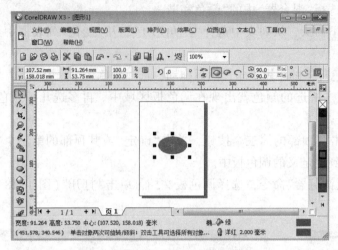
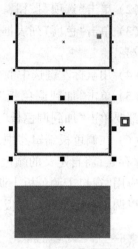

图 4-19　使用屏幕调色板改变色彩　　　　　图 4-20　拖动改变色彩

4.6.1.2　拖动添色

用户还可以通过拖动来给对象进行填充和轮廓染色，方法如下：

（1）在想要填充的颜色上按下鼠标左键。

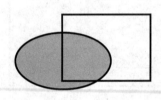

（2）拖动鼠标至需要填充的对象，鼠标指针变为一个实心矩形时（如图 4-20 中第一个矩形所示），释放鼠标就可以为对象填充颜色。

（3）如果鼠标在拖动过程中指向对象的轮廓线，鼠标指针变为一个空心矩形时（如图 4-20 中第二个矩形所示），那么所改变的将是对象的轮廓色。

4.6.1.3　删除色彩

如果用户对所选的颜色不满意，还可以快速地将其取消，只要用挑选工具选定想要取消颜色的对象，用鼠标选择屏幕调色板的第一个按钮，即取消按钮，按下左键取消填充色，按下右键取消轮廓色。

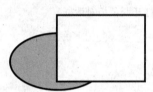

图 4-21　无填充与白色填充

由于 CorelDRAW 的绘图窗口是白色的，因此，取消对象填充和对象进行白色填充，表面上看起来是一样的，容易混淆。用户要根据状态栏信息，仔细辨认。如图 4-21 所示，矩形位于椭圆之上，上边的矩形为无填充状态，而下边的矩形进行了白色填充，可见二者存在明显的差别。

4.6.2　利用颜色泊坞窗来为对象添加填充色和轮廓色

具体步骤如下：

（1）用挑选工具选定对象。

（2）然后选择"窗口｜泊坞窗｜颜色"命令或打开工具箱中的填充展开工具栏，选择"颜色工具卷帘"按钮，打开颜色泊坞窗，如图 4-22 所示。

（3）在颜色组件中，输入自己所制定的色彩数值。

（4）单击填充按钮，将制定的色彩应用到对象填充；单击轮廓按钮，将制定的色彩应用到对象的轮廓色。

4.6.3 利用属性泊坞窗来为对象添加填充色和轮廓色

具体步骤如下：

（1）用挑选工具选定对象。

（2）单击鼠标右键，从弹出菜单中选择"属性"命令或选择"窗口｜泊坞窗｜属性"命令，打开属性泊坞窗，如图4-23所示。

图 4-22　颜色泊坞窗

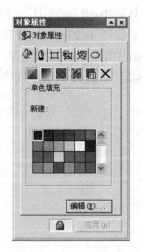

图 4-23　对象属性泊坞窗

（3）单击"填充"选项卡，再点击编辑按钮，就可以为对象进行填充色的编辑和修改。

（4）单击"轮廓笔"选项卡，再选择颜色列表框，选择或制定自己的色彩，就可将该色彩应用到对象的轮廓色。

4.6.4 利用填充工具给对象填充色彩

具体步骤如下：

（1）用挑选工具选定对象。

（2）单击工具箱中的填充工具，弹出填充展开工具栏，如图4-24所示，单击填充对话框按钮，得到如图4-25所示的"均匀填充"对话框。

图 4-25　均匀填充对话框

图 4-24　填充展开工具栏

（3）用对话框中组件，来编辑色彩。

（4）单击"确定"。这样，用户就将制定的色彩应用到对象的填充中了。

4.6.5 利用轮廓工具编辑对象轮廓色

具体步骤如下：

（1）用挑选工具选定对象。

（2）单击工具箱中的轮廓工具，弹出轮廓展开工具栏，如图 4-26 所示，单击轮廓颜色对话框按钮，得到如图 4-27 所示的"轮廓色"对话框。

（3）用对话框中组件，来编辑色彩。

（4）单击"确定"。这样，用户就将制定的色彩应用到对象的轮廓上。

图 4-26　轮廓展开工具栏　　　　　　　　　图 4-27　轮廓色对话框

第5章 绘制点状符号

由制图符号构成的图幅虽然千差万别，但它们所表示的地理要素信息，无非是空间数据在性质上或数量上的差异。根据空间数据的分布特征及计算机制图的要求，制图符号以点、线、面的几何分类能兼顾定性的、定量的数据处理。因此，我们可以把表示制图内容的符号分为三大类：点状符号、线状符号和面状符号。

点状符号是指定位于某个点上或以某个点作为参考点配置的符号，定点符号、定位符号和分区统计图表等。点状符号是显示主题对象数量和质量特征定位分布的一种重要手段。常用的点状符号包括几何符号、艺术符号、字母符号和统计图表等。

5.1 几何符号基本形状的绘制

应用工具箱中的制图工具，几乎可以完成所有的基本绘图和编辑操作。工具箱的某些图标右下角有一个黑色的小三角形，单击这个小三角形将会出现隐藏的窗口，其中包含附加的工具或一些图标，单击这些图标可以访问相应的卷帘窗或对话框。用鼠标左键选中隐藏窗口并把它拖到绘图窗口中可以创建浮动工具栏，这种技术称为"撕裂"隐藏窗口。有时在某些工具的隐藏窗口中包含的工具可能会被频繁使用，这时如果创建浮动工具栏将使得对它们的访问更加快捷。下面首先介绍应用 CorelDRAW 如何完成几种基本几何图形的绘制工作。

几何符号是指以简单几何形状为轮廓、表示呈点状分布物体的一种符号类型。几何符号的基本图形是圆形、三角形、方形、菱形、五星形、六边形及梯形等，如图 5-1 所示。

5.1.1 矩形、正方形、圆角矩形、梯形、平行四边形的绘制

5.1.1.1 矩形工具的选取

矩形工具是工具箱提供的原型中最基本的一种。矩形工具简单易用，应用它可以完成与矩形相关的各种图形，并且通过它可以改变图形的形状和大小。

要选中矩形工具，有以下三种方法：

（1）用鼠标单击工具箱中的矩形工具。

（2）按 F6 功能键。

（3）用鼠标右键单击画图窗口，然后在弹出的菜单中选取"创建对象｜矩形"（如图 5-2 所示）。

当选中矩形工具后，鼠标指针会变成"+"字形以指示绘制矩形的位置，在"+"的右下角有一个小的矩形样式，它表示现在选中的是矩形工具（如图 5-3 所示）。

5.1.1.2 绘制矩形和正方形

选定矩形工具后，画矩形的方法很简单，只需按下鼠标左键从一个点拖到另一个点，然后松开鼠标左键。这时，一个矩形就在屏幕上画好了。在拖动的过程中，状态栏将显

示矩形的宽度、高度、起始点坐标、终止点坐标和中心点坐标。当松开鼠标键的时候，矩形就绘制完成了。这时，状态栏将会提示当前选中的是一个矩形，并且显示出它的宽度、高度和中心点的坐标。图 5-4 所示的就是绘制矩形过程当中和绘制完成后状态栏内容的示例。

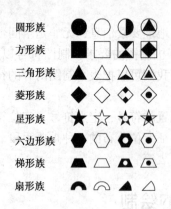

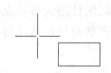

图 5-1　几种主要的几何符号族　　　　图 5-2　矩形工具弹出菜单　　　　图 5-3　矩形工具指针

| 开始：(48.045, 219.179) | 结束：(178.423, 155.362) | 中心：(113.23... | 宽度：130.378 | 高度：63.817 | 毫米 |

| 宽度：130.378 | 高度：63.817 | 中心：(113.234, 187.270) | 毫米 | 矩形 在 图层 1 |

图 5-4　绘制矩形过程中和绘制完成后的状态栏内容

仅绘制矩形非常简单，我们不会因此而觉得自己成为了一个绘图高手。但在此过程中，如果能使用一些小技巧，那么画出来的矩形将会更加符合要求。要做到这一点，在绘制矩形的过程中可以使用 Shift 键和 Ctrl 键。

在画矩形的过程中，如果一直按着 Ctrl 键，那么画出来的将是一个正方形。这一点请牢记：在 CorelDRAW 中 Ctrl 总是表示"强制"动作。如果按住 Shift 键，则在画矩形时将从中心点向边框拉伸。如果两个键都按下，那么画出来的将是一个从中心点往外拉伸的正方形。请记住，绘制完成时，要先松开鼠标键，再松开 Shift 键和 Ctrl 键。绘制完矩形后，可以通过单击并拖动其中心的×将此矩形移动到任何位置。

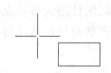

图 5-5　设定矩形大小

为了能够根据需要确定矩形的大小，我们需要使用命令"排列｜变换｜大小"。如图 5-5 所示，我们在"变换｜大小"对话框中的 H（水平）中输入"100"，V（垂直）中输入"60"，单击"应用"就得到了我们所需要的矩形。

如果需要对矩形进行精确定位，可以使用属性栏中的"对象位置"命令。在 x 参数框中输入水平数值，在 y 参数框中输入垂直数值，然后按 Enter 键，即可将矩形的中心设定到指定位置。或者也可以应用"排列｜变换｜位置"卷帘窗，取消"相对位置选项"，在"水平"和"垂直"参数框中分别输入数值，按下"应用"按钮即可将矩形的几何中心点精确定位到指定位置。

5.1.1.3 绘制圆角矩形

虽然在 CorelDRAW 中并没有提供直接标明为"绘制圆角矩形"的工具，但是用以下的方法可以轻易地绘制圆角矩形，即先画一个矩形，然后把它圆角化。通过这种方法，可以对矩形的最终形状进行更多的控制。

产生圆角矩形最原始的方法是用形状工具。在每个矩形的角上，都有一个节点。用形状工具单击这些节点中的任何一个，并且把它从角上拉开，会发现当节点被拖动的时候，矩形的所有角都开始变圆了，如图 5-6 所示。完成以后，松开鼠标键就行了。

还可以通过修改矩形的属性来生成圆角。具体做法如下：先选中矩形对象，用鼠标右键单击它，这时就会弹出一个菜单，然后在菜单中选择属性，这样就可以得到对象属性对话框。另外在矩形对象被选中的情况下，按 Alt-Enter 快捷键，也可以访问对象属性对话框，如图 5-7 所示。在对象属性对话框中间有一个"圆角程度"的选项，它表示的是矩形四个边角的圆滑度，取值范围是从 0~100，数值 0 表示没有弧度，矩形边角仍为直角；数值 100 表示矩形较短的一边完全被圆形化了，因此，这个选项的数值表示了矩形较短一边被圆形化的百分比。如果是正方形，由于四条边完全相等，不存在较短的边，因此，如果四个角的圆角程度都设置为 100 时，正方形就变成了圆形，但是在状态栏显示这个图形还是矩形。选择矩形，在圆角程度框中，输入"50"，然后选择"全部圆角"选项，这样矩形的四个角就全部变成圆角了，圆角矩形也就绘制出来了。如果取消"全部圆角"选项，设置其中一个边角的数值，那么发生圆角化的就是这个被设置的边角，而其他边角没有发生任何变化。

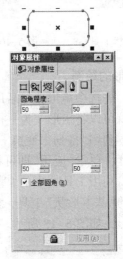

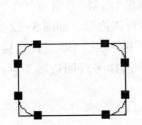

图 5-6　用形状工具使矩形圆角化　　　图 5-7　圆角矩形对象属性对话框

当选定某矩形为当前活动对象时，属性栏中会出现矩形圆角化命令按钮，如图 5-8 所示。可以通过修改属性栏中的参数值来修改圆角化的程度，直到满意为止。在这个属性栏中，有四个参数框，可以在其中输入数值，它们表示矩形四个边角的圆角化程度。最后的一个按钮是一个锁形，它代表的是"全部圆角"命令。当这个按钮被按下时，只需在参数框中输入一个数值，然后按下 Enter 键，矩形的四个边角就全部被圆角化了；如果这个命令按钮被取消，那么设置其中一个或几个边角的数值，按下 Enter 键后，发生圆角化的就是被设置过的边角，而其他边角则没有发生任何变化。

图 5-8　矩形圆角化属性栏

5.1.1.4 绘制梯形、平行四边形

利用矩形还能够绘制出梯形、平行四边形等形状。

1. 梯形的绘制

（1）方法一：选中矩形，应用命令"排列｜转换成曲线"，将其转换为曲线，用形状工具选中矩形的上面左侧的节点，同时按下 Ctrl 键（以保证节点在水平方向上移动），向右侧移动；然后用形状工具选中矩形的上面右侧的节点，同时按下 Ctrl 键，向左侧移动，这样梯形就绘制出来了。

（2）方法二：利用工具箱中的"基本形状"中的"梯形"工具直接绘制完成即可。先选择工具箱中的"基本形状"工具，如图 5-9 所示。然后，在属性栏中选择梯形，如图 5-10 所示；直接绘制就可以得到所需的图形，如图 5-11 所示。

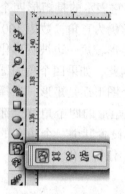
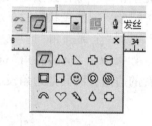
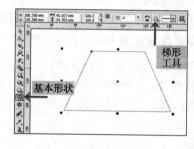

图 5-9 基本形状工具　　　图 5-10 基本形状属性栏　　　图 5-11 绘制完成的梯形

2. 平行四边形的绘制

（1）方法一：先选中矩形，然后用形状工具中的"自由变换"中的"自由倾斜"工具，对矩形进行操作，就可以将矩形变为平行四边形。

（2）方法二：利用"排列｜变换｜倾斜"命令，调出"倾斜"卷帘窗，在"水平"参数框中输入水平倾斜角度，单击"应用"即可将矩形改变为平行四边形，如图 5-12 所示。

（3）方法三：利用工具箱中的"基本形状"中的"平行四边形"工具直接绘制完成即可。先选择工具箱中的"基本形状"工具，然后在属性栏中选择平行四边形工具，直接绘制就可以得到所需的图形，如图 5-13 所示。

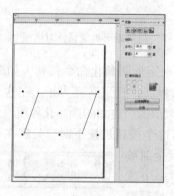
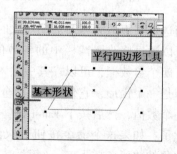

图 5-12 利用"倾斜"命令完成的平行四边形　　　图 5-13 最后得到的平行四边形

94

5.1.2 椭圆形、圆形、饼形、圆弧的绘制

5.1.2.1 椭圆形工具的选取

在所有的原型中，椭圆是最有用的。它可以作为绘制其他手画图形的基础。

要选中椭圆工具，有以下三种方法：

（1）用鼠标单击工具箱中的椭圆工具。

（2）按 F7 功能键。

（3）用鼠标右键单击画图窗口，然后在弹出的菜单中选取"创建对象｜椭圆"，如图 5-14 所示。

当选中椭圆工具时，鼠标指针将如图 5-15 所示。

图 5-14　椭圆形工具弹出菜单

图 5-15　椭圆形工具指针

5.1.2.2 绘制椭圆形和圆形

选定工具后，就可按下鼠标左键从一个点拖到另一个点。在拖动的过程中，状态栏将显示椭圆的宽度、高度、起始点坐标、终止点坐标和中心点坐标。当松开鼠标键的时候，椭圆就绘制完成了。这时，状态栏将会提示当前选中的是一个椭圆，并且显示出它的宽度、高度和中心点的坐标。图 5-16 所示的就是绘制椭圆过程当中和绘制完成后状态栏内容的示例。

开始：(36.765, 123.341) 结束：(173.235, 49.007)　中心：(105.000...　宽度：136.470 高度：74.334　毫米

宽度：136.470　高度：74.334　中心：(105.000, 86.174)　毫米　　　　椭圆形 在 图层 1

图 5-16　绘制椭圆形过程中和绘制完成后的状态栏内容

与使用矩形工具一样，在绘制椭圆的过程中可以使用 Shift 键和 Ctrl 键。当按下 Ctrl 键的时候，画出来的将是一个圆。如果按住 Shift 键，则在画椭圆时将从中心点向外拉伸。如果两个键都按下，那么画出来的将是一个从中心点往外拉伸的圆。请记住，绘制完成时，要先松开鼠标键，再松开 Shift 键和 Ctrl 键。绘制完椭圆后，可以通过单击并拖动其中心的"×"将此椭圆移动到任何位置。

为了能够根据需要确定椭圆的大小，我们需要使用命令"排列｜变换｜大小"。如图 5-17 所示，我们在"变换｜大小"对话框中的 H（水平）中输入"100"，V（垂直）中输入"60"，单击

"应用"就得到了我们所需要的椭圆。

和矩形一样，如果需要对椭圆形进行精确定位，可以使用属性栏中的"对象位置"命令。在 x 参数框中输入水平数值，在 y 参数框中输入垂直数值，然后按 Enter 键，即可将椭圆形的中心设定到指定位置。或者也可以应用"排列｜变换｜位置"卷帘窗，取消"相对位置选项"，在"水平"和"垂直"参数框中分别输入数值，按下"应用"按钮即可将椭圆形的几何中心点精确定位到指定位置。

图 5-17　设定椭圆形的大小

5. 1. 2. 3　绘制饼形和圆弧

就像没有直接绘制圆角矩形的工具一样，在 CorelDRAW 中没有直接绘制饼形和圆弧的工具，但是它们都可以通过对椭圆进行很小的修改而得到。

每一个椭圆都有一个节点，如果从上到下画椭圆，那么节点将在椭圆的最顶点；如果从下往上画椭圆，那么节点将在椭圆的底部。要生成一个圆弧，可以用形状工具单击这个节点，然后把它拖向椭圆的外部。如果要生成一个饼形，则必须拖动它向椭圆的内部移动，如图 5-18 所示。如果在拖动的过程中，同时按住 Ctrl 键，那么画出来的饼形或圆弧的角度将是某一基准角度的整数倍，这个基准角度可以通过"选项"对话框来设定。在默认设置中，这个基准角度是 15°。这种方法虽然可视性很强，但它却不是最快捷的方法。特别是要保证角度是一个确定值时，这种方法可以说是不适用的。

1. 属性栏设置

在 CorelDRAW 中，系统允许用户在对象属性栏中指定起始角度、终止角度、绘制饼形还是圆弧、方向等。当选中椭圆工具绘制椭圆时，上述属性会立即出现在属性栏中，如图5-19所示。只要我们选择饼形或圆弧，就可以在二者之间进行切换。如果在文本框中输入了角度值，只有按下 Enter 键之后才会生效。饼形或圆弧的初始方向为逆时针，单击该按钮，可在逆时针与顺时针之间进行切换。

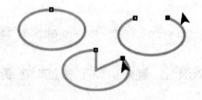

图 5-18　拖动椭圆的节点生成饼形或圆弧

图 5-19　椭圆的属性栏

2. 对象属性设置

还可以通过修改椭圆的属性来生成饼形或圆弧。具体做法如下：先选中椭圆对象，用鼠标右键单击它，这时就会弹出一个菜单，然后在菜单中选择属性，这样就可以得到对象属性对话框。另外在椭圆对象被选中的情况下，按 Alt-Enter 快捷键，也可以访问对象属性对话框。选择椭圆，在形状中，选择饼形（圆弧），在起点角度中输入"0"，在终点角度中输入"180"，在方向中，选择逆时针，就会出现如图 5-20 所示的半圆形。

如图 5-21 是椭圆、饼形和圆弧的例子。

图 5-20　椭圆的对象属性对话框　　　　　图 5-21　椭圆、饼形和圆弧

5.1.3　多边形、星形和复杂星形的绘制

5.1.3.1　多边形工具的选取

在 CorelDRAW 的所有原型中，多边形可以说是最复杂的。可以确定它有多少条边或多少个顶点，是否有平边或顶点，以及这些点是怎样分布的等等。

要选中多边形工具，有以下三种方法：

（1）用鼠标单击工具箱中的多边形工具。

（2）按 Y 快捷键。

（3）用鼠标右键单击画图窗口，然后在弹出的菜单中选取"创建对象｜多边形"。

当选中多边形工具时，鼠标指针将如图 5-22 所示。

5.1.3.2　绘制多边形和正多边形

选定多边形工具后，就可按下鼠标左键从一个点拖到另一个点。在拖动的过程中，状态栏将显示多边形的宽度、高度、起始点坐标、终止点坐标和中心点坐标。当松开鼠标键的时候，多边形就绘制完成了。这时，状态栏将会提示当前选中的是一个 5 个边的多边形，并且显示出它的宽度、高度和中心点的坐标。如果从起始位置向下拖动鼠标，可得到图 5-23 左图所示的五边形；如果从起始位置向上拖动鼠标，则会产生一个倒立的五边形，如图 5-23 右图所示。

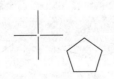

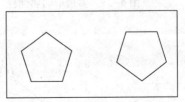

图 5-22　多边形工具指针　　　　　图 5-23　绘制完成的五边形

同绘制椭圆一样，在绘制多边形的过程中可以使用 Shift 键和 Ctrl 键。当按下 Ctrl 键的时候，画出来的将是一个正多边形。如果按住 Shift 键，则在画多边形时将从中心点向外拉伸。如果两个键都按下，那么画出来的将是一个从中心点往外拉伸的正多边形。请记住，绘制完成时，要先松开鼠标键，再松开 Shift 键和 Ctrl 键。绘制完多边形后，可以通过单击并拖动其中心的"×"将此多边形移动到任何位置。

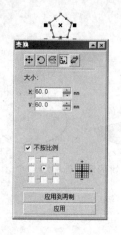

图 5-24　设定多边形的大小

　　同绘制椭圆一样，为了能够根据需要确定多边形的大小，我们需要使用命令"排列｜变换｜大小"。如图 5-24 所示，我们在"变换｜大小"对话框中的 H（水平）中输入"60"，V（垂直）中输入"60"，单击"应用"就得到了我们所需要的多边形。注意：水平与垂直相等的多边形，不是正多边形（水平数值为 60mm 的正多边形，其垂直数值为 57.064mm；垂直数值为 60mm 的正多边形，其水平数值为 63.087mm）。

　　和矩形一样，如果需要对多边形进行精确定位，可以使用属性栏中的"对象位置"命令。在 x 参数框中输入水平数值，在 y 参数框中输入垂直数值，然后按 Enter 键，即可将多边形的中心设定到指定位置。或者也可以应用"排列｜变换｜位置"卷帘窗，取消"相对位置选项"，在"水平"和"垂直"参数框中分别输入数值，按下"应用"按钮即可将多边形的几何中心点精确定位到指定位置。

　　绘制完基本的多边形之后，就可以修改它的属性了。事实上，无论在画多边形之前还是之后，我们都能改变它的属性。现在要做的第一件事情就是改变它的边数，这可以通过属性栏或对象属性对话框进行修改。在 CorelDRAW 中，多边形的最大边数是 500。如果将边数设置为 3，则很容易得到三角形，如图 5-25 所示。

5.1.3.3　绘制星形和复杂星形

　　如果想要绘制一个星形，那么要做的就是选择多边形展开工具栏中的"星形"工具（如图 5-26所示）。选中"星形"工具后，鼠标将如图 5-27 所示。拖动鼠标，即可完成星形的绘制，如图 5-28 所示。

图 5-25　多边形的属性栏

图 5-26　星形工具

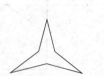

图 5-27　星形工具指针

图 5-28　利用星形绘制的图形

绘制完基本的星形后，就可以利用属性栏修改它的属性了，如图5-29所示。属性栏左边的参数框表示星形的边数，在CorelDRAW中，星形与多边形一样，最大边数是500，最小的边数为3。右边的参数框代表星形的锐度，其取值范围是0~100，当数值为0时，理论上星形将变成多边形；如果数值设置为100，理论上星形的每个角的两条边将合并成一条线。但实际上，星形的锐度最小值是1，最大值是99。

如果想要绘制一个复杂星形，那么要做的就是选择多边形展开工具栏中的"复杂星形"工具，位置在"星形"工具之后。选中"复杂星形"工具后，鼠标将如图5-30所示。拖动鼠标，即可完成复杂星形的绘制，复杂星形内部是有连线的，如图5-31所示。

图5-29　星形的属性栏　　　图5-30　复杂星形工具指针　　　图5-31　复杂星形

绘制完基本的复杂星形后，就可以利用属性栏修改它的属性了，如5-32所示。属性栏左边的参数框表示星形的边数，在CorelDRAW中，复杂星形与星形和多边形相同的是最大边数为500，所不同的是最小边数为5。右边的参数框代表复杂星形的锐度，其取值范围是随着复杂星形边数的增加逐渐变化的。当边数是5或6时，它是灰色无效的。一旦复杂星形有7个或7个以上的角，那么它就变亮了。当有7个角时，系统提供了两级尖锐程度的选择，即一级尖锐程度和二级尖锐程度。随着角数目的增多，尖锐程度的选择范围也将增大。此数值指示的是连接点内的点数。尖锐程度越高，复杂星形也就越尖。如果是12个角的复杂星形，系统提供了四级尖锐程度的选择。

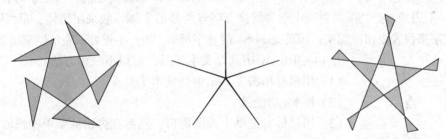

图5-32　应用"形状"工具对五边形、五边星形、五边复杂星形编辑后得到的图形

到目前位置，会发现用多边形工具能够绘制出很多我们小时候很感兴趣的图形。这时如果能够用"形状"工具对多边形编辑一下，那么图形将会变得更加有趣。当画好一个多边形时，会发现在每条边的中点处和每两条边的交点处都有一个节点。例如，一个标准的五边形（包括五边形、五边星形和五边复杂星形）均有十个节点。当一个节点被移动时，所有其他"同类"的节点将移动同样的距离。例如，移动多边形某边中点上的节点，将使得其他各边中点上的节点也做相应的移动。

使多边形对象保持选中状态，单击多边形的一个节点，然后把它向多边形的中点移动，仔细观察一下其他节点是以怎样的方式做同步移动的。现在把节点做逆时针或顺时针旋转，同样其他节点将跟随着一起移动，这时就会发现原来简单的图形看起来显得更加有趣了一点

（至少是更加复杂了一点），如图 5-32 所示的图形，就是应用"形状"工具对五边形、五边星形、五边复杂星形的节点进行移动、旋转等编辑后得到的图形。如果在移动节点时按下 Ctrl 键将使得节点只能在靠近或远离多边形中点的方向上移动。这种多边形编辑过程中的表现有一种副作用，即将在这许多可被创建出来的非常棒的图形中花费很多时间——多边形顶点越多，要操作的节点也越多。完成对多边形的修整后，它将变得更有趣（如图 5-33 所示）。

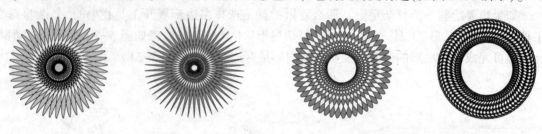

图 5-33　应用"形状"工具对不同边数、不同锐度的多边形编辑后得到的图形

5.2　字母符号与艺术符号

文字、数字和字母既可以作为图形的名称注记、说明注释，也可以单独作为符号而存在。字母符号与艺术符号具有很强的自明性和艺术效果，使读者不仅可以理解符号的内涵，同时也能够从中感受到艺术的美感，使图形更加生动活泼，富有生命力。

5.2.1　字母符号

5.2.1.1　文本工具的选取

字母符号就是用汉字或西文字母，再配以简单的基本图形而构成的符号。字母符号能"望文生义"，不用经常查找图例也能识别和阅读。字母符号的字体一般采用黑体，粗大明显。例如用"煤"字来代表煤田或煤矿，用英文 POST 的首字母"P"加一小正方形表示停车场等。

图 5-34　"文本"工具指针

在 CorelDRAW 中选择文本工具，有以下三种方法：
（1）用鼠标单击工具箱中的文本工具。
（2）按 F8 功能键。
（3）用鼠标右键单击画图窗口，然后在弹出的菜单中选取"创建对象｜文本"。
当选中文本工具时，鼠标指针将如图 5-34 所示。

5.2.1.2　文本的输入

"文本"工具被选中之后，用鼠标左键单击绘图窗口中的任意地方，然后就可以输入文本了。文本包括文字、数字和字母，三者的输入方式各不同。

1. 数字

可以直接用数字键盘输入。

2. 西文字母

如果是英文字母，小写可以直接输入；大写可以用 Shift+字母或打开 Caps Lock 键输入即可。如果是其他西文字母，不同的输入法设置不同，搜狗输入法中是作为特殊符号输入的；其他输入法需要切换软键盘，将 PC 键盘选项改为其他所需选项即可。

3. 汉字

需要将英文输入法改变为中文输入法，二者之间的切换可以用鼠标单击选择，也可以用 Ctrl+空格键完成操作。另外，还可以利用 Ctrl+Shift 键，在各种输入法之间进行切换选择。

5.2.1.3 文本属性的修改

输入文本后，就可以对其进行修改编辑了。对文本的编辑有三种方法，一是使用属性栏，在文本被选中的状态下，将会出现文本属性栏，如图 5-35 所示。二是应用"文本"菜单，选择下拉菜单中的命令选项，如图 5-36 所示。三是选中输入的文本，右键单击对象，在弹出的快捷菜单中选择"属性"命令，打开属性对话框，如图 5-37 所示。

图 5-35 "文本"属性栏

图 5-36 "文本"菜单

图 5-37 对象属性对话框

1. 美术字与段落文本

CorelDRAW 中有两种文本格式，一种是美术字，另一种是段落文本，二者之间可以进行切换。如果要对某些文字进行特殊效果处理，或者是用于表示地名、注释、标注的少量文本，一般情况下使用的都是美术字格式的文本。如果用于处理含有多段落、多栏或多框架的大块文本，段落文本就是针对这些大块文本设计的，其编辑功能类似于 Word 的编排功能。美术字输入文本时，用鼠标左键单击绘图窗口，输入文本的格式为美术字；选中文本工具后，拖动鼠标指针在绘图窗口中画一个矩形框，松开鼠标左键后，段落文本框将出现在绘图窗口中，这时候输入的文本格式为段落文本，如图 5-38 所示。美术字可以使用属性栏或"文本|字符格式化"（Ctrl+T）命令，打开字符格式对话框来改变文本属性；段落文本可以使用属性栏和"文本|段落格式化"命令来改变文本属性。

如果想编辑文本，可以用文本工具指针点中文本块中的任何一个地方，在点中的位置将会出现一个光标。如果想在对话框中

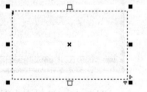

图 5-38 段落文本框

编辑文本，则可以选择"文本丨编辑文本"命令或者按下 Ctrl+Shift+T 快捷键，编辑文本对话框将出现在绘图窗口中，如图 5-39 所示。

美术字就像其他的图形对象一样，可以对其进行拉伸、生成镜像对象、旋转、立体化、生成轮廓图，也可以把它适合于某条路径。另外，还可以使用"形状"工具，改变文本的字间距和行间距。如果想直接编辑字符的外形，那么必须把文本先转化成曲线。如果想把美术文本分成更小的单元，然后随意分布这些单元，用"排列丨拆分"(Ctrl+K)命令可以把文本中的每一行分成一个独立的对象；如果把此命令应用于单行文本中，则此行的每一个字都将变成对立的对象。当要把字符转化为曲线时，上述功能大大降低了转化过程的复杂程度。如果想把各个独立的行文本合并到一起，那么可以选用"排列丨结合"(Ctrl+L)命令。这个命令将使得相互独立的行文本对象变成一个文本块，并且使得最先被选中的文本成为文本块的第一行。独立的文字也可以被合并成一行文本，最先被选中的字符将位于这行文本第一的位置。注意：当输入美术字的时候，文本不会自动换行到下一行。如果要换行，则必须按 Enter 键。

2. 文本属性修改

因为在制图中，大多数情况下使用的都是美术字，所以我们以美术字的"文本丨字符格式化"对话框为例，详细讲解如何改变文本属性，如图 5-40 所示。但是，在大多数情况下，仍可以在属性栏上找到美术字的大部分属性，对于这些属性，使用属性栏更为快捷。

(1) 字体。"字符格式化"对话框中，第一个参数框表示的是字体，在默认的情况下，中文为宋体，西文字母与数字默认为 Arial。在列表框的上面，显示出当前选中的字体。在下拉列表框中，列出了 CorelDRAW 所有可用的字体，图 5-41 所示是字体列表框。

(2) 字体加重。第二个下拉列表是字体加重选择框，它最多可以提供四种可能的选择：普通、常规斜体、粗体和粗体-斜体。根据所选中的字体类型不同，列表框中将提供这四个选项的全部或部分选择。只有确实存在的加重选择才能被显示出来，这与 Word 等文字处理程序不同，后者可以"假造"一种粗体或斜体属性。而 CorelDRAW 中的此项功能是由字体内部的属性决定的，而不是由字体的名称决定的。

图 5-39　编辑文本对话框　　　　图 5-40　字符格式对话框　　　　图 5-41　字体列表框

（3）字号。第三个参数框是字体尺寸框，也称为字号，表示字体的大小。默认的情况下，字体尺寸以点（Point，简写为 Pt）为单位，文本默认的字号大小是 24 点。字号可以从下拉列表框中选取，如图 5-42 所示。也可以使用数字键盘输入数值，然后按 Enter 键，执行以后所输入的数值就被系统保留下来，下次可以直接选取。字号最小可以是 0.001 点，最大可以是 3000 点。

（4）下划线。字号参数框后面是下划线选项，无论选中的是单个文本还是整个文本块（包括空格），这个选项都是有效的。它可以与"字符效果"中的下划线、删除线和上划线配合使用，可以选择系统提供的线条样式，也可以对其进行编辑，如图 5-43 所示为编辑下划线样式对话框。同理，也可以打开删除线和上划线编辑对话框。在"字符效果中"，还有"大写"选项，可以进行西文字母大小写切换设置；"位置"选项，可以进行"上标"和"下标"文本设置。

（5）对齐方式。这一行最后是对齐方式命令，如图 5-44 所示，共有六种对齐方式，它们的快捷键出现在相对应的位置。

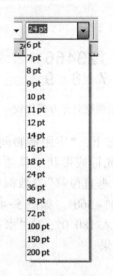

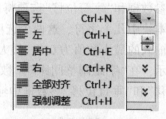

图 5-42　字号列表框　　　　图 5-43　编辑下划线样式对话框　　　　图 5-44　对齐方式命令

① 无与"左"对齐。默认的对齐方式是"无"，它的意思很明显：不对齐。许多人把"无"与"左"对齐方式[如图 5-46（a）所示]混为一谈，但事实上它们两者并不是一回事。选择"无"时，可以用形状工具把单个字符移出文本块的左边界；而"左"对齐方式下，文本将全部被调整到靠近左边界处，右边则留出空白。如图 5-45 所示，以水平标尺坐标"0"作为文本块的左边界，第一行为初始文本，第二行文本采用的是"无"的方式，第三行文本采用的是"左"对齐的方式，从图中可以明显地比较出两者的不同之处。

② "居中"对齐。"居中"对齐方式是把所有的文本居中，第一次居中对齐的中心是相对于绘图区中光标第一次单击的位置，如图 5-46（b）所示。当移动中心对齐文本时，它将相对于文本块的中心而对齐。

③ "右"对齐。"右"对齐方式将所有文本调整到靠右边界处，左边留出空白，如图 5-46（c）所示。同样，第一次对齐相对于绘图区中插入光标第一次单击的位置。

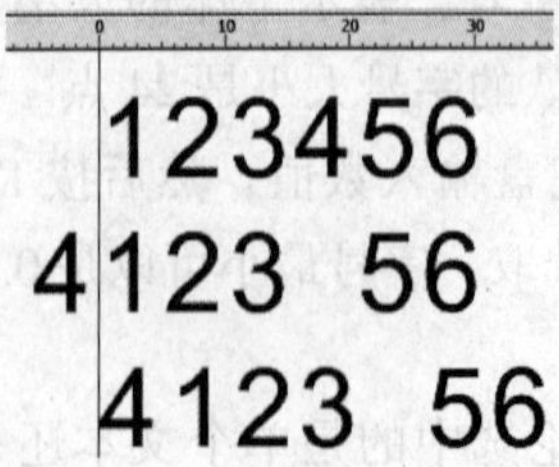
0 10 20 30
123456
4123 56
4123 56

图 5-45 “无”与“左”对齐方式比较

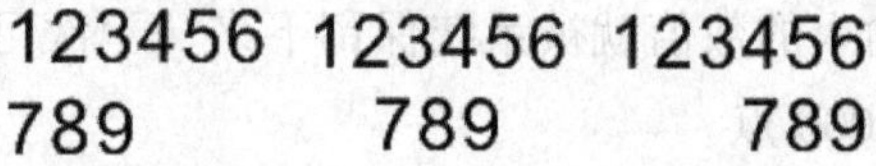
123456
789
123456
789
123456
789

(a) 左对齐 (b) 中对齐 (c) 右对齐

图 5-46 左、中、右三种对齐方式

④ 全部对齐。“全部对齐”就是把文本左右对齐，如果文本的最后一行只有一个字符，那么它仍以左对齐的方式对齐，但如果是两个字符，那么一个字符将左对齐，另一个字符将右对齐，在中间留出空白，如图 5-47 所示。

⑤ 强制调整。“强制调整”对齐方式将更进一步，它把一行中的每个字符左右对齐，每个字符将在整行中均匀分布，中间留出许多空白，如图 5-48 所示。

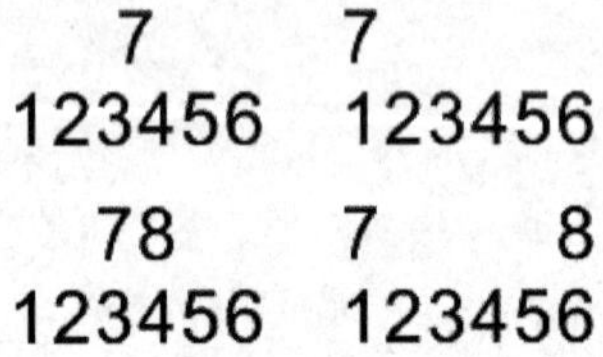
7
123456
7
123456
78
123456
7 8
123456

图 5-47 居中对齐与全部对齐方式比较

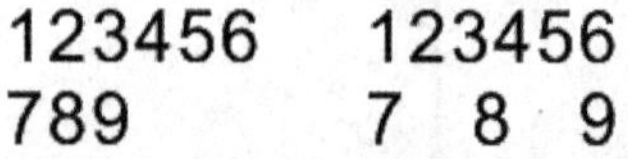
123456
789
123456
7 8 9

图 5-48 左对齐与强制调整对齐方式比较

(6) 字符间距调整。当文本块中的某个或某些字符被选中的状态下，“字距调整间距”参数框和“字符位移”选项将由灰色变为黑色，进入可执行状态。用光标或形状工具选中文本块中几个字符，这两个选项有效。“字距调整间距”“水平位移”和“垂直位移”参数框中可输入的最小数值为 0%，最大数值为 10000%。“角度”的取值范围是 0°~360°。如图 5-49 所示，在“字距调整间距”参数框中输入 500%，在“角度”参数框中输入 180. 0°，在“水平位移”和“垂直位移”参数框中输入 500%，可得到图 5-50 所示的文本效果。

字符格式化
宋体
普通
24.0 pt
字距调整范围:
500 %
字符效果
字符位移
角度
180.0 °
水平位移
500 %
垂直位移
500 %
脚本:
全部语言

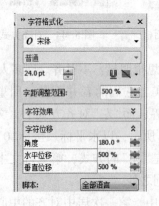

图 5-49 字距调整间距与字符位移有效

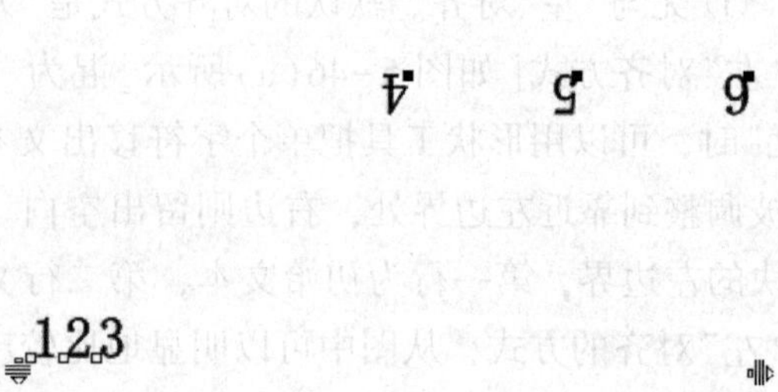
123

图 5-50 执行命令后的文本效果

5. 2. 2 艺术符号

艺术符号是区别于几何符号的另一种以表示呈点状分布物体为主的符号类型，由于符号

形象、逼真、美观，有较强的自明性，被称为艺术符号。艺术符号应用相对广泛，包括象形符号和透视符号两种。

5.2.2.1　象形符号的设计手法

差不多所有的制图对象其形象素材都是多样而复杂的。设计象形符号时要抓住对象最本质的、最有代表性的形象（这一形象有时并不具备被描述对象的外表特征，但却十分富有联想性），然后通过符合美学构图原则的处理，形成十分理想的艺术符号。象形符号的设计是一个艺术提炼和加工改造的过程，归结起来有以下三种手段，即提炼、夸张和结合。

1. 提炼

提炼是指删除烦琐、重叠、交叉的部分，抽出具有特征的点、线、面，组成笔画少而结构精练的图形，如图5-51(a)所示。

2. 夸张

将自然物体的某些有代表性的特征加以夸张、强调和突出，同时伴随着对非特征性形状的简化乃至舍去，使它的特征更加突出，更加精练，如图5-51(b)所示。

3. 结合

有些现象的特征不很明显，用单一图形难以准确反映其性质特征，可以采用巧妙的构图，把不同的形象结合在一起，增加其表现力，使图形更加典型，更富联想。实际上，许多象形符号就是在对所表达的物体进行了抽象和简化后，运用几何图形的组合而形成的，如图5-51(c)所示。

(a)　　　　　　　　　(b)　　　　　　　　　(c)

图5-51　象形符号

实际上，许多象形符号就是在对所表达的物体进行了抽象和简化后，运用几何图形的组合而形成的，如图5-52所示。

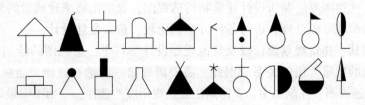

图5-52　通过组合构成象形符号

在CorelDRAW中就可以自己绘制象形符号，也可以从系统提供的符号库中调用。用"文本｜插入符号字符"（Ctrl+F11）命令，调出"插入字符"对话框，在字体下拉列表框中选择

"Webdings""Wingdings""Wingdings 2"，在代码页下拉列表框中选择"所有字符"，就可以打开如图5-53所示的象形符号库。在符号对话框底部有"字符对象"参数框，默认的符号大小为50.8mm，也可以用数字键盘直接输入数值来设定符号的大小，取值范围为0～1058.333mm。选中符号后，可直接用鼠标左键将其拖动到绘图窗口中，也可以按下"插入"按钮，选中的符号将出现在绘图窗口中。

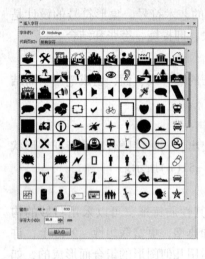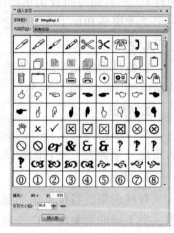

图5-53　象形符号库

5.2.2.2　透视符号

透视现象在生活中非常常见，比如：近大远小、平行的路边在远方汇聚成一点等。尽管在现代人的眼里，透视现象很容易理解，但是在过去，人们不明白其中的原理。为了真实描绘形体，画家就设想通过一个透明的平面来观察形体，并将看到的物体轮廓线绘制下来。直到15世纪初，建筑师、画家菲利普·布鲁内勒斯奇首先根据数学原理揭开了视觉的几何关系，奠定了透视画法的基础，并提出了透视是基本视觉原理。

其实透视也是一种投影形式，它属于中心投影——可以将它看成以人眼为投射中心，以视线为透视线的中心投影。透视图反映的效果更为真实，图中描绘的景象与人眼睛所看到的景象非常接近。因此，透视图广泛地运用在设计的各个阶段，尤其是在方案的展示阶段，透视图是最为直接的表现方式。

透视符号是按照一定的透视原理绘制的，常用来表现各种建筑物。它能够逼真地反映出建筑物的外貌，使人看图如同身临其境、目睹实物一样。在建筑规划设计过程中，特别是在初步设计阶段，往往需要绘制所设计建筑物的透视图，显示出将来建成后的外貌，用以研究建筑物的空间造型和立面处理，进行各种方案的比较，选取最佳设计。

在实际的园林、建筑规划设计以及其他规划设计学科中，透视图的绘制除了美观之外，还应该反映相应的数量、比例关系。因此，需要研究出一套透视规律，能够应用制图工具，比较准确地绘制透视图。在制图中，要特别注意透视角度的选择，一幅图中最好只选一种方案绘制透视符号。一般采用俯视透视效果，这样绘出的透视符号与正视透视的底图比较吻合。

在CorelDRAW中，我们主要是运用"曲线工具"中的"贝塞尔工具"屏幕跟踪描绘建筑物的轮廓线，结合几何符号工具等对图形进行操作，然后应用"效果|添加透视"命令，绘制完成透视图(见第10章10.3节)。

5.3　几何符号的结构

5.3.1　几何符号的构图方法

几何图形的基本形状虽然不多，但是通过多种变化和组合可以形成丰富的几何符号家族。几何符号的构图方法有以下几种，如图5-54所示。

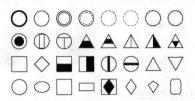

图5-54　几何图形符号的构图方法

5.3.1.1　轮廓变化

几何图形的轮廓线可以有粗细、虚实和结构的变化。粗细、虚实的变化可以造成主、次的感受。但因定性的几何符号大多尺寸较小，故轮廓的变化很有限，主要限于粗细变化。

5.3.1.2　内部结构变化

内部结构变化是指在几何轮廓内附加简单的直线、曲线或叠加简单的几何图形，从而形成众多的符号。这是几何符号构图的主要手段。

5.3.1.3　方向变化

方向变化是视觉变量中的一种，但对基本几何图形而言则十分有限。如圆形没有方向性，方形只有45°角的旋转变形，矩形有90°角的旋转变化等。但是当符号内部出现了方向性结构后，方向变化引起的符号变化的幅度就增加了。

5.3.1.4　变形

基本几何图形可以通过变形演变出很多的形状来，如圆可以演变成椭圆，方形可以演变为菱形、矩形、平行四边形、梯形等。

5.3.1.5　组合

将几个基本几何图形或不同基本图形的局部进行组合，可以得到一些新的形状，使几何符号更为丰富。如图5-55所示。

图5-55　组合符号

5.3.1.6　颜色

用同一形状乃至同一结构的几何图形，赋予不同色相后，就出现了差异，可以表达不同的属性；不同的结构，在改变了内部结构的颜色后，就能出现更多类别的符号。

5.3.2　几何符号的系列结构

几何符号通过上述的几种构图方法可以演变成许多不同的符号，从而解决了几何符号基本图形不多与欲表达对象十分众多的矛盾。然而真正应用于具体的专题地图时，因为几何符号简单的图形不易与对象相联系，而使读者难以记忆，所以从根本上降低了读图的效果。因此，在设计几何符号时，应该按照系列设计的概念，利用不同的基本形态表现一级分类，依各自的差异表现二级分类，再依不同的颜色表现三级分类。当符号不大时，颜色差异比结构差异更明显，所以也可依颜色差异区分二级分类，依结构差异区分三级分类。按照系列概念来设计符号，是提高符号可读性和自明性的最好途径，如图 5-56 所示。还可以使用扩张符号来表示事物的动态发展，如图 5-57 所示。

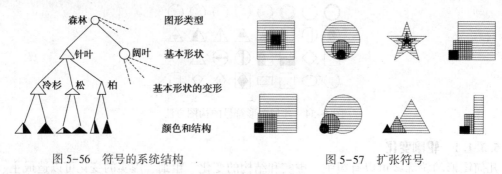

图 5-56 符号的系统结构   图 5-57 扩张符号

5.4 点状符号设计案例

5.4.1 单一制图工具的应用

5.4.1.1 等分圆形

利用椭圆形工具的属性栏参数设置，12 等分圆形（每个饼形的圆心角为 30°），如图 5-58所示。具体步骤如下：

先绘制一个圆形，将其变换为饼形，设置起始和结束角度，按 Enter 键执行；每绘制完一个饼形，用小键盘上的"+"复制一个，然后再进行设置和执行。

起始角度与结束角度的设置：

（-15°～15°）；（15°～45°）；（45°～75°）；（75°～105°）；

（105°～135°）；（135°～165°）；（165°～195°）；（195°～225°）；

（225°～255°）；（255°～285°）；（285°～315°）；（315°～345°）。

5.4.1.2 风玫瑰图的绘制（不同半径圆形的等分）

利用椭圆形工具的属性栏参数设置，12 等分不同半径的圆形（同上，每个饼形的圆心角为 30°），如图 5-59 所示。具体步骤如下：

先绘制一个圆形，用小键盘上的"+"将其进行复制，并设置其直径为不同的圆形，再将其变换为饼形，设置起始和结束角度，按 Enter 键执行。

起始角度与结束角度的设置（同上）：

（-15°～15°）；（15°～45°）；（45°～75°）；（75°～105°）；

（105°～135°）；（135°～165°）；（165°～195°）；（195°～225°）；

（225°～255°）；（255°～285°）；（285°～315°）；（315°～345°）。

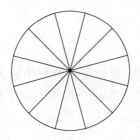

图 5-58　圆形的 12 等分

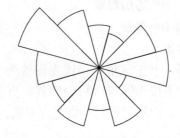

图 5-59　不同半径圆形的 12 等分

5.4.1.3　太极图中的阴阳鱼设计

阴阳鱼是指太极图中间的部分，太极图被称为"中华第一图"。这种广为人知的太极图，其形状如阴阳两鱼互纠在一起，因而被习称为"阴阳鱼太极图"。阴阳鱼与道教有关，广泛存在于孔庙大成殿梁柱、楼观台、三清观、白云观、中医、气功、武术及中国传统文化的书刊封面、会徽会标中。另外，受中国传统文化影响的周边国家也多有使用，如韩国的国旗和空军军徽、蒙古国的国旗等。

在制图实践中，应用椭圆形工具就可以完成阴阳鱼太极图的绘制。

（1）选择椭圆形工具，绘制直径为 50mm 的圆，线条宽度为 0.5mm，如图 5-60 第一幅图所示。

（2）选中圆形，打开比例泊坞窗，设置缩放水平、垂直参数均为 50，点击应用到再制 2 次；同时选中其中一个缩小的圆形和大圆，打开"排列｜对齐和分布"对话框，设置垂直左对齐，点击应用。同时选中另一个缩小的圆形和大圆，设置垂直右对齐，点击应用，如图 5-60 第二幅图所示。

（3）分别选中这两个缩小的圆形，打开比例泊坞窗，设置缩放水平、垂直参数均为 25，点击应用到再制，得到两个小圆，如图 5-60 第三幅图所示。

（4）选中其中一个中等圆形，在属性栏设置其为弧形，输入起始角度 0，结束角度 180，回车确认；选中另一个中等圆形，在属性栏设置其为弧形，输入起始角度 180，结束角度 360，回车确认，如图 5-60 第四幅图所示。

（5）选中大圆，将其复制一个；选中复制圆，执行"排列｜转换为曲线"（Ctrl+Q）命令，将其转化为曲线。选择形状工具，单击左侧节点，在属性栏单击"分割曲线"命令；单击右侧节点，在属性栏单击"分割曲线"命令；执行"排列｜拆分曲线"命令，用挑选工具重新选择，选中上半部分曲线，按 Delete 键将其删除。

（6）选中下半部分曲线和两个弧形，执行"排列｜结合"命令，选择形状工具，这个图形有 3 处缺口，分别框选缺口处节点，在属性栏单击"延长曲线使之闭合"命令 3 次，形成一个闭合的对象，填充 K100。

（7）选中左侧小圆，为其填充白色，轮廓色也变成白色，执行"排列｜顺序｜到页面前面"，将其置于最前面；选中右侧小圆，为其填充 K100；选中大圆，为其填充白色。选中所有对象，将它们群组到一起，成为一个整体。这样，阴阳鱼太极图就绘制完成（如图 5-60 第五幅图所示）。

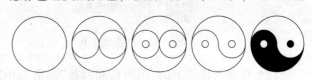

图 5-60　阴阳鱼的绘制

5.4.1.4 100 等份对象

1. 三角形 100 等份

具体步骤如下：

（1）绘制一个正三角形，线宽设置为 1mm，"大小"卷帘窗参数框中输入水平数值为 200mm（取消"不按比例"选项），则其垂直自动变为 173.205mm。应用缩放工具，将大三角形缩小至 10%，应用到再制，线宽为细线；选择小三角形与大三角形水平方向下对齐，垂直方向左对齐。

（2）选择小三角形，应用"位置"命令，设置水平方向 20mm，应用到再制 9 次。

（3）将小三角形垂直镜像，应用到再制一个，成为倒置的一个小三角形；选择倒置小三角形，在"位置"命令参数框中，设置水平方向 10mm，按下"应用"按钮；再次选择它，设置水平方向 20mm，应用到再制 8 次。

（4）选择最左侧第一对小三角形，应用"位置"命令，设置水平方向 10mm，垂直方向 17.321mm（小三角形的高），应用到再制 9 次；选择最下面第二对小三角形，再次应用位置命令，应用到再制 8 次；选择第三对，应用到再制 7 次；选择第四对，应用到再制 6 次；选择第五对，应用到再制 5 次；选择第六对，应用到再制 4 次；选择第七对，应用到再制 3 次；选择第八对，应用到再制 2 次；选择第九对，应用到再制 1 次。最后，将超出大三角边线多余的 9 个小三角形（图 5-61 中第 5 个图中有灰色填充的）删除，得到最右面三角形 100 等份的图形（如图 5-61 所显示的是三角形 100 等份的具体绘制过程）。

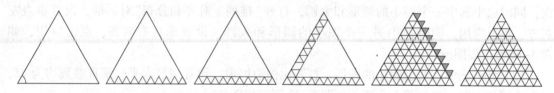

图 5-61 三角形的 100 等份

2. 矩形 100 等份

矩形 100 等份，可以采用上述三角形 100 等份的方法实现，也可以利用工具箱中多边形展开工具栏中的"图纸工具"（如图 5-62 所示）来完成。具体步骤如下：

（1）选中"图纸工具"，鼠标指针会变成"+"字形以指示绘制网格的位置，在"+"的右下角有一个小的网格样式，它表示现在选中的是图纸工具（如图 5-63 所示）。打开其属性栏，如图 6-64 所示。

图 5-62 网格纸工具   图 5-63 网格纸工具指针

（2）在其属性栏上的"图纸行和列数"参数框中输入数值 10，分别设置网格的行数和列数，如图 5-64 所示。

（3）沿对角线拖动鼠标指针以绘制网格；图形完成后，使用"挑选"工具选中它，单击

"取消群组"按钮，取消其群组，状态栏显示共有 100 个对象(小矩形)被选中，如图 5-65 所示。正方形网格的绘制方法与正方形一样，可在拖动鼠标时按住 Ctrl 键即可实现。

图 5-64　网格纸属性栏

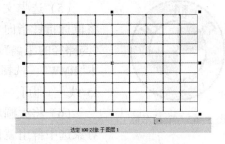

图 5-65　矩形的 100 等份

5.4.2　多个制图工具的联合应用

5.4.2.1　奔驰车标的设计

奔驰，德国汽车品牌，被认为是世界上最成功的高档汽车品牌之一。其车标设计十分简单：三叉星加上了一个圆圈。这个经典的星形标志逐渐演变成今天的图案，并成为世界十大著名的商标之一。下面应用 CorelDRAW 的椭圆形工具和多边形工具相结合完成这个图形的绘制。

具体步骤如下：

(1) 选中椭圆形工具，绘制一个直径为 50mm 的圆形，线宽设置为 1mm。

(2) 选中星形工具，属性栏中设置其边数为 3，锐度为 85，按下 Ctrl 键绘制一个正三角多边星形，在"大小"卷帘窗中设置为水平值为 43.5mm(取消 "不按比例"选项)。

(3) 选择"视图|贴齐对象"命令，使正三角多边星形与圆形以几何中心对齐的方式达到居中对齐的效果。

(4) 选中圆形与正三角多边星形，按下"群组"按钮，将二者群组在一起即可(如图 5-66 所示)。

图 5-66　奔驰车标

5.4.2.2　宝马车标的设计

宝马，也是德国汽车品牌，同样被认为是世界上最成功的高档汽车品牌之一。其车标设计相对复杂一些：选用了内外双圆圈，在双圆圈环的上方标有"BMW"字样，这是公司全称 3 个词的首字母缩写；标志中间的蓝白相间图案，代表蓝天、白云和旋转不停的螺旋桨。这个经典的标志图案，同样成为世界十大著名的商标之一。下面应用 CorelDRAW 的椭圆形工具和文本工具相结合完成这个图形的绘制。

具体步骤如下：

(1) 选中椭圆形工具，绘制一个直径为 50mm 的圆形，线宽设置为 1mm。

(2) 选中这个圆形，应用"缩放"命令，将其缩小到 60%(直径为 30mm)，应用到再制。

(3) 将这个小圆用数字键盘上的"+"键复制一个，属性栏中变换其为饼形，角度设置为 0~90°，去除轮廓线，填充为白色；将这个饼形用"+"键复制一个，角度设置为 90°~180°，填充为青色；依次用"+"键再复制一个，角度设置为 180°~270°，填充为白色；用"+"键再复制一个，角度设置为 270°~360°，填充为青色。将这 4 个饼形应用"排列|顺序"命令，放置在小圆的后面。

（4）选中文本工具，输入大写的"BMW"，在文本属性栏中设置字体为 Arial 粗体，字号为"28"。

图 5-67　宝马车标

（5）选中文本 BMW，选择"文本｜使文本适合路径"命令，将鼠标指针指向小圆；出现"曲线/对象上的文字"属性栏，调整"与路径的距离"参数框，设置为 1mm；然后用"形状工具"选中文本"BMW"，选择右侧的按钮来调整字符间距，至合适位置（饼形的45°线上）即可。

（6）将大圆填充为 10% 的黑（K10），放置在最后面；将所有对象选中群组就得到图 5-67 所示的图形。

5.4.2.3　停车场符号

停车场符号，实际上就是英文单词"Park"（停车场）的首字母加一个矩形或圆形而成的字母符号，利用文本工具和矩形工具（或椭圆形工具）相结合来绘制这个符号。

具体步骤如下：

（1）选定文本工具，就可按下鼠标左键，直接输入大写英文字母 P，在文本属性栏字体下拉列表框中选择"Times New Roman"，字号下拉列表框中选择"36"。

（2）选定矩形工具，绘制正方形，定义其边长为 10mm，线宽为 0.5mm，填充颜色为青色。为了使图形更加美观，可将正方形圆角化，程度值设定为"30"。

（3）选择这两个对象，应用"排列｜对齐和分布｜对齐"命令，打开"对齐与分布"对话框，如图 5-68 所示，将"水平居中"和"垂直居中"均选中，单击"确定"，就可以完成操作。

（4）为了使字母符号表现更突出，可将其填充色修改为白色。最后将这两个对象群组到一起，得到如图 5-69 所示的停车场字母符号。

图 5-68　对齐与分布对话框

图 5-69　停车场符号

5.4.2.4　建筑形体绘制

建筑物形体包括屋顶、门、窗、立柱、台阶等，绘制起来比较复杂，按照下面的方法就可以完成一幅建筑物立面图，具体步骤如下：

（1）选择矩形工具，绘制一个水平 200mm、垂直 2mm 的矩形，填充为黑色，作为地平线。

（2）应用矩形工具，绘制一个水平 12mm、垂直 20mm 的矩形，填充色为 K60，去除轮廓线，并将其完全圆角化。将它复制 3 个，把这 4 个矩形作为门墩均匀摆放在地平线上，间隔距离为 43mm。

（3）应用矩形工具，绘制一个水平 6mm、垂直 80mm 的矩形，填充色为 K40，去除轮廓线。将它复制 3 个，把这 4 个矩形作为门柱均匀摆放在门墩上，间隔距离为 49mm。绘制一个水平 160mm、垂直 4mm 的矩形，与地平线中对齐，作为门前的台阶；打开位置命令，设定垂直方向移动 4mm，应用到再制 3 次。

（4）选择多边形工具，设置其边数为 3，绘制一个水平 200mm、垂直 30mm 的三角形；选中对象，选择缩放命令，设置其缩放参数为 120%，应用到再制。将这 2 个三角形结合在一起，填充色为 K40，去除轮廓线，作为屋顶摆放在门柱上面。

（5）选择矩形工具，绘制水平 1.5mm 的小矩形，复制若干，根据其在三角形屋顶的位置，调整其高度，角度旋转 45°或-45°，将它们摆放在屋顶框架内。

（6）选择矩形工具，绘制一个水平 30mm、垂直 35mm 的矩形。选择椭圆形工具，绘制一个直径为 30mm 的圆。将圆摆放在矩形正中央顶部位置，圆的一半要放置在矩形内，选中这 2 个对象，应用快速焊接命令，将它们变换成门的形状，填充色为 K20。

（7）应用矩形工具绘制 2 个水平 15mm、垂直 35mm 的矩形，作为两扇门，填充色为 K10，放置在门内；绘制 6 个水平 10mm、垂直 8mm 的矩形，作为门上的造型，均匀、对称地摆放在两扇门上。

（8）选择多边形工具，绘制一个水平 35mm、垂直 15mm 的三角形，将其旋转 90°；选中对象，将其水平镜像复制一个。将这一组对称的三角形放置在门上，作为门的拉手。

（9）将第（7）和（8）步骤的所有对象群组在一起，摆放在建筑物正中央，台阶稍微靠上的位置。

（10）将正门缩放比例设置为 85%，应用到再制 2 个。将这两个门对称地摆放在两侧的位置。

（11）选择矩形工具绘制一个水平 22mm、垂直 17mm 的矩形，轮廓线宽度设置为 0.7mm，作为窗户的外框；在绘制一个水平 25mm、垂直 1mm 的矩形，去除轮廓线，将其摆放在矩形的正下方，作为窗沿。

（12）选择图纸工具，设置列数为 2、行数为 5、水平 20mm、垂直 15mm 的网格纸图形。将这个对象与上一步骤中的矩形完全对齐。将这 3 个对象群组在一起，摆放在正门的上方。

（13）将这个窗户复制 2 个，分别放置在侧门的上方，位置略低于正门窗户。

（14）将页面上所有的对象群组起来，就完成了建筑物立面图的绘制。如图 5-70 所示。

图 5-70 应用矩形、椭圆形、多边形、图纸工具绘制的建筑物立面图

5.4.2.5 国旗的绘制

国旗是国家的一种标志性旗帜，是国家的象征，在一个主权国家领土上一般不得随意悬挂他国国旗。国旗通过一定的样式、色彩和图案反映一个国家的政治特色和历史文化传统。世界上各国国旗的颜色主要有红、白、绿、蓝、黄、黑等，这些颜色各有一定的含义，形状绝大多数是长方形。2020年10月17日，第十三届全国人民代表大会常务委员会第二十二次会议通过修改《中华人民共和国国旗法》的决定，自2021年1月1日起施行。

中华人民共和国国旗为五星红旗，长方形，红色象征革命，其长与高之比为3：2，旗面左上方缀黄色五角星五颗，象征中国共产党领导下的革命大团结，星用黄色象征红色大地上呈现光明。一星较大，其外接圆直径为旗高3/10，居左；四星较小，其外接圆直径为旗高1/10，环拱于大星之右侧，并各有一个角尖正对大星的中心点，表达亿万人民心向伟大的中国共产党，如似众星拱北辰。

《中华人民共和国国旗法》第四条规定，中华人民共和国国旗是中华人民共和国的象征和标志。每个公民和组织，都应当尊重和爱护国旗。第九条规定，国家倡导公民和组织在适宜的场合使用国旗及其图案，表达爱国情感。第二十一条规定，国旗应当作为爱国主义教育的重要内容。因此，国旗是课程思政的重要内容之一。

《中华人民共和国国旗法》第三条规定，国旗的通用尺度为国旗制法说明中所列明的五种尺度。特殊情况使用其他尺度的国旗，应当按照通用尺度成比例适当放大或者缩小。国旗制法说明的第三条规定，国旗之通用尺度定为如下五种，各界酌情选用：一号旗，长288cm，高192cm；二号旗，长240cm，高160cm；三号旗，长192cm，高128cm；四号旗，长144cm，高96cm；五号旗，长96cm，高64cm。

1. 国旗的画法

（1）旗面：为红色，长方形，其长与高之比为3：2，旗面左上方缀黄色五角星5颗。一星较大，其外接圆直径为旗高3/10，居左；四星较小，其外接圆直径为旗高1/10，环拱于大星之右。

（2）五星之位置与画法：①为便于确定五星之位置，先将旗面对分为四个相等的长方形，将左上方之长方形上下划为十等份，左右划为十五等份。②大五角星的中心点，在该长方形上五下五、左五右十之处。其画法为：以此点为圆心，以三等分为半径作一圆。在此圆周上，定出五个等距离的点，其一点须位于圆之正上方。然后将此五点中各相隔的两点相连，使各成一直线。此五直线所构成之外轮廓线，即为所需之大五角星。五角星之一个角尖正向上方。③四颗小五角星的中心点，第一点在该长方形上二下八、左十右五之处，第二点在上四下六、左十二右三之处，第三点在上七下三、左十二右三之处，第四点在上九下一、左十右五之处。其画法为：以上四点为圆心，各以一等分为半径，分别作四个圆。在每个圆上各定出五个等距离的点，其中均须各有一点位于大五角星中心点与以上四个圆心的各联结线上。然后用构成大五角星的同样方法，构成小五角星。此四颗小五角星均各有一个角尖正对大五角星的中心点。

2. 国旗绘制步骤

以四号旗的规格尺寸为例说明，在图上按1：10的比例缩小，旗面长为144mm，高为96mm。应用矩形工具和星形工具就能够完成旗面和五颗五角星的绘制。

（1）打开对象管理器，新建图层"旗面"，选择矩形工具，绘制水平144mm、垂直96mm的矩形，作为旗面摆放在页面的中心位置。填充红色M100Y100，删除轮廓线。

（2）新建图层"辅助线"，选择贝塞尔工具，设置线宽0.5mm，绘制一条水平直线，长144mm；绘制一条垂直线条，长96mm，二者相互垂直相交于旗面的中心位置。

（3）选择图纸工具，在属性栏设置为10行15列，绘制一个水平72mm、垂直48mm的网格图形。选择椭圆形工具，绘制直径为2mm的小圆，填充白色，去除轮廓线；将小圆摆放在网格上5下5、左5右10的位置。以小圆为中心，绘制一个线宽0.5mm、直径为28.8mm（旗高的3/10）的圆，为大五角星的外接圆。

（4）复制4个小圆，分布摆放在网格上2下8、左10右5、上4下6、左12右3、上7下3、左12右3、上9下1、左10右5的位置。以这4个点为中心，绘制线宽0.5mm、直径为9.6mm（旗高的1/10）的4个圆。选择贝塞尔工具，将大圆的中心点与4个小圆的中心点两两连接，线宽0.25mm，轮廓色为白色（如图5-71所示）。

（5）新建图层"五角星"，选择星形工具，以大圆中心点为中心绘制正五角星，外接大圆；以4个小圆的中心点为中心绘制正五角星，外接小圆；分别旋转4个小五角星，使其一个角指向与大圆中心点的连接线。

（6）隐藏或删除图层"辅助线"，就得到了国旗绘制完成后的效果图（如图5-72所示）。

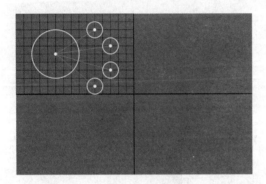

图5-71　旗面与五颗五角星定位

图5-72　绘制完成的标准国旗图

5.4.2.6　指北针的绘制

指北针是地图上非常重要的点状符号，在地图上可明确表示方位，指北针的北方向应标注"北"或"N"字。指北针如果加风玫瑰图，还可说明这个地区的常年主导风向。

绘制指北针的步骤如下：

（1）打开对象管理器，新建图层"四角星"，选择星形工具，在属性栏中设置其边数为4，绘制一个正四角星，打开"排列｜变换｜大小"泊坞窗，输入水平参数100（按比例变换），点击应用。执行"排列｜对齐和分布｜在页面居中"命令，将其摆放在页面中心位置，如图5-73第一幅图所示。

（2）新建图层"三角形"，选择多边形工具，在属性栏中设置其边数为3，绘制一个三角形。执行"排列｜转换为曲线"命令，将其转换为曲线；选择形状工具，删除这个图形三条边中点位置的3个节点；分别选中保留的3个节点，执行"视图｜贴齐对象"命令，将其中一个与正四角星顶点重合，一个与正四角星的中心点重合，一个与正四角星左侧的节点重合，并填充K100，如图5-73第二幅图所示。

（3）选中三角形，按下Ctrl键，用挑选工具指向左侧的拉伸控点，向右延展并同时按下鼠标右键，快速完成三角形镜像对象的复制，为其填充白色，如图5-73第三幅图所示。

（4）同时选中这两个三角形，点击出现旋转控点，打开"排列｜变换｜旋转"泊坞窗，输入角度参数 90，勾选相对中心，选中底部中心位置，将旋转轴中心点移动到正四角星的中心位置，如图 5-74 所示。点击应用到再制，得到图 5-73 所示的第四幅图。

（5）第二次同时选中最上面的这两个三角形，旋转泊坞窗中，输入角度参数 180，旋转轴中心点设置同步骤(4)，点击应用到再制，得到图 5-73 所示的第五幅图。

（6）第三次同时选中最上面这两个三角形，旋转泊坞窗中，输入角度参数 270，旋转轴中心点设置同步骤(4)，点击应用到再制，得到图 5-73 所示的第六幅图。

（7）新建图层"名称"，输入大写字母 N、S、E、W，文本属性栏设置字体为 Times New Roman，字号为 24，依次摆放在相应的位置，并分别对齐。如图 5-75 所示，指北针图形就绘制完成了。

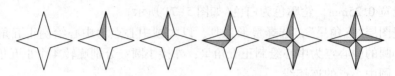

图 5-73　指北针绘制过程图

图 5-74　旋转设置

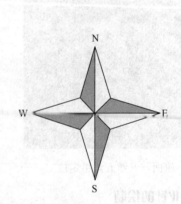

图 5-75　指北针

第6章 绘制各种形状

6.1 线 状 符 号

线状符号是指沿某一方向延伸并有依比例的长度特性，但其宽度一般不反映实际范围的符号。在制图中，主要采用线状符号法和运动线符号法，前者主要指定性线状符号，也就是表示线状物体或现象的质量特征的符号；后者是定向并有量度概念的线状符号，它既有方向性又具有依其符号的宽度表示数量的特征。

定性线状符号的应用实例很多，如各级行政境界线、各级道路、不同通航程度河流、城墙、栅栏、不同类型的海岸线、各种地质构造线、战争防御线、气候上的"锋"面线等。单纯表示定名尺度对象的线状符号一般不宽，构图也比较简洁，常常用颜色、形状和结构这些图形变量来反映不同的质量特征。各种地质构造线，如各种断层线、不同形态的山脊线、城墙和栅栏等，都已有规定或已习惯使用的线状符号，可参照设计使用。有些对象，如不同通航程度的河道、不同类型的海岸等，若用不同的颜色区分就能达到目的，故没有必要再使用其他图形变量手段。各级行政境界线多使用一种或两种图形单元连续的排列构成，各级道路则可使用宽度变化的方法，或在表现高级道路时使用增加图形单元的构建方法。这种体现等级顺序差别的线状符号，务必使宽度的变化或图形结构复杂度的变化与等级顺序对应起来。应该等级愈高的对象，线符宽度愈宽，结构也最复杂；随着等级的降低，宽度、复杂度也应降低。此外，还应通过颜色饱和度和明度这些手段来突出主要的和高等级的对象。图6-1是一些线状符号示例。

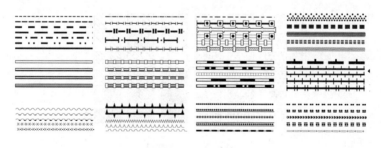

图6-1 线状符号

定向并有量度概念的线状符号，运动矢状符号表示运动的方向，用图形结构或颜色表示沿线状运动的物体或现象的构成，用宽度表示数量特征，如图6-2所示。若对象只有一个指标，如河流中流量、道路中旅客的输送量，或虽然有不同的多种指标，但若只归结为一种指标，如对外贸易中只归结为货币这一度量，那就是简单形式的动线符号，只用简单的图纹或颜色普染即可。若要表示多个指标，则动线符号成为有不同图纹或颜色组成的不同复杂程度的复合"带"。如图6-3所示。

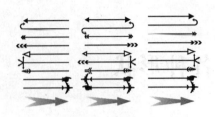

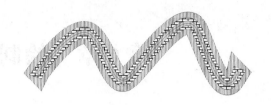

图6-2 各种运动线符号   图6-3 带状符号

6.2 面状符号

　　面状符号实际上是一种填充于面状分布现象范围内用于说明面状分布现象性质或区域统计量值的符号，可以表现从定名尺度到比率尺度的所有数据类型。面状符号主要表现为两种类型：一种是以图纹或色彩差异反映不同面状现象或物体的质量特征，即性质差异；另一种是以明度差异表现等级概念。

　　面状符号的形式主要有图纹和色彩两种。图纹按形式可归纳为三大类：第一类是将由基本图形单元通过规则的"四方连续"或不规则聚集构成点纹的面状符号。这类形式以地形图图式中的整列式和散列式符号为代表，如图6-4第一到第三列所示，常见于农作物分布、植被分布和地质图的岩性表达中，条件是这类分布必须在图上有较大的面积。第二类是由线条通过线的粗细、方向、疏密和交叉等结构形式形成的线纹面状符号。这类符号运用线的方向、交叉和各种结构形式形成不同的图案效果，反映面状要素的质别差异（定性）；还可以通过线的粗细、间距和组合密度来反映区域间的数量等级差异（定量和等级），如图6-4第四到第六列所示，其形式有调频型和调幅型两种。第三类是由点纹和线纹结合起来而衍生的混合图纹符号。混合图纹符号可以作为单一的图形标志，某些情况下也可作为多重类别的叠置结果，在地质图、地貌图等专题地图中有所使用。

图6-4 面状符号

　　面状符号的另一种形式是以色彩差异为特点的符号，可称为色域符号，或按习惯称为"普染色"或"底色"。色域符号只有色相、明度、饱和度三个变量因素。制图中表示面状要素时通常用色相的变化来表示质量的差别（定性），用同一色相或近似色相的颜色体系中的明度或饱和度变化来反映数量差异（定量），或表示分类中次一级、次二级的分类（等级）。

　　在CorelDRAW中，绘制面状符号的形状主要使用曲线展开工具栏中的"贝塞尔工具"，将绘制的曲线闭合，成为一个可填充颜色或网纹的面状符号，在默认的情况下（默认设置可以更改），CorelDRAW被设置为只对闭合对象应用填充效果。

118

6.3 曲 线 工 具

前一章中介绍了怎样利用各种原型来绘制不同的几何符号，这一章将介绍利用不同的曲线工具绘制各种不同的直线、折线、曲线和形状。绘制各种不同形状所使用的工具是曲线展开工具栏的不同曲线工具，如图6-5所示，在这个展开工具栏上有8个工具按钮。其中手绘工具可以绘制直线和曲线，折线工具可以绘制直线、折线和曲线；这两个工具在绘制曲线时就像一支铅笔，当按下鼠标左键并拖动它时，屏幕上的鼠标指针就会画出一条曲线，但鼠标的精确性较差，很难掌控鼠标的运动轨迹，画出来的曲线会记录下手的抖动。因此，这两个工具只能绘制一些精度要求不高的曲线，在计算机制图中一般不使用它们来绘制曲线。3点曲线工具通过指定曲线的宽度和高度来绘制简单曲线，使用它可以快速创建弧形，而无须控制节点；这个工具只能绘制简单的曲线，无法满足制图的要求。钢笔工具和贝塞尔工具一样既可以绘制直线、折线，也可以绘制精度要求较高的曲线，二者所不同的是钢笔工具在拖动的过程中拖着一条蓝色的尾巴，显示曲线的运行轨迹，可预览正在绘制的线段。这两个工具都可以用于计算机制图中。本节主要讲解贝塞尔工具的使用。自然笔工具、交互式连线工具和度量工具在计算机制图中是不可缺少的重要工具，因此本章也加以详解。

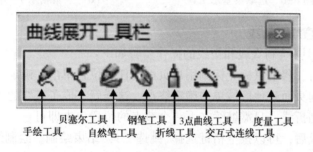

图 6-5 曲线展开工具栏

6.3.1 贝塞尔工具

在 CorelDRAW 中，我们主要使用"贝塞尔工具"绘制各种形状，包括线状符号和面状符号等，使用"轮廓工具"来确定线状符号的各种属性。

"贝塞尔工具"允许按节点顺序绘制平滑、精确的曲线。使用"贝塞尔工具"时，每一次单击或单击拖动鼠标都会确定一个节点，通过线段或曲线与上一节点相接。在单击和拖动的过程中，实际移动的是节点的控制点，正是它控制了进入和穿出节点的线的角度。当用户要在 CorelDRAW 中绘制出较为圆滑的曲线时，使用"贝塞尔工具"是最简单的方法。这一点对制图工作者来说，是非常重要的。因为在绘制线状符号，如境界线、交通干线、河流等时，必须根据地物的实际形状，绘制出平滑的曲线来表示。就经验来看，"贝塞尔工具"所绘制的曲线是最完美的。但是对于新用户来说，这是一种最难理解的绘图工具，因为用户根本不知道在绘制过程中想要得到的曲线会是什么样子。当用户使用这种工具时，只需在页面上定位一个起点，单击并拖动鼠标，这时出现在屏幕上的不是绘制曲线的轨迹，而是一个以起点为中心的控制柄，贝塞尔线用这个控制柄来调整曲线的高度和倾斜度。用户所拖动出的控制柄的方向和长度不同时，所绘制出的曲线的高度和倾斜度也会随之改变。

6.3.1.1 贝塞尔工具的选取

要选中贝塞尔工具，有以下两种方法：

（1）用鼠标单击工具箱中的贝塞尔工具。

（2）用鼠标右键单击画图窗口，然后在弹出的菜单中选取"创建对象｜曲线｜贝塞尔"，如图6-6所示。

当选中贝塞尔工具时，鼠标指针将如图6-7所示。

图6-6 选取贝塞尔工具

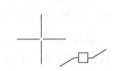

图6-7 贝塞尔工具指针

6.3.1.2 绘制直线和折线

使用"贝塞尔工具"绘制直线和折线的操作步骤如下：

（1）选定工具后，移动鼠标光标到用户页面的任意位置单击，确定一个起点。

（2）移动鼠标到页面其他区域单击确定终点，这样就完成了直线的绘制。

（3）如果要绘制折线，只需继续在下一个节点的位置单击即可。

（4）当绘制完成后，可以按空格键选择"挑选工具"结束绘制。绘制结果如图6-8所示。

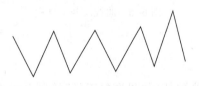

图6-8 折线的绘制

6.3.1.3 绘制曲线

1. 绘制一般曲线

使用"贝塞尔工具"绘制曲线的操作步骤如下：

（1）选定工具后，移动鼠标光标到用户页面的任意位置单击并拖动确定起始节点，此时节点会出现两个控制点，如图6-9所示。

（2）将光标移开一段距离，从想要放置的下一个节点处拖动鼠标，此时第二个节点也会出现两个控制点，并且两个节点间出现一条曲线线段，不松开鼠标左键，改变控制点的角度和长度，可看到两个节点间的线段也在随之变化，两个节点间的这条连线就是要绘制的曲线，当通过改变控制点将曲线调整好之后，松开鼠标即可，如图6-10所示。

（3）继续绘制曲线，直到绘制出自己想要的结果。

120

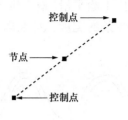

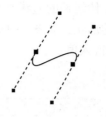

图 6-9　节点与控制点　　　　　图 6-10　改变控制点获得所需的曲线

2. 绘制封闭曲线和改变节点位置

在使用"贝塞尔工具"绘制曲线时，光标会提示是否到了起始节点并与之相连。这一点对于绘制面状符号极其重要，因为在 CorelDRAW 中，只有封闭的曲线才可以作为面状或块状符号，为其填充颜色或网纹。

当最终要将绘制的图形围成一个封闭的曲线时，可以发现当光标移到起始节点处会出现一个向下的箭头。此时单击即可将曲线封闭起来。如图 6-11 所示。

3. 线条整形

曲线或折线绘制完成后，若要改变线条的形状，可以用形状工具直接选中线条上已有的节点；也可以在线条绘制结束后，用形状工具在线条上增加一些节点，来达到对线条整形的目的。使用形状工具选中节点，对节点的位置进行调整（如图 6-12 所示）。使用形状工具选中节点或控制点，既可以调整节点的位置，也可以通过改变控制手柄的方向和长度，来调整线段的曲度，以此来改变对象的形状（如图 6-13 所示）。

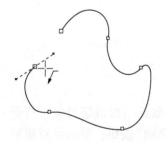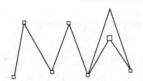

图 6-11　绘制封闭图形　　　图 6-12　改变节点位置　　　图 6-13　改变节点和控制点的位置

另外，在绘制直线的过程中，如果按住 Ctrl 键可使直线以 15°的幅度变化；而按住 Alt 键则可用拖拉的方式创建直线节点。在绘制曲线时，如果按下"C"键，可以把最后一个节点变为尖点，绘制出尖角的曲线，在绘制过程中一直按着"C"键将使所有的节点变为尖点，曲线就变为折线；而按下"S"键，则可以绘制出平滑曲线。

6.3.2　艺术笔工具

在 CorelDRAW 中，有一个专门的艺术笔工具，顾名思义就是可以产生艺术效果的曲线工具，它确实名副其实。打开艺术笔工具可以得到它的属性栏，在属性栏上有 5 个按钮。其中，最实用且非常有意思的第三个按钮——对象喷涂工具，能够绘制出意想不到的图形。

6.3.2.1　预设型曲线

第一个是预设按钮，如图 6-14 所示。允许画笔从"预设笔触列表"列表框中选择一种预设线条形状；如果要使线条的边缘平滑，可在属性栏上的"手绘平滑"框中键入值。拖放线条，直到出现满意的形状，如图6-15所示。如果要设置线条的宽度，可在属性栏上的"艺术笔工具宽度"框中键入值。

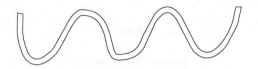

图6-14　艺术笔预设属性栏　　　　　图6-15　应用预设艺术笔触绘制的图形

6.3.2.2　笔刷

第二个是笔刷按钮，如图6-16所示。允许画笔从"笔触"列表框中选择一种笔触；如果要使线条的边缘平滑，可在属性栏上的"手绘平滑"框中键入值。拖放笔触，直到出现需要的形状，如图6-17所示。如果要设置笔触的宽度，可在属性栏上的"艺术笔工具宽度"框中键入值。

图6-16　艺术笔刷属性栏

图6-17　应用艺术笔刷绘制的图形

艺术笔刷能够创建自定义笔触，具体步骤如下：选择一个对象或一组群组对象；打开"曲线"展开工具栏，然后单击"艺术笔"工具；单击属性栏上的"笔刷"按钮；单击该对象或群组对象；单击属性栏上的"保存艺术笔触"按钮，将出现艺术笔刷（＊.cmx）格式，键入笔触的文件名，单击"保存"，该文件被保存在"Custom Media Strokes"文件夹中；这样，创建的自定义笔触就将自动出现在"笔触"列表框中最后一个的位置。

例如，应用"贝塞尔工具"绘制一段长城符号，如图6-18所示。选中该对象，打开"曲线"展开工具栏，单击"艺术笔"工具，选择属性栏上的"笔刷"按钮，单击"保存艺术笔触"按钮，键入笔触的文件名"长城符号"，单击"保存"即可完成操作。然后从"笔触"列表框中选择它，设置笔触的宽度为4mm，可得到如图6-19所示的图形。

图6-18　应用"贝塞尔工具"绘制的图形　　　图6-19　应用自定义笔触"长城符号"绘制的图形

6.3.2.3　对象喷涂

第三个是对象喷涂按钮，又称为喷罐，如图6-20所示。

手绘平滑　要喷涂的对象大小　保存艺术笔触　删除　选择喷涂顺序　喷涂列表对话框　　旋转　偏移　重置值

按比例缩放　喷涂列表文件下拉列表框　　添加到喷涂列表　要喷涂的对象的小块颜料/间距

图 6-20　艺术笔对象喷涂属性栏

1. 喷涂列表

CorelDRAW 允许用户从"喷涂列表文件"列表框中选择一个喷涂列表，例如，选择"Goldfish"喷涂列表，拖放鼠标以绘制线条，就会得到一幅栩栩如生、形态各异的一群小金鱼的图形，如图 6-21 所示。如果想将图形中的某条金鱼单独作为象形符号使用，选中对象，打开"排列｜拆分"(Ctrl+K)命令执行，然后执行"取消群组"命令，最后用挑选工具选中需要的对象即可，如图 6-22 所示。

图 6-21　应用艺术笔对象喷涂的图形　　　　图 6-22　选中单个对象

如果其中没有列出所需的喷涂列表，请单击属性栏上的"浏览"按钮，以选择文件所在的文件夹。如果要使线条的边缘平滑，可在属性栏上的"手绘平滑"框中键入值。

2. 显示方式设置

通过调整对象之间的间距，可以控制喷涂线条的显示方式，使它们相互之间距离更近或更远。如果要调整每个间距点处喷涂的对象的数目，需要在属性栏上的"要喷涂的对象的小块颜料/间距"框的顶框中键入一个数字；调整小块颜料之间的间距，可在属性栏上"要喷涂的对象的小块颜料/间距"框的底框中键入一个数字。通过设置喷涂顺序，可以改变线条上对象的顺序，使喷涂对象沿着某条路径排列，如椭圆形、矩形、多边形、星形等特殊图形的路径变化。从属性栏上的"选择喷涂顺序"列表框中选择一种喷涂顺序，有"随机""顺序""按方向"三种喷涂方式。调整喷涂对象的大小，可在属性栏上"要喷涂的对象的大小"框的顶框中键入一个数字；当喷涂对象沿着线条渐进时，增加或减小其大小，可在属性栏上的"要喷涂的对象的大小"框的底框中键入一个数字。如果要对一个椭圆形场地的周边进行绿化，先绘制一个椭圆形，然后选中喷罐按钮，从其属性栏中选择以上选项进行设置，选择"Grass"喷涂列表，"要喷涂的对象的大小"的顶框中键入"10"，"选择喷涂顺序"列表框中选择"顺序"，"要喷涂的对象的小块颜料/间距"的顶框中输入数值"5"，底框中键入"0.056"，就可得到如图 6-23 所示的图形。

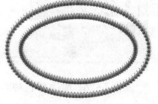

3. 改变位置

CorelDRAW 还允许改变对象在喷涂线条中的位置，属性栏中的"旋转"和"偏移"按钮就能够实现这些功能。方法是沿路径旋转对象或沿以下四个不同的方向之一偏移

图 6-23　按特殊路径喷涂对象

对象：替换、左、随机或右。例如，可以选择左偏移方向来将喷涂对象与路径的左边对齐。

（1）旋转。在属性栏中选中"旋转"按钮，可以对喷涂的线条进行旋转。单击它，打开其对话框，如图6-24所示。选择要调整的喷涂列表；单击属性栏上的"旋转"按钮；在属性栏上的"角度"框中键入介于0°～360°之间的值。如果要递增旋转喷涂中的每个对象，请启用"使用增量"复选框，然后在"增量"框中键入值。可启用下列选项之一：基于路径——基于线条旋转对象；基于页面——基于页面旋转对象。键入数值或选中选项后，按Enter键执行命令。

（2）偏移。在属性栏中选中"偏移"按钮，可以对喷涂的线条进行偏移。单击它，打开其对话框，如图6-25所示。选择要一个喷涂列表；单击属性栏上的"偏移"按钮；启用"使用偏移"复选框，使对象偏移喷涂线条的参数框有效，如果要调整偏移距离，请在"偏移"框中键入数值，按Enter键执行命令。从"偏移方向"列表框中选择一个偏移方向，有"随机""右部""左部"三种方式；如果要在线条的左右之间进行替换，请选择"替换"。

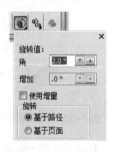
图6-24　旋转对话框

图6-25　偏移对话框

4. 创建喷涂列表

CorelDRAW允许用户使用自己的对象来创建新喷涂列表，可以在线条上喷涂一系列对象。除图形和文本对象外，还可导入位图和符号来沿线条喷涂。创建新喷涂列表有两种方法。

（1）第一种方法是选中一个对象、一组群组对象、一个符号或一幅位图，单击"添加到喷涂列表"，然后打开"喷涂列表对话框"（如图6-26所示），对喷涂对象进行编辑，然后单击"确定"即可完成此操作。选中喷灌可以喷涂出如图6-27所示的图形。

图6-26　喷涂列表对话框

图6-27　应用新创建的喷涂列表所绘制的图形

（2）第二种方法是应用"效果｜艺术笔"命令，选择一个对象、一组群组对象或一个符号，单击"艺术笔"泊坞窗上的"保存"按钮。启用"对象喷罐"，单击"确定"，在"文件名"框

124

中键入文件名，保存。喷涂列表将另存为 CorelDRAW(CDR) 文件，可以从"艺术笔"属性栏上的"喷涂列表文件"列表框中访问。

5. 删除自定义喷涂列表

如果要删除自定义喷涂列表，请从属性栏上的"喷涂列表文件"列表框中选择该喷涂列表，然后单击"删除"按钮。将喷涂列表重置为保存的设置，可单击属性栏上的"重置值"按钮。

6.3.2.4　书法型曲线

第四个是书法按钮，允许用户绘制书法曲线，属性栏如图 6-28 所示。

单击属性栏上的"书法"按钮，如果要使线条的边缘平滑，请在属性栏上的"手绘平滑"框中键入值。如果要设置线条的宽度，请在属性栏上的"艺术笔工具宽度"框中键入值。在属性栏上的"书法角度"框中键入值，可以改变图形的角度。拖放线条，直到出现满意的形状。对于书法型曲线来说，应用书法角度绘制的线条其角度决定了所绘线条的实际宽度，角度为 90°或 270°，曲线达到所设置线条宽度的最大状态。

通过单击"效果｜艺术笔"，然后在"艺术笔"泊坞窗中指定所需的设置，也可以绘制书法线条。

6.3.2.5　压力型曲线

第五个是压感笔按钮，又称为压力笔，允许用户绘制压力型曲线，属性栏如图 6-29 所示。

图 6-28　艺术笔书法属性栏　　　　图 6-29　艺术笔压感笔属性栏

单击属性栏上的"压力"按钮，如果使用的是鼠标，请按住向上箭头键或向下箭头键来模拟笔压力的变化，并更改线条的宽度。拖放线条，直到出现满意的形状。如果要更改线条宽度，请在属性栏上的"艺术笔工具宽度"框中键入值。设置的宽度代表线条的最大宽度，所应用的压力大小决定线条的实际宽度。

还可以通过单击"效果｜艺术笔"来绘制压感线条。

6.3.3　交互式连线工具

在制图中，可能需要在流程图及组织图中绘制流程线，将图形连接起来。甚至在移动一个或两个对象时，通过这些线条连接的对象仍保持连接状态。在 CorelDRAW 中，交互式连线工具就能够实现绘制流程图形状的功能。可以在两个对象之间绘制一条线，当两个相互连接的对象之一或两者都移动时，交互式连线会自动跟着改变。注意：选中交互式连线工具时，视图菜单中的"贴齐对象"命令将自动被选中。

打开交互式连线工具，其属性栏如图 6-30 所示。这个工具有两个按钮，第一个是"成角连接器"，用于创建包含直角的流程线，可以是一系列垂直线段或水平线段，或两者皆有。可以使用"形状"工具，对包含直角的流程线中的线段进行编辑。选择流程线，然后拖动要移动的节点即可。第二个是"直线连接器"，用于以任意角度创建直的流程线。

用交互式连线工具画出的连线可以连接于相邻两个对象的任何一个节点上，绘制时

图 6-30　交互式连线属性栏

选中一个对象，从这个对象上的节点拖动至另一个对象上的节点。对绘制流程图或组织图等需要经常变动位置的图形来说，交互式连线工具是非常有用的。图 6-31 所示的就是用连线连接两个对象的例子，两种连接器都得到了应用。左图中两个对象上方用的是"成角连接器"绘制的连线，中间用的是"直线连接器"绘制的连线；右图为移动矩形对象时，连线随之改变。

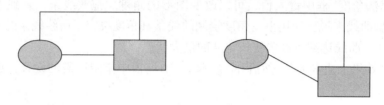

图 6-31　应用交互式连线绘制的图形

6.3.4　度量工具

在制图中，准确标注尺寸是图样不可或缺的要素。CorelDRAW 为制图工作中提供了便捷实用的度量工具，包括线段、角度的度量和标注说明注记等功能。当从曲线展开工具栏中选中度量工具时，在属性栏上将会出现一系列图标，每个图标都代表一种类型的尺寸线，如图 6-32 所示。

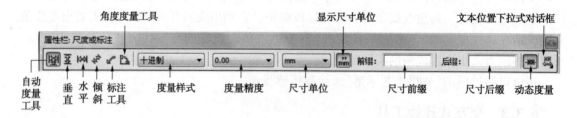

图 6-32　度量工具属性栏

在大多数情况下，需要把一条度量线与另一个对象连接起来。这种连接可通过选择"视图｜贴齐对象"（Alt+Z）选项来实现，在缺省的情况下，当选中度量工具时，"贴齐对象"选项就会被自动选中。如果"贴齐对象"命令已处于激活状态，那么就没有必要再选择了。

利用属性栏，可以绘制尺度线，以指明图形中两点间的距离或对象的大小。默认情况下，更改对象大小时，线条上显示的尺度线及测量单位也会随之更改；可以设置尺度线的显示方式，例如，可以指定尺度单位、样式和精度，以及在尺度文本中添加前缀或后缀。还可以为创建的所有新尺度线设置默认值。

126

6.3.4.1 线性尺度量

度量工具属性栏中的自动度量工具、垂直度量工具、水平度量工具和倾斜度量工具，都属于线性尺度量工具，各自的功能如下：

（1）"自动度量"工具：创建垂直尺度线或水平尺度线，也就是说，这个工具既可以创建垂直尺度线，也可以创建水平尺度线。

（2）"垂直度量"工具：创建垂直尺度线，用于测量任意两个节点之间的垂直距离（沿 y 轴）。

（3）"水平度量"工具：创建水平尺度线，用于测量任意两个节点之间的水平距离（沿 x 轴）。

（4）"倾斜度量"工具：创建倾斜尺度线，用于测量倾斜线段的长度。

注意：如果使用了一种不合适的度量线类型来标注"对象"，那么它的度量将总是为 0。例如，如果用垂直尺寸线来标注一个对象水平方向的长度，那么尺寸线的尺寸为 0，因为对象在垂直方向上没有任何变化。使用自动度量工具可以避免这个问题的产生，它可以根据鼠标的移动标注垂直或水平尺寸线。按 Tab 键可以在垂直、水平或倾斜度量工具三者之间进行切换。

这几个度量工具都需要通过三次单击鼠标才能绘制完成。第一次单击是确定度量线标注图形的起始点，第二次单击是确定尺寸线标注图形的终止点，第三次单击是确定标注尺寸的位置。

尺寸线绘制完成后，就不能通过选中线本身对其进行修改，但可以把标注文本移得更加靠近或远离所度量的对象，同时尺寸线的外观样式将自动调整。如果要改变标注文本的字体或字号，那么可以先选中它，然后像修改任何其他文字一样进行修改。注意：度量文本在默认的情况下使用美术字。

当选中度量线之后，可以对尺寸的显示方式作一下修改。此时属性栏将包含一些下拉列表框和按钮，如图 6-32 所示。

度量样式下拉列表框提供了如下四种选择：十进制、小数、美国工程和美国建筑学。十进制选项表示尺寸将用"整数部分+小数部分"来表示，其中小数部分最多能有 10 个有效数字，具体有多少位由尺寸精度下拉列表框中的格式来决定。小数选项表示尺寸将用"整数部分+小数部分"来表示，其中小数部分最多可以精确到尺寸精度下拉列表框中所选定单位的 1/1024。美国工程选项表示尺寸以英尺和英寸表示，其中英寸部分最多能有 10 位有效数字。美国建筑学选项表示尺寸以英尺和英寸表示，其精度为英寸的 1/1024。

尺寸单位下拉列表框允许选择任何一种 CorelDRAW 所提供的单位。请注意：同一种单位可能有几种不同的表现形式。例如，单位英寸既可以用双撇表示，也可以用缩写"in"表示，还可以表示为"英寸"。另外，如果选择了美国工程和美国建筑学样式，那么将不能改变单位。有时候可能并不需要在标注文本中显示出单位，在这种情况下，就可以取消"显示尺寸单位"按钮。如果选中"动态度量"按钮，那么当度量线改变时，作为尺寸线一部分的标注文本内容也跟着自动改变。如果想要标注文本内容保持不变，则必须取消"动态度量"按钮。通过在"尺寸前缀"和"尺寸后缀"框中输入文本，按下 Enter 键，就可以在尺寸数值的前面或后面添加内容。注意，如果想要使输入的文本和尺寸数值之间有空格，就必须在输入文本中添加相应的空格。最后一点就是，可以通过文本位置下拉式对话框来控制文本的位置，如图 6-33 所示。

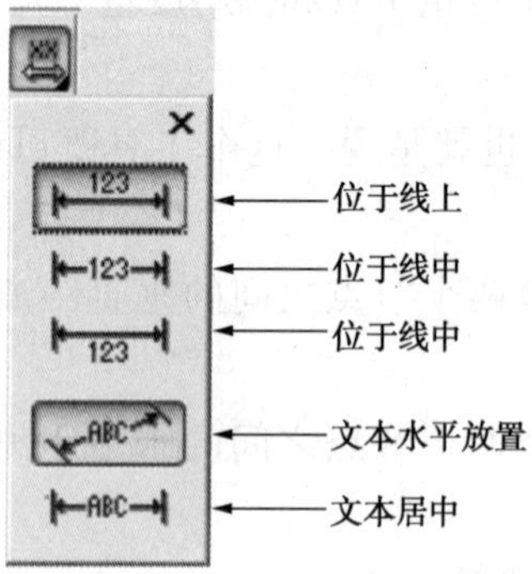

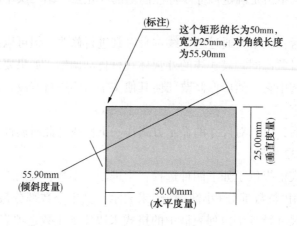

图 6-33　文本位置下拉式对话框

如果在尺寸单位下拉列表框中找不到所需的单位缩写，那么可以关掉"显示尺寸单位"按钮，然后在"尺寸后缀"框中输入单位缩写。

6.3.4.2　标注工具

标注工具并不是尺寸线，我们找不出任何一个理由来解释为什么要把它放在度量工具属性栏中，而不是把它放在曲线展开工具窗口中，人们不容易想到在这里会找到它。标注工具的功能是：绘制标注线，添加文本以及标注对象引起注意。绘制标注也需要单击鼠标三次，这与绘制尺寸线一样。第一次单击确定需要进行标注的位置，在这个位置点通常需要加入一个箭头。第二次单击确定标注线的拐点。如果把单击改为双击，那么标注线将是一条直线。第三次单击（或者刚才双击之后）将出现一个插入光标，让用户输入标注的文本。标注线将自动把曲线和文本连接在一起，这样如果要移动的话，它们将一起移动。注意，这里规定的线和文本格式与规定其他线和文本的格式是一样的。

如图 6-34 所示，就是对一个矩形进行度量和标注的例子。

图 6-34　线性尺寸的度量和标注

6.3.4.3　角度度量

应用属性栏上的角度度量工具，可以绘制角度尺度线。角度度量线与线性尺寸线的主要不同点在于：绘制角度度量线时，需要单击鼠标四次，而不是三次。选中属性栏上的"角度尺度"工具按钮，第一次单击确定角的原点，第二次单击确定角的起始点，第三次单击确定角的终止点，第四次单击确定尺寸线和标注文本的位置。在绘制角度尺寸线时，尺寸单位下拉列表框将只提供三种选择：度、弧度和粒度，因为其他单位对于角度来说是不适合的。角度度量的例子如图 6-35 所示。

总之，曲线展开工具栏中的每一个工具都能够绘制各种样式的线条，在大多数情况下我们使用的是贝塞尔工具来绘制图形，而其他的一些工具都是在特殊场合下使用的。所有曲线工具绘制的这些线条都是宽度与尺寸相关联，因此，在接下来的一节里将介绍线条的属性设置。

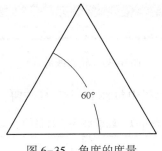

图 6-35　角度的度量

6.4　轮廓线属性设置

在 CorelDRAW 中，专门提供了轮廓工具用于设置对象的轮廓线属性。通过改变轮廓笔对话框、对象属性泊坞窗中的"轮廓"标签以及轮廓笔属性栏中设置选项，可以更改所画线条、对象以及文本轮廓线的外观和类型。不仅可以把轮廓线和线段的类型变为虚线、点线等，还可以在线的两端添加箭头，这样就增强了对象的表现力。本节将讨论怎样使用轮廓工具设置轮廓线属性。

6.4.1　设置轮廓线属性的方法

在 CorelDRAW 中，使用轮廓线工具时也有多种方法来改变轮廓线的属性。为了保持思路的清晰，建议选用一两种方法作为改变轮廓线属性的主要途径，而其他的方法则只在需要的时候才用。在这里，推荐大家使用轮廓笔对话框或属性栏来改变轮廓线的属性，下面将详细介绍这两种方法。在知道了它们的区别后，可以根据个人的喜好决定选用哪一种方法。图 6-36、图 6-37、图 6-38 和图 6-39 显示了可用来改变轮廓线属性的四种方法：轮廓展开工具栏、轮廓笔对话框、对象属性对话框的轮廓线标签泊坞窗口、轮廓线属性栏。

图 6-36　轮廓展开工具栏

图 6-37　轮廓笔对话框

图 6-38　轮廓线标签泊坞窗口

图 6-39　轮廓线属性栏

图 6-36 显示的轮廓展开工具栏中包含 11 个工具按钮，其功能在表 6-1 中说明。

表 6-1　轮廓展开工具栏的功能

按　　钮	功　　能	按　　钮	功　　能
	打开轮廓笔对话框(快捷键 F12)		2 点细轮廓线(细)
	打开轮廓色对话框(快捷键 Shift+F12)		8 点细轮廓线(中)
	无轮廓线		16 点细轮廓线(中粗)
	细轮廓线		24 点细轮廓线(粗)
	1/2 点细轮廓线		打开彩色颜色工具卷帘窗
	1 点细轮廓线(较细)		

6.4.2　恢复轮廓线的缺省设置

在着手设置轮廓笔对话框的参数前，必须先学会怎样恢复轮廓线的缺省设置，以防被无意间改变了。因为如果这些缺省参数被修改过了，那么可能发现画出来的图形简直让人摸不着头脑。

当输入文本或从文件中读入文本时，很多用户都不喜欢用轮廓线，因为如果轮廓线的宽度设置得太大将无法看清文本。最糟糕的是，如果轮廓线宽度太大而且缺省颜色又是白色的话，那么将看不到所输入的文本。

在缺省情况下，轮廓线颜色被设置为黑色，而且不适用于段落文本和美术字，这些缺省设置应该被保留。

执行以下的步骤可以恢复轮廓线的缺省设置：

(1) 确保没有对象被选中(如果有对象被选中，则应先按一下 Esc 键)，然后单击工具箱中的轮廓工具。当轮廓工具展开栏窗口出现时，单击轮廓笔图标(左边第一个图标)。

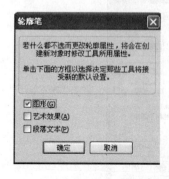

图 6-40　轮廓笔消息框

(2) 当轮廓笔消息框出现时，确保选中"图形"前面的复选框而取消"艺术效果"(美术字)和"段落文本"前面的复选框，如图 6-40 所示。

(3) 单击确定按钮后，将出现轮廓笔对话框，如图 6-37 所示。

(4) 颜色选择黑色，宽度选择发丝(即细线，0.076mm)，单位选择毫米，其他选项如图 6-37 所示。

(5) 单击确定按钮。

这就是所有的操作步骤，现在已经恢复了轮廓线的缺省设置。这时候如果在屏幕上绘制某对象，那么它的轮廓线将是黑色的而且宽度为 0.076mm，而且在输入段落文本和美术字时，是没有轮廓线的。

6.4.3　使用轮廓笔对话框来改变属性

轮廓笔对话框如图 6-38 所示，它包括了所有的轮廓线选项。使用轮廓笔对话框，用户可以在其中设置对象的轮廓线颜色、宽度、样式、边角和线端，也可以应用箭头和编辑书法效果。使用轮廓色对话框可以得到丰富的轮廓颜色，用户还可以自己调配颜色。展开工具栏中的七个轮廓线宽度按钮，可以迅速更改对象的轮廓线宽度，而不必打开轮廓笔对话框。

打开轮廓笔对话框的方法如下：

（1）单击工具箱中轮廓工具，然后单击展开工具栏中的轮廓笔对话框工具按钮即可，如图 6-37 所示。

（2）按 F12 功能键。

6.4.3.1　更改轮廓线颜色

轮廓笔对话框中的颜色选项是用来设定对象轮廓线颜色的，用户只要单击颜色旁边的按钮，就会打开一个调色板，如图 6-41 所示。从中选取任一种颜色，然后单击确定，用户所选的颜色就会作为对象的轮廓色。如果单击调色板下面的"其它"按钮，则可激活轮廓色对话框，从中用户可以自定义色彩，获得更加丰富的颜色。

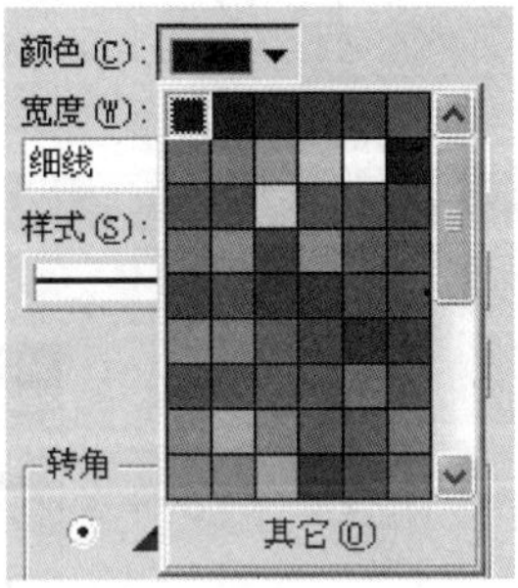

图 6-41　轮廓线颜色设置

6.4.3.2　更改轮廓线宽度

前面已经提到，使用轮廓展开工具栏中的七个按钮可以方便地更改轮廓线宽度，但它们发挥的作用是很有限的。为了得到更丰富的线宽，需要在轮廓笔对话框中进行更改。

轮廓笔对话框中的宽度选项是用来改变对象轮廓线宽度的。用户可以在左边的列表框中选择或输入新的轮廓线宽度，并从右边的列表框中选取不同的轮廓线宽度单位，一般选用毫米为单位。单击确定按钮即可改变轮廓线的宽度。

6.4.3.3　更改线条样式

在 CorelDRAW 中，用户还可以将轮廓线设置为不同的样式，轮廓笔对话框中的样式选项就是用来更改对象轮廓线样式的。在轮廓笔对话框中，还允许用户自定义线条样式，并把它添加到样式列表框中。

图 6-42　线条样式列表框

在轮廓笔对话框中，打开样式列表框，如图 6-42 所示，使用滚动条，从中选择满意的线条样式，单击确定即可。这样就完成了更改选定对象轮廓线样式的操作。

用户不仅可以使用软件自身提供的线条样式，还可以自己编辑所需的线条样式。在计算机地图制图中，这项功能是非常重要的。

自定义线条样式的方法如下：

（1）打开轮廓笔对话框，单击样式列表框下面的"编辑样式"按钮，弹出如图 6-43 所示的"编辑线条样式"对话框。

调节杆左边为编辑区，右边为无效区，通过移动调节杆可以增大或减小可编辑区。在 CorelDRAW 中规定，可编辑区的最左边一个点必须为黑色，最右边一个点必须为白色。

在线条中，黑色表示有线，白色表示虚点，可编辑区内的其他点都是可以通过鼠标单击进行复选。线条的长度和宽度决定黑点和白点的个数，也就是线段间隔。线段间隔公式为：线长/线宽。比如，设置一条线宽为 1mm 的线条，其实线部分为 10mm，虚线部分为 8mm，那么利用线段间隔公式，黑点数 = 10/1 = 10 个，白点 = 8/1 = 8 个，即黑点数为 10，白点数为 8，这样编辑好的线条样式，将来的实际线条都是以此为一个单元，周期性地显示。在编辑的过程中，用户可以通过"编辑线条样式"对话框下面的预览窗口来观察编辑效果。

（2）根据上面的原则编辑线条样式，图 6-44 为编辑好的线条样式。

图 6-43　编辑线条样式对话框

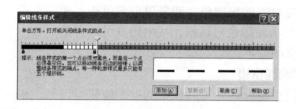

图 6-44　编辑完成的线条样式

（3）单击"添加"按钮，将线条样式添加到列表框底部；单击"替换"按钮，将替换用户在样式列表框中选定的线条样式。

6.4.3.4　设置转角角型和线条端头样式

1. 转角角型

在 CorelDRAW 中，转角选项中，提供了三种角型：

（1）尖角：这是一种默认设置，在一般情况下都使用这种角型，因为许多图形中的角都是这样的。

（2）圆角：如果想使线型在拐弯处更平滑一点，则可以使用这个选项。

（3）斜角：如果想使线型更对称，则可以选用此选项。

2. 线条端头样式

同转角一样，在 CorelDRAW 中，线条端头也提供了三种形状，对齐节点尾端类型、圆角尾端类型和直角尾端类型。三者的区别在于：对齐节点尾端类型，其收尾为直角，并且直角的边与节点对齐；圆角尾端类型其收尾为半圆形，且半圆形直径与节点对齐；直角尾端类型其收尾为直角，并且直角边超过节点，其线段总长与圆角尾端类型相同，大于对齐节点尾端类型。线条端头选项主要是确定线的末端从线段的两个端点往外延伸的程度。

图 6-45 所示的为三个矩形分别使用了三种角型，图 6-46 所示的线段使用了三种端头形状。可以从图中仔细体会三种转角和三种线端形状的差异。

图 6-45　不同的转角形状

图 6-46　不同的线条端头样式

6.4.3.5　应用箭头

在 CorelDRAW 中，用户还可以为其起点和终点增加箭头。在轮廓笔对话框的"箭头"选项中包含两个箭头下拉列表框的按钮，左边的按钮用来选择轮廓线起点的箭头，右边的按钮用来选择轮廓线终点的箭头，如图 6-47 所示为左、右箭头样式列表框。

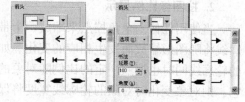

图 6-47　左、右箭头样式列表框

应用时，只需选定线段，打开轮廓笔对话框，在箭头区域中，打开左边的箭头列表，为线段增加起点箭头，打开右边的箭头列表，为线段增加终点箭头，单击确定即可为线段的起点和终点增加上所需的箭头类型，得到如图 6-2 所示的图形。

6.4.3.6　书法选项

轮廓笔对话框中的书法单元提供了一系列用于改变矩形形状和线角度的选项。可以改变的是展开和角度参数框的数值。在这两个参数框的右边是预览窗口，它将根据参数框中输入的参数显示出线的尺寸和角度。如果把光标移进笔尖形状预览框并拖动，这样可以交互地旋转角度和展开的数值。使用交互方法时，需要反复循环，直到感到满意为止。

图 6-48 显示的例子中，线宽设置为 2mm，展开参数为 10%，角度参数是 30°。利用这个设置，绘制的一系列图形如图 6-49 所示。

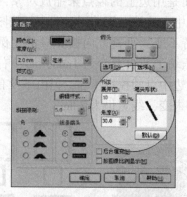

图 6-48　书法笔参数设置

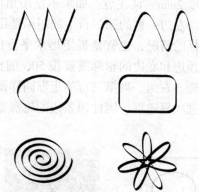

图 6-49　利用书法笔绘制的图形

6.4.3.7　后台填充和按图像比例显示

在轮廓笔对话框的下面，还有两个复选框，可供用户选择：后台填充和按图像比例显示。

1. 后台填充

当起用后台填充复选框时，CorelDRAW 将先绘制对象轮廓，然后再将填充放置在轮廓上面。这样，一半的轮廓将被填充所覆盖，轮廓线越粗，这个选项越有用。如图 6-50 所示，两个图形的轮廓线宽度相同，都填充了白色，不同的是左边的图形没有启动后台填充，右边的图形启用了后台填充，两者之间的不同一眼就可以看出。

133

当要为某种风格化的字体添加轮廓线时，就会用到后台填充选项。如图 6-51 所示的例子就很好地显示了后台填充的效果。选择字体 Edwardian Script ITC，输入大写字母 P。左边图中的字母 P 是没有选中后台填充选项的情况，使用的轮廓宽度为 0.06mm；右边图中的字母 P 是选中了后台填充选项的情况，使用的轮廓线宽度是 0.12mm。从这两个图中可以明显地看出它们之间的不同。在右图中，当使用后台填充选项时，虽然它的轮廓线宽度是左图轮廓线宽度的两倍，但是字母 P 的显示效果仍然要比左图的好。这是因为，右图对象内部的轮廓线被填充所覆盖，从而保证字体能全部显示出来。

2. 按图像比例显示

当使用任何一个角控点来缩放一个带有轮廓线的对象时，按图像比例显示选项将使得轮廓线将随图形缩放而发生相应的变化。如果启用该复选框，则在整个对象发生变化时，对象的轮廓线同时也按照一定的比例随对象的变化而变化，这个功能也是很重要的。如果不启用它，则对象变化时对象的轮廓线宽度将保持不变。当一个大的对象缩小后，它的轮廓线看起来会很粗。这是一个非常重要的特点。当一幅图的比例尺发生改变的话，如果没有按图像比例显示这个功能，变化后的图中仍然使用原来的轮廓线，这时整个图幅将显得很不协调。如果我们将对象一个一个选中来改变它的轮廓线，将是一件非常繁琐的事情。在这种情况下，我们都非常希望在缩小或放大对象时，轮廓线按同样的比例发生变化，这时只要选中按图像比例显示选项，CorelDRAW 将自动完成这件事情，这样事情将变得相当轻松。

如图 6-52 所示的例子中，可以看到用和不用按图像比例显示选项的两种情况。最上面的一行为原始的矩形，轮廓线宽为 2mm。左列第二行的矩形为用角控点压缩（按 50% 缩小）同时选中了按图像比例显示选项复选框的情况，右列第二行在压缩时没有选中按图像比例显示选项复选框。注意左边一列矩形的大小与轮廓线以和原来矩形相同的比例被压缩了，大小缩小了 50%，轮廓线宽度变为 1mm。右边一列的小矩形大小按比例缩小了，但轮廓线仍保持原来的宽度 2mm。请注意：如果不是用角控点而是用边上的控点来缩放对象，那么轮廓线将会变形。左边一列的第三行中的矩形是用顶边中点的控点压缩同时选中了按图像比例显示选项复选框的情况，也就是说矩形水平方向保持不变，垂直方向按 50% 的比例缩小。请注意，它的顶边和底边的轮廓线被按 50% 的比例压缩了，线宽变为 1mm，而左右两边的轮廓线宽度未变。右边一列第三行的矩形同样是用顶边中点的控点压缩，但由于没有选中按图像比例显示选项复选框，因此四条边的轮廓宽度都未变，线宽仍为 2mm。

图 6-50　使用后台填充
前后的对比

图 6-51　应用后台填充的不同效果

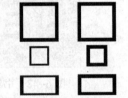

图 6-52　应用按图像比例
显示的不同效果

6.4.4　使用属性栏来改变轮廓线属性

在 CorelDRAW 中，在属性栏上有三个仅适用于直线和曲线对象的轮廓线选项，这三个选项是：箭头、轮廓样式和轮廓宽度，图 6-53 显示了属性栏上的这些选项及它们的下拉列表框。其中轮廓宽度所有的单位是默认的单位（mm）。注意，在选中矩形、椭圆、多边形和文本时，属性栏上将只出现轮廓宽度的选项，另外两个选项将不会出现。由于属性栏上所提供的轮廓线选项非常有限，因此建议还是用轮廓笔对话框来完成自己的工作。

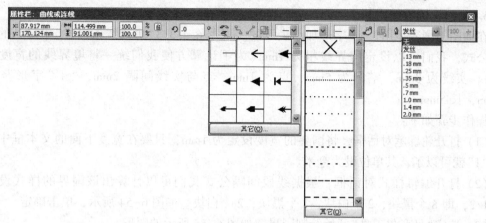

图 6-53　属性栏上的轮廓线设置选项

6.4.5　去除轮廓线

在 CorelDRAW 中，有三种方法去除轮廓线：

（1）单击轮廓展开工具栏窗口中的无轮廓线按钮，如图 6-36 所示。

（2）单击属性栏上的轮廓宽度下拉列表框中的"无"选项，如图 6-38 所示。

（3）利用鼠标右键单击屏幕调色板的第一个按钮，即取消按钮即可（见第 4 章 4.6.1 节内容）。

以上所讲的轮廓线属性的设置，都是计算机制图中要用到的，其他的功能就不一一介绍了。对于轮廓笔属性，像箭头、线条样式和线宽可以直接在属性栏中进行修改，比较便捷。有一些可以在对象属性泊坞窗口中进行修改，用户在实际使用中，可以在选定的对象上单击鼠标右键，从弹出的菜单中选择"属性"命令，打开对象属性泊坞窗口，如图 6-38 所示，在其中修改对象的各项轮廓属性。

总之，有关轮廓线的内容比想象的要多得多。本节最重要的内容是要知道如何恢复轮廓线的缺省设置，掌握了这一点后，在绘图的过程中就不必对每个对象都改变其轮廓线属性了。

6.5　基本线状符号的绘制

在制图中表示的线状符号主要有境界线、交通线、垣栅、河流以及用动线法表示的居民迁移、洋流、物资流动等的路径。下面我们将详细讲解应用 CorelDRAW 绘制线状符号的方法。

6.5.1　境界线的绘制

境界线是地图上最主要也是最重要的地理要素。它包括政区和其他地域界，其中政区界又分为政治区划界线和行政区划界线两种。政治区划界线主要是指国界，它又区分为已定国界和未定国界两种。行政区划界线是指国内各级行政区划范围的境界线，主要包括省界、地市界、县界等。其他境界线是指一些专门的界线，比如自然保护区界线、森林公园界线、军事分界线、停火线等，表示这些界线的绘制与政区界基本相同。

6.5.1.1 国界的绘制

在地图上国界是用"工"字形加点表示的。根据 6.4.3.3"更改线条样式"中提到的线段间隔公式，我们可以设定国界线粗为 1mm（为了计算方便我们统一将境界线的宽度定为 1mm），实线为 8mm，空白为 5mm，点为 1mm，点与实线间隔 2mm，"工"字形竖线粗 0.5mm，长 5mm。

操作步骤如下：

（1）打开轮廓笔对话框，将国界的宽度设定为 1mm，只要在宽度下面的文本框中输入数字"1"就可以了，其单位设为毫米。

（2）打开编辑样式对话框，根据线段间隔公式我们可以计算出该国界的样式设定为 8/2/1/2，即 8 个黑块，2 个白块，1 个黑块，2 个白块。如图 6-54 所示，单击确定。

（3）选定"贝塞尔工具"开始绘制国界，如图 6-55 所示的图形。

图 6-54　国界设定样式　　　　　　　　图 6-55　设定样式后所绘国界

（4）用"贝塞尔工具"绘制 0.5mm 粗，5mm 长的竖线，在轮廓笔对话框中设定其宽度，用"排列｜变换｜大小"命令确定其大小。

（5）用"排列｜对齐和分布"命令将竖线和国界线垂直方向左对齐，水平方向中对齐，然后单击"确定"，就得到如图 6-56 所示的图形。

（6）用"排列｜变换｜位置"命令来"应用到再制"。在水平位置中，首先设定 8mm，应用到再制，得到第二个竖线；选中这两个竖线，在水平位置中，设定为 13mm，一直应用到再制，直到线段的终点；最后，将多余的竖线删除，就得到我们所需要的国界线。如图 6-57 所示。

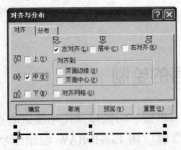

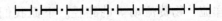

图 6-56　应用对齐命令后得到的图形　　　　图 6-57　最后完成的国界线

在实际绘图中，由于国界线并不都是直线，它更多的时候是曲线，在曲线转弯处，需要旋转竖线，使其与水平线的端头垂直，如图 6-58 所示。

6.5.1.2 省界、地市界、县界、乡镇界和村界的绘制

同国界的绘制方法一样，只不过设定不同。

1. 省界

设定其线粗为 1mm，实线为 8mm，空白为 8mm，点为 1mm，点与点、点与实线间隔 2mm，根据线段间隔公式我们可以计算出省界的样式设定为：8/2/1/2/1/2，即 8 个黑块，2 个白块，1 个黑块，2 个白块，1 个黑块，2 个白块。线条样式及所绘制的省界如图 6-59 所示。

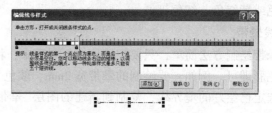

图 6-58　弯曲的国界线　　　　　　　图 6-59　省界的设定及样式

2. 地市界

设定其线粗为 1mm，实线为 8mm，空白为 2 和 5mm，点为 1mm，点与实线间隔 2mm，根据线段间隔公式我们可以计算出地市界的样式设定为：8/2/8/2/1/2，即 8 个黑块，2 个白块，8 个黑块，2 个白块，1 个黑块，2 个白块。线条样式及所绘制的地市界如图 6-60 所示。

3. 县界

设定其线粗为 1mm，实线为 8mm，空白为 5mm，点为 1mm，点与实线间隔 2mm，根据线段间隔公式我们可以计算出县界的样式设定为：8/2/1/2，即 8 个黑块，2 个白块，1 个黑块，2 个白块。线条样式及所绘制的县界如图 6-61 所示。

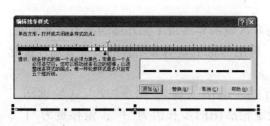

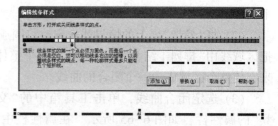

图 6-60　地市界的设定及样式　　　　　图 6-61　县界的设定及样式

4. 乡镇界

设定其线粗为 1mm，实线为 8mm，空白为 4mm，根据线段间隔公式我们可以计算出乡镇界的样式设定为：8/4，即 8 个黑块，4 个白块。线条样式及所绘制的乡镇界如图 6-62 所示。

5. 村界

设定其线粗为 1mm，点 1mm，空白为 2mm，根据线段间隔公式我们可以计算出村界的样式设定为：1/2，即 1 个黑块，2 个白块。线条样式及所绘制的村界如图 6-63 所示。

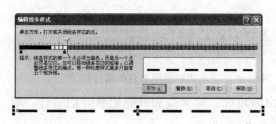

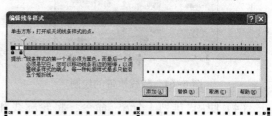

图 6-62　乡镇界的设定及样式　　　　　图 6-63　村界的设定及样式

6.5.1.3 其他境界线的绘制

地图上的境界线符号是用线号不等、结构不同的对称符号或不同颜色的符号表示。为了增强政区范围的明显性，往往将境界符号配以一定的宽度晕带，其用色和宽度依据地图内容、用途、幅面和区域而定。晕带有绘于行政区界外侧、内侧和骑线三种形式。晕带的用色一般为紫色或紫红色、红色等。

1. 骑线晕带

这种晕带绘制方法简单，只要把境界线复制下来，将轮廓线的宽度变宽，轮廓颜色设定为所需的色彩即可。例如，要绘制的晕带宽 2mm，颜色为 C15M20。操作步骤如下：

（1）选定已绘好的境界线，复制到新建的图层"晕带"上，"晕带"层必须在境界线层的下面。

（2）将"晕带"层上的境界线选定，打开轮廓笔对话框，将其轮廓色设定为 C15M20，宽度改为 2mm，线条样式改为实线。

（3）单击"确定"，就完成了骑线晕带的绘制。如图 6-64 所示。

2. 外侧和内侧晕带

这两种晕带绘制方法是一样的，只不过一个是向外侧偏移，另一个是向内侧偏移。同样需要把境界线复制下来，然后应用"交互式轮廓图工具"，将轮廓线向外或向内偏移，将所得到轮廓图填充颜色即可。我们以山西省左权县的晕带绘制为例，说明外侧和内侧晕带的绘制方法。操作步骤如下：

（1）选定已绘好的境界线，复制到新建的图层"晕带"上，"晕带"层必须在境界线层的下面。

（2）将"晕带"层上的境界线选定，将围成行政区域的界线留下，外部的线条全部删除。把区域线用"排列｜结合"命令组合成一个整体，再用形状工具将未闭合的节点分别连接起来，使整个区域成为一个闭合的曲线。

（3）选定闭合曲线，单击工具箱中的"交互式轮廓图工具"，出现"交互式轮廓图工具"的属性栏，如图 6-65 所示。在属性栏中设定轮廓图的步长值为"1"，偏移量为"1"。选择"向内"或"向外"偏移的方式。向内或向外拉动鼠标指针，会得到图 6-66 所示的图形。

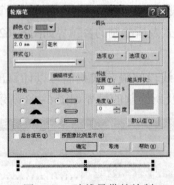

图 6-64　骑线晕带的绘制

图 6-65　交互式轮廓图工具的属性栏

（4）使用"排列｜分离"命令，将轮廓线和内侧轮廓，轮廓线和外侧轮廓分别结合，填充所需颜色就得到绘制好的内、外侧晕带。如图 6-67 所示。

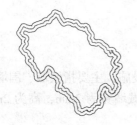

图 6-66 应用轮廓图命令后的图形　　　图 6-67 绘制完成的图形

6.5.2 交通线的绘制

交通线是各种交通运输线路的总称。它包括陆路交通、水路交通和航空交通。陆路交通包括铁路、公路和其他道路三类；水路交通主要区分为内河航运和海洋航运两种；航空交通在地图上主要是通过航空港来体现的。这里。我们只讲陆路交通线的绘制。

6.5.2.1 铁路的绘制

铁路一般都用传统的黑白相间的"花线"符号表示，其他的一些技术指标，如单线、复线用辅助线来区分，标准轨和窄轨以符号的宽窄、花线节长短来区分，已成和未成的用不同符号来区分。

在 CorelDRAW 中，铁路的绘制是比较简单的。例如，要绘制一条宽度为 1mm、边线为 0.1mm、白节为 4mm 长的铁路线，其操作步骤如下：

（1）打开轮廓笔对话框，设定铁路线的宽度是 1mm，其他属性均为默认；选定"贝塞尔工具"，绘制铁路线。

（2）将绘制好的铁路线复制一条，打开轮廓笔对话框，将其轮廓色改为白色，宽度改为 0.8mm，线条样式编辑为 5/5，即 5 个黑块、5 个白块。

（3）将白线放在黑线上面，就完成了我们所要的铁路线。如图 6-68 所示。

6.5.2.2 公路及其他道路的绘制

公路包括高速公路、国道、省道和县道；其他道路包括大车路、乡村路和步行路。

在 CorelDRAW 中，公路和其他道路的绘制也是比较简单的。例如，要绘制一条宽度为 2mm、边线为 0.2mm 的高速路，其操作步骤如下：

（1）打开轮廓笔对话框，设定高速路线的宽度是 2mm，颜色设定为 Y100，其他属性均为默认；选定"贝塞尔工具"，绘制高速路。

（2）将绘制好的高速路复制一条，打开轮廓笔对话框，将其轮廓色改为 M100Y100，宽度改为 1.6mm。

（3）再复制一条，打开轮廓笔对话框，将其轮廓色改为白色，宽度改为 0.3mm。

（4）将三条线由细到粗，自上而下叠加在一起，就得到我们所要的高速公路。如图 6-69 所示。

　　图 6-68 绘制好的铁路线　　　　　　图 6-69 绘制好的高速公路

同理，可绘制其他道路，只不过它们比高速公路要简单一些。国道和省道需要两条线路叠加，二者以线条的宽度和轮廓线颜色来区分等级。县道和大车路用不同宽度和颜色实线表示，乡村路用虚线来表示，步行路用点线来表示。图 6-70 就是高速公路以下的道路在地图上的表示。

6.5.3 其他线状符号的绘制

6.5.3.1 垣栅要素的绘制

垣栅是居民地、工矿建筑物或地物范围的附属设施，主要指城墙、围墙、栅栏、铁丝网和堤坝等。以城墙的绘制为例加以说明，要绘制的城墙宽为 2mm，高为 2mm，其操作步骤如下：

（1）选定"贝塞尔工具"，沿底图上的城墙绘制一条曲线，将其宽度设定为 2mm，线条样式设定为 1/1，即 1 个黑块、1 个白块。

（2）选定"贝塞尔工具"，沿粗线的边线绘制折线，该折线的宽度定义为 0.12mm。

（3）选定粗线，将其删除，就得到所要的城墙符号。如图 6-71 所示。

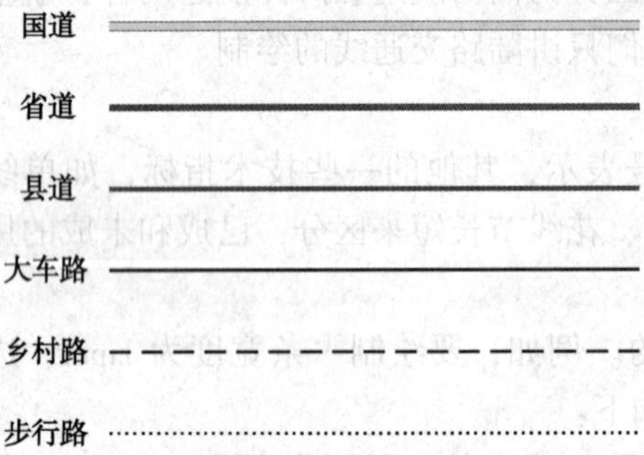

国道	—————————————
省道	—————————————
县道	—————————————
大车路	—————————————
乡村路	– – – – – – – – – –
步行路	··········

图 6-70　绘制好其他道路 　　　　　　　图 6-71　城墙符号

这种方法的优点在于，即使在转弯的地方，所绘制的城墙符号依然是平滑的。

6.5.3.2 堤坝的绘制

如果要绘制一条线条宽度为 0.5mm，水平间隔 2mm，竖线为 3mm 长，竖线间隔为 3mm 的堤坝，其绘制的步骤如下：

（1）选定"贝塞尔工具"绘制一条水平线，将其宽度设定为 0.5mm，其他为默认值。

（2）用"排列｜变换｜位置"命令，垂直位置"-2mm"，应用到再制。

（3）绘制一条 3mm 长的竖线，用"排列｜对齐和分布"命令，使其与上面的水平线垂直方向左对齐，水平方向下对齐。

（4）选定竖线，应用"排列｜变换｜位置"命令，水平位置"3mm"，应用到再制，一直到线段的终点。

（5）选定所有的竖线，将其全部复制，用"排列｜对齐和分布"命令，使其与下面的水平线水平方向上对齐。这样就完成了堤坝的绘制。如图 6-72 所示。

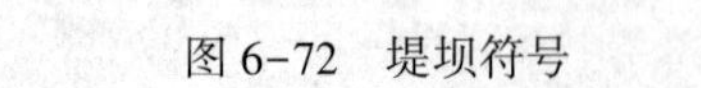

图 6-72　堤坝符号

6.5.3.3 台阶路的绘制

山间弯曲的台阶的绘制，需要用到另外一种方法。具体步骤如下：

（1）选中贝塞尔工具，绘制曲线。

（2）选中文本工具，选择"Arial"字体，字号为 12，输入小写的英文字母"1"，个数接近于曲线的长度。

（3）选中文本和曲线，选择"文本｜使文本适合路径"命令，文本将自动沿曲线路径排列，出现曲线上的文本属性栏，如图 6-73 所示。

图 6-73　曲线/对象上的文字属性栏

（4）在属性栏中设置文本的方向、与路径的距离、水平偏移等参数，会得到如图 6-74 所示的图形。

6.5.3.4　河流的绘制

河流的绘制主要采用"贝塞尔工具"跟踪绘制，但河流从上游到下游，具有由细到粗的渐变性，而 CorelDRAW 中没有一次性完成渐变的工具，所以要使用形状工具将其断开，根据河流上、中、下游的长度，

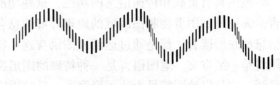

图 6-74　绘制完成的图形

上游最短，中游最长，下游居中，切断线条时要遵循这个规律，并根据主支流的长度，干流的宽度要大于支流的宽度。线条的宽度依次从 0.12mm，0.14mm，0.16mm，0.18mm……0.4mm，0.4mm 以上就要用双线河表示了。

6.5.3.5　动线的绘制

动线的绘制除了应用轮廓笔对话框中的各种箭头符号来表示外，还可以应用工具箱中的箭头符号工具，对其进行改造，使动线符号更加美观。具体绘制步骤如下：

（1）单击工具箱中的"完美形状展开"工具栏，如图 6-75 所示。

（2）选中箭头工具，选择其中一种箭头形状，如图 6-76 所示；在页面上按下鼠标左键并拖动，就得到如图 6-77 所示的图形。

（3）选定图形，应用"排列｜转换成曲线"命令，将图形转换成曲线。

（4）选定形状工具，对图形的节点进行移动，使箭头变得更加美观。如图 6-78 所示。

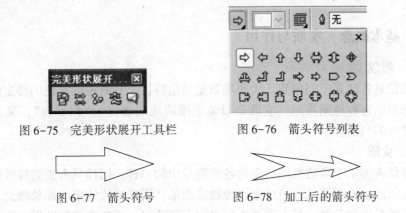

图 6-75　完美形状展开工具栏　　　图 6-76　箭头符号列表

图 6-77　箭头符号　　　图 6-78　加工后的箭头符号

第7章 制图符号设计的原则

地图具有负载和传递信息的功能，这些功能的发挥靠的就是一种特殊的语言——地图语言。无论是制图者将制图区域的地理环境信息存贮到图纸上，还是图纸上所载负的地理环境信息反映给读者，都是通过运用地图语言这一特殊形式的信息交流工具得以实现的，否则地图将是一纸空文。地图语言是一种特殊的图形视觉语言。地图不同于航空、卫星影像以及风景画，它是以地图符号表达图形要素，反映周围世界的现象和过程及其位置、质量与数量特征、结构与动态演变等。地图语言是由图形符号系统(图解语言)和注记系统(文字语言)这两部分组成的；二者有机结合，相辅相成，互相依存，缺一不可。

地图语言，同样也有"写"和"读"的功能。"写"就是制图者运用一定的符号和注记把制图对象表示在地图上，"读"就是读图者通过对符号和注记的识读，认识制图对象。地图语言中的图解语言具有形象直观、一目了然的特点，既可显示制图对象的空间结构特征，表示各事物和现象的空间位置和相互关系、质量和数量特征，又能显示空间和时间上的变化，表示各事物和现象的发生、发展和变化动态；文字语言具有简捷精练、蕴蓄丰厚等特点，虽多用单字、词组，极少语句，但所表达的语义准确、信息丰富。

专题地图除应用普通地图的部分符号外，还设计了种类较多的专门符号与特殊符号的表示方法；特别是应用计算机制图，可以编制出图形新颖的专题地图。

7.1 地图符号

7.1.1 基本概念、实质与作用

7.1.1.1 概念

表示地图信息各要素空间位置、大小和数量质量特征，具有不同颜色的特定的点、线和几何图形等图解语言称地图符号。它既是每幅地图的地图语言的"词汇表"，又是读图时打开地图信息宝库的"钥匙"。

7.1.1.2 实质

地图符号是人类用于表达思维活动的各种符号中的一种，同样具有别的符号所有的基本属性——约定俗成。地图符号本身也是一种物质现象，用来指代约定的抽象概念。

地图符号的形成和发展，是人类对地理事物不断认识、不断实践的结果。原始地图并无现代地图符号的概念，更谈不上符号系统。古代地图多用写景法，绘出的地图犹如山水画，实地见什么就画什么，画得愈像愈好。鉴于科学技术水平的限制，那时的地图不是实测的，因而也就不可能有地图的精确性和使用地图符号的必要与可能。随着生产的发展和人类对生存环境认识的不断深入，要在地图上表示的地理事物越来越多，面对这繁多的制图对象，形象的画法逐渐显得无能为力了。数学和测量学的发展，促使地图的表示方法从写景向具有一定数学基础的水平投影的符号方向发展，测量的成果要求地图必须精确地表示距离、方向和面积，因而要求地图用按正射投影绘成的平面图形符号或透视图形符号取代写景法，以使地

图符号所表达的地理事物能够精确定位。后来，人们为了便于识别和使用，逐步采取以一种共同的符号表示同类事物的做法来处理面对的种类繁多、外形不一的地理事物，从而出现了反映地理事物的个体符号向分类分级方向发展，即用抽象的具有共性的符号来表示某一类（级）地理事物，例如用双层桥、车行桥、人行桥三种符号表示用不同材料建成的不同形式、不同规模、不同功能的各种各样的桥梁；这样使地图符号具有一定的概括性、综合性和概念化，并由古代地图上单个符号逐步形成现代地图符号的分类分级的符号系统，从而使地图的数量逐渐减少。这种概念化的地图符号，既解决了要表示复杂繁多地理事物的困难，又科学地反映出地理事物的群体特征和本质规律。通过对地理事物的归纳、分类分级而制定的抽象的概念化的地理符号，实质上就是对地理事物进行了一次制图综合，而且是一次很重要的制图综合，这在编制专题地图时表现得更为明显。

鉴于地图符号约定俗成的基本属性，任何地图符号的形成都经历了一种约定和俗成的过程，因而得到社会的承认和共同遵守，并在某种程度上具有"法定"的效力，尤其是以综合表示地面各种地理要素为内容的普通地图，所使用的地图符号经过长期实践的检验，已由约定达到了俗成的程度，为社会各界广大读者所熟悉和承认。例如，居民地用概略平面图形、小黑块或圆圈形符号，河流与道路用相应的线状符号，林地用绿色、水域用蓝色表示等等。

7.1.1.3 作用

地图符号是直观形象地表示地理事物的重要形式，它决定地图是否易于阅读和读者能够理解的程度。其具体作用主要表现为以下四个方面：

（1）地图符号能保证所表示的地理事物的空间位置具有较高的几何精度，并提供了可测量性。

（2）地图符号便于对地理事物进行不同程度的抽象、概括和简化，以满足各方面的需要，即使地图比例尺缩小了也能反映制图区域的基本面貌，保持图面清晰易读。

（3）地图符号可以赋予地图极大的表现力，使地图既能表示居民地和道路分布等具体的事物，又能表示宗教信仰和文化程度区域差异等抽象的事物；既能表示山脉、河流等这类现实存在的事物，也能表示区域开发宏伟前景的预期的事物和古河道、古矿井等历史上存在过的事物；既能表示海岸特征等事物的外形，又能表示矿化度或污染物等内部性质；既能表示宏观，又能表示微观等。

（4）地图符号可提高地图的应用效果，通过地图符号可以在平面上建立地理事物的空间模型，以再现或塑造此时此地无法观测的地理现象，以供量算和比较，进行各种分析和研究。

7.1.2 构成要素

地图符号种类很多，但任何一种地图符号都具有图形、尺寸和颜色这三个要素，这三个要素的变化和不同的匹配可以产生千姿百态的各种各样的地图符号，因而将图形、尺寸和颜色称为构成地图符号的三个基本要素。

7.1.2.1 符号的图形

地图符号的图形是用以反映地理要素的外形和特征的，一般应具有象征性、艺术性和一定的表现力，要既便于区分，又便于阅读和记忆。现代地图的符号以正射（俯视）投影的平面图形为主，以透视（正视或侧视）图形和几何图形为辅。一般在地面上占有较大面积的地物，如居民地、水域或林地等，犹如从空中垂直俯视一样，按其正射投影水平轮廓线绘出它们的平面图形；而像水塔、庙宇、碑碣、古塔等在地面上较为突出的地物，是良好的地面方位目标，则采用正面或侧面透视图形表示；对形体很小却又很重要的地物，如三角点、水准点等测量标志是测图、制图和用图时作为平面和高程控制的基础，点位精度要求高，以会意方式设计几何图形表示，并明确其中心点位。

7.1.2.2 符号的尺寸

地图符号的尺寸，即符号的大小，用以反映制图对象的数量特征及其对比关系，显示地物占有空间的大小和地图上的重要性。符号尺寸的大小与地图内容、用途、比例尺、目视分辨率、绘图及印刷条件有一定的关系。大面积的地物用轮廓图形表示，重要的地物以大的符号和较粗的线划描绘，以便主次分明。教学挂图用的符号较大些；桌上用的科学参考图，因其内容多，近距离阅读，符号较小些。比例尺大，图上单位面积里内容相对较少，符号可以较大些；比例尺小，符号尺寸就要小些，但是地图符号的尺寸不能随地图比例尺的缩小而无止境地缩小下去，到了线划对视觉的分辨率和对印刷能力的限度时，就不能再缩小了。

符号尺寸的变化不适用于面状符号，因为面状符号的范围是由轮廓线的位置决定的，只有严格符号比例尺关系，地物的大小才能得到正确的反映。

地图符号的图形与尺寸关系密切，常以符号的图形区别事物的类别，以尺寸区别事物的等级。鉴于在符号较小时，图形的变化比尺寸的变化产生的区别效果更加明显，当要将图上众多的同一要素的符号区分出不同状况时，宜采取以图形变化为主、以尺寸变化为辅的方式进行处理。

7.1.2.3 符号的颜色

颜色应用于地图的突出优点表现为：

（1）增强地图各要素分类分级的概念，提高地图的科学性和表达力。如水系要素要用蓝色、森林用绿色、地貌用棕色、常年积雪用白色，既近似统一的自然地理环境色，又可明显区别各要素的分布特征；利用颜色的特点，还可以显示地面事物或现象的数量和质量的变化，如用不同的色相代表质的差别：淡水湖用蓝色、咸水湖用紫色、洋流中的暖流用红色、寒流用蓝色；用同一色相的不同亮度和饱和度表示量的等级，如分层设色地势图上不同色层代表不同的高程带。

（2）简化了符号图形。在单色图上，地图符号种类繁多，主要以其形状及大小的变化来区别，如低级道路、等高线、水涯线要用不同的图形和不同粗细的线划才能区别，而应用颜色，则可以一种实线绘出，分别将其轮廓染成黑、棕、蓝三色加以区分，既减少了线划尺寸与图形上的差别，又可以缩减符号的总量。

（3）提高了地图的视觉效果。在内容复杂的图上，运用颜色深浅的"多层平面"效果，可以突出地图的主要内容，使之不受次要内容的干扰。例如，在地势图上，主要河流用深蓝色，次要河流用浅蓝色，这样就能提高地图的层次效果，使地图清晰易读，并可以增加地图的容量，丰富地图的内容。

7.1.3 分类

依据制图对象的种类及其特点，相应地设计了若干种地图符号，构成完整的地图符号体系。为了准确地应用各种地图符号，有必要从不同角度拟取一些指标，对其进行相应的分类，以便深入地揭示各种符号的特点，供制图与读图时参考。

7.1.3.1 按图形特征分类

1. 正形符号

正形符号以正射投影为基础，符号图形与地物平面形状一致或相似，并保持一定的比例关系。一般用于表示较大的物体，如大比例尺地图中的森林、湖泊、街区等。

2. 侧形符号

侧形符号以透视投影为基础，符号图形与地物的侧面或正面形状一致或相似。一般用于表示较小的独立地物，如水塔、独立树等。

3. 象征符号

象征符号是象征地物特征或现象含义的会形、会意性符号，如风车、矿井和气象站，分别象征各自的风叶、风镐和风向标。

7.1.3.2 按比例关系分类

1. 依比例符号

即能保持地面地物平面轮廓形状的符号，又称真形或轮廓符号。一般用于表示在实地占有相当大面积，按比例尺缩小后仍能清晰地显示真形轮廓形状的地物；缩小程度和成图比例尺一致，具有相似性和准确性；用轮廓线（实线、点线或虚线）表示真实位置和形状，在轮廓线内填绘其他符号、注记或颜色，以表明该地物的质量和数量特征，如大比例尺图上的街区、湖泊、沼泽地、草地等。

2. 不依比例符号

即不能保持地物平面轮廓形状的符号，又称点状符号、独立符号或记号性符号。一般用于表示在实地占有很小面积且独立的重要事物，当按比例尺缩小后仅为一个小点子，无法显示其平面轮廓；通常用一定图形与尺寸的符号夸大表示。这种符号仅显示地物的位置和类别，不能量测其实际大小，如三角点、水井、独立树等。

3. 半依比例符号

即只能保持地物平面轮廓的长度，不能保持其宽度的符号，如线状符号。一般用于表示在实地狭长分布的线状地物，如道路、堤、城墙、铁路、单线河等，按比例缩小后其长度仍能依比例表示，而宽度不能依比例，只能夸大表示。例如，单线铁路，标准轨宽只有1.435m，连路基也不过5~6m，在1：50000图上，只有0.1~0.12mm，难以依比例描绘成黑白节的双线，只好将其放宽到0.6mm。这种符号只供图上量测其位置与长度，不能量测宽度。

同一要素因地图比例尺不同，可有不同的表示方式。例如，同样是居民地，面积较大或地图比例尺较大时，可以用依比例符号表示；面积较小或地图比例尺较小时，则用不依比例或半依比例符号表示；也可能这三种符号同时并存，如在一个大型的居民地里，街区、狭长街区和独立房屋分别用依比例、半依比例和不依比例的符号表示。随着地图比例尺的缩小，这种关系将发生变化，即依比例符号逐渐转化为不依比例符号。

7.1.3.3 按定位情况分类

1. 定位符号

即在地图上有确定的位置，一般不能任意移动的符号。地图上大部分符号属于定位符号。河流、居民地、道路、境界、地类界等，它们都可以根据符号的位置确定出相应物体的实地位置。

2. 非定位符号

即不是精确定位的，而只表明某范围内地理要素质量特征的一类符号。例如，森林、果园、竹林等符号，它们在图上的配置，有整列、散列两种形式，但都没有精确的定位意义。

7.1.3.4 按空间分布特征分类

1. 点状符号

地物的分布面积不大，不能按比例表示，仅能表明其分布点位的符号，如三角点、工矿企业等，多为几何符号、文字符号和象形符号。

2. 线状符号

呈线状或带状延伸的地物，如河流、岸线、道路、境界线和航线等，在地图上用线状符号表示。这类符号的长度与地图比例尺发生关系，因此类似于半依比例符号。

3. 面状符号

占有相当面积，具有一定的轮廓范围的地物，如水域、动植物与矿藏资源的分布范围，用面状符号表示。这类符号所处的范围与地图比例尺发生关系，因此类似于依比例符号。在轮廓内填绘符号和注记，以示其数量和质量特征。

无论是点状符号、线状符号还是面状符号，都可以用不同的形状、不同的尺寸、不同的方向、不同的亮度、不同的密度以及不同的色彩等图形变化来区分各种不同事物的分布、质量和数量特征，使地图符号的表现力得到极大的扩展。

在专题地图上，为表达各种专题现象，反映其相互联系与相互制约的关系，专门设计表示专题现象的点、线、面符号系统，并派生出十余种表示方法，均与普通地图中的点状、线状和面状符号有一定的关系。

7.1.4 定位

地图符号有依比例、不依比例和半依比例之分，除依比例符号能反映地物的真实形状和位置外，其余都是规格化了的符号，它们反映地物位置是通过规定它们的"主点"或"主线"即定位点或定位线与相应地物正射投影后的"点位"或"线位"即实地中心位置相重合而实现的。因此在设计地图符号时，须根据地物的特点规定各个符号的主点(线)部位，制图与用图者均应通晓各个符号的主点(线)，严格按照主点(线)配置地图符号或量测地物的坐标、方向和距离。

7.1.4.1 依比例符号的定位

绘制依比例符号只要将表示地物的轮廓线或线状符号的每个转折处都与实际位置和方向基本一致，则其轮廓图形就是地物的实地位置。

7.1.4.2 不依比例符号的定位

1. 带点符号

以其点作定位点，如三角点、埋石点、窑洞、山洞、牌坊、井、城楼、亭等。

2. 几何图形符号

以其几何中心作定位点，如独立房、油库、小居住区、饲养场、贮水池、土坑、土堆、水车、发电厂等。

3. 宽底符号

以其底边的中心点做定位点，如古塔、碑、庙、独立石、水塔、孤峰、蒙古包、独立大坟、独立树丛等。

4. 底部呈直角符号

以其直角顶点作定位点，如独立树、路标、信号灯、气象台等。

5. 组合图形符号

以其主体部分的中心作定位点，如塔形建筑、泉、无线电杆、变电所、峰丛等。

6. 其他图案符号

以其中心作定位点，如桥、溶斗、矿井、水闸、拦水坝、滚水坝等。

7.1.4.3 半依比例符号的定位

因线状符号的图形不尽相同，所以定位线的确定就不完全一样，一般的原则是线状符号的中心线即是定位线，但也有例外。

1. 成轴对称的线状符号

以其中心线作定位线，如铁路、公路、岸垄、高出地面的渠等。

2. 非轴对称的线状符号

以其底边或边缘线作定位线，如城墙、土城墙、陡岸、陡崖等。

7.1.5 定向

地图符号定向主要是针对属记号性的不依比例符号而言的。其定向原则有依纬线定向、依真方向定向、依光照定向和依风向定向四种。

7.1.5.1 依纬线定向

凡是透视图形符号，如烟囱、古塔、庙宇等，都以符号顶端朝向正北即垂直于纬线或南北内图廓线方向定向，使符号在图面上保持直立状态。

7.1.5.2 依真方向定向

凡是矩形或近似矩形图形的符号，均以符号方向与实地地物的真实方向一致定向，即符号方向随地物方向而变化。如独立房屋、窑洞、山洞、里程碑、泉、饲养场等，城门与城门虽也依真方向定向，但要求符号顶部向城外。

7.1.5.3 依光照方向定向

适用于依光线法则构图的符号，如陡石山和溶斗符号均以光源在西北方向45°角射入，它们的受光处亮背光处暗而设计的。陡石山和溶斗分别为正向和负向地貌，它们的受光处分别为西北坡和东南坡，分别以细而稀的线条和虚点线表示。配置这种符号要使明亮部位于受光坡方向上。

7.1.5.4 依风向定向

对风成或受风影响的地物地貌，如波状沙丘、多垄沙地、窝状沙地、残丘地等，它们的符号要顺风向延伸。在地形图上此类符号的方向是判断所在地区主要风向的良好标志。

7.2 符号设计的视觉变量

7.2.1 基本概念

地图中的符号是地图语言中最重要的部分。众多类型和形式的图像符号，是各种基本图像元素变化组合的结果。这些能引起视觉差别的最基本的图形和色彩变化因素叫作视觉"变量"或"基本图形变量"。

法国学者 J·伯庭抽象出六个基本的因素：形状、尺寸、方向、明度、密度和颜色。我国地图界的学者认为，从制图的实用角度看，还应该包括结构和网纹变量。

7.2.1.1 形状

形状指由有区别的外形所提供的图形特征，是视觉上能区别开来的几何图形的单元。对点状符号而言，形状就是符号的外形，可以是有规则的图形（几何图形），也可以是不规则的图形（如艺术符号）。在同等面积的符号中形状变异的多样化，给地图设计带来丰富的形式。对线状符号和面状符号而言，形状则是指构成线和面的那些像元的形状，而不是线和面的外部轮廓，但通过这些像元形成了不同的线状符号和面状图纹、图案。形状变量是符号在视觉上最重要的差别。

7.2.1.2 尺寸

尺寸是组成不同形状的符号在量度上的变量，指符号在大小——直径、宽度、高度、面积，甚至在体积上的变化。对点状符号而言，尺寸是指符号整体的大小，包括符号的直径，或宽度、高度和面积的大小。对线状符号而言，尺寸指线条的宽度。对面状符号而言，尺寸则指构成其符号的像元大小，像元大小的变化引起的是整个面状图纹纹理的变化，而不是面状范围的变化。

7.2.1.3 方向

方向指点状符号、线状符号和面状符号的构成元素的方向。所谓方向变化是对图幅的坐标系统而言，在整幅图中，必须和地理坐标的经线或直角坐标的纵轴成同一的交角才不致混淆。方向符号受图形特点的限制较大，有的几何符号有方向的区别，而圆形符号、正方形符号则无方向之分。

7.2.1.4 明度

明度指图形色调的相对明暗程度，它能引起人视觉上的差别。明度差别不仅仅限于消色（白、灰、黑），在彩色图形中同样适用。

7.2.1.5 密度

密度是指在保持符号平均明度不变的情况下，改变像素的尺寸和数量。它可以通过放大或缩小内部图形的方式体现。

7.2.1.6 结构

结构变量是指符号内部像素组织方式的变化。与密度不同的是，结构变量是符号内部像素的结构组合或排列方式的不同，它反映出符号在视觉上的较大差异，因而被列入基本视觉变量之中。

在点状符号中能够产生改变形状、间断形状、附加形状、组合形状、改变方向的视觉效果。

148

线状符号形状的连续变化，可以产生实线和间断线。也可以用叠加、组合和定向构成一个相互联系的线状符号系列。线状符号的变化也不限于一种变量，尺寸变量也能使线状符号产生变异。

面状符号的结构中，网纹变量起很大作用，在一定意义上说，网纹变量是形状变量的集合。计算机制图时，重复排列的网纹容易形成，并存储在符号库中供快速调用。

从构形而言，视觉变量产生的符号可以区分为规则的（对称的）和不规则的（非对称的）图形。象形符号也是一种不规则符号，很难以某种变量说明它。

7.2.1.7　颜色

颜色是最活跃的一种视觉变量。色彩变量主要指色相变化，色相变化可以形成鲜明的差异。普通地图中的点、线、面、符号和绝大多数专题地图中的点、线、面符号，都单独地或组合地应用颜色变量。

7.2.1.8　网纹

网纹指在一个符号或面积内部对线条或图形记号的重复交替使用。网纹有许多种，可归纳为线划网纹、点状网纹和混合网纹。就网纹的组合来说，主要表现在方向、纹理和排列上，并且以整体特征被感受。

网纹的方向变量是与图廓或读者视平面相交的方向线，在面状符号中，网纹线的宽度和间距是一定的，其方向多为水平线、对角线或垂直线，任意角度的方向线会使面状符号之间产生混淆，而且会造成图形不稳定的视觉刺激。所以，选择网纹的线宽和间距要做较多的试验，才能使图形形成良好的感受效果。

7.2.2　感受效果

地图符号在图面上的种种排列和组合能引起视觉上的不同感受，从而产生整体感、差异感和立体感等不同效果。

7.2.2.1　整体感

整体感，即观察由表达不同地理要素的符号所组成的图面时，呈现出一个整体的景象。这主要是因各种符号相互组合和渲染，形成在视觉上的相近似与密切的联系，其结果使图面各部分之间差别不明显。构成地图符号的图形和颜色是产生整体感的主要因素。

7.2.2.2　差异感

差异感，是指由符号的不同构成要素相互衬托而在符号之间产生明显的区别。差异感表现为以下三种：

1. 质量差异

质量差异是指读图时能从符号获得地物不同类别或性质的概念。利用各个符号形状、颜色间的较大差别，可建立地物间质量的差异感。

2. 数量差异

数量差异是指从符号上直接获得地物的具体数量的观念。符号的尺寸是产生数量差异感的主要因素，色调的变化亦可产生数量差异感。

3. 等级差异

等级差异是指从观察符号获得地物间数量差异及主次关系的概念。符号的尺寸和色调是构成等级差异感的主要因素。如居民地符号的大小、注记的大小、分层设色的深浅均能产生明显的等级差异感。

7.2.2.3 立体感

立体感，是指在平面地图上获得立体效果，主要是利用透视方法，通过改变符号的尺寸、颜色的亮度、光线等实现的。例如晕渲法利用光影，模拟地面受光的强弱，用浓淡不同的色调渲染，以显示地形起伏而产生立体感。利用立体感的方法与效果可建立动态感。

7.3 专题地图的符号设计

7.3.1 符号设计涉及的因素

地图符号设计的必要条件是必须规定符号构形的阈值。这里有两层含义：一层是符号作为整体的最小尺寸，也就是最小的可见度；另一层是符号内部在构形上的差异度，即符号的可分辨性。同时，符号设计时还要受到地图用途、比例尺、生产条件、地图内容以及制图技术方面的制约。

7.3.1.1 符号构形的知觉阈值

视觉变量使人们可以设计出极其多样的符号，要使这些符号在地图上能被清晰地读出，就要求视觉变量的变动范围有一定的限度，这里最主要的问题是符号及其构成部分的尺寸大小。为了能够准确而不致发生混淆，必须使符号及其构成部分的尺寸大于阈值。图形阈值的大小还与符号及所处的背景颜色、明度有关。不同结构及结构对不同的背景底色有着不同的阈值。

7.3.1.2 符号设计的制约因素

1. 地图内容

地图中表示哪些内容，是符号设计的基本出发点。地图内容决定了符号设计的方向。

2. 地图比例尺

同样的内容在不同的比例尺条件下会在面积、形体上产生非常大的差异，所以在地图内容确定以后，只有规定了表达的比例尺，才能界定所表达的内容中哪些可用点状符号形式表示，哪些用线状符号形式表示，哪些用面状符号形式表示。所以地图比例尺决定了符号的形式。

3. 地图用途

在一定比例尺条件下，空间分布特征表现为点状、线状和面状分布的物体或现象可以有不同的表示方法。地图的用途决定了是表现地图内容的质量特征还是数量特征，决定了质量特征分类、分级的层次要求，决定了地图内容数量表达是等级的还是数量的，决定了内容表达的精确程度，由此而涉及形象、结构及颜色方面特征的表现。

4. 所需的感受水平

地图一般都需要几个特定的感受水平。地图中的各项内容往往由内容主次及图面结构要求确定。凡主题内容，需要有较强的感受效果。依内容主次的不同，需不同的感受水平。

5. 视觉变量

不同的视觉变量有不同的感受效果，因此，视觉变量的选择及组合会直接关系到符号的形象特点。

6. 视力及视觉感受规律

人眼在阅读地图各符号时，对符号的可见度和可分辨性限定了一些最小的阈值，这些可作为符号大小、线划粗细、疏密及图形结构设计的参考。但这些都只是在较好的阅读环境下的最小尺寸，实际上还应该根据阅读距离、读者特点、环境等方面作必要的调整。

7. 技术和成本因素

计算机辅助制图的实现，使得再小的符号及其不同的图形结构都可以绘制出来，但是最终还必须能通过印刷得以实现，因此符号的设计必须考虑印刷技术水平。另外，印刷成本也应考虑到单色印刷成本低，符号的可读性和可分辨性在同等条件下要差，多色印刷则不一样。符号设计应尽量利用现有条件以降低成本。

8. 传统习惯与标准

专题地图中绝大部分的地图内容表达尚无标准化的规定，使地图符号设计有很大的自由空间，但仍应遵循制图的一般规律和传统习惯。一些已较成熟的、约定俗成的符号可继续使用；在用色上，暖色表示温暖、干燥、前进、增长，冷色表示寒冷、湿润、后退、减少。这些规律可应用到相应的自然地理图和人文经济图的符号、颜色设计中。

7.3.2 设计的原则

科学地拟定各种符号的图形、尺寸和颜色，对提高地图质量至关重要，这决定着地图负载信息量的大小和信息传递的效果。

各类地图常采用不同的符号系统，这与地图的主题、内容、比例尺和用途有关。例如大比例尺地形图、小比例尺普通地图以及专题地图，它们的符号系统均不尽相同。但是，不管哪类符号系统，设计符号时均须遵守下列原则。

7.3.2.1 适应地图主题与用途

每种地图都是根据特定的用途确定的主题而编制的，设计地图符号必须以地图的主题与用途为依据，科学地利用地图符号构成三要素的变化，突出表示与地图主题有关的地物，最大限度地满足用途的需要。通常对反映地图主题的符号应采用较大尺寸、鲜艳颜色、美观的图形，反映次要内容的符号则采用较小尺寸、浅淡颜色、一般的图形。

7.3.2.2 图案化

地图符号的外形是用以反映地物的外部形状或特征的，要以地物的实际形态为依据，尽量做到图案化，使地图清晰易读，便于联想和绘制。所谓图案化，就是突出地物最本质的特征，舍去不必要的细部，使图形具有象形、简洁、醒目和美观的特点，读者一见到符号便能联想到所代表的地物。任何地物从不同角度观察，形象不一，为了使地图的图案化能获得最佳效果，地图上的符号一般采用地物的侧视、正视或俯视图形。例如，铁路符号就是抓住其主要特征，对最代表性的部位进行艺术概括而设计的。对某些形体较小或不可见的要素，如水井、泉、境界线等，则多采用会意性（或记号性）符号，以正方形、矩形、圆形等简单几何图形作为构图的基础，加以适当的变化和组合而成。

7.3.2.3 逻辑性

设计地图符号，其形式和内容要有内在联系，例如图形的大小、线划的粗细应能反映地物占有空间位置的大小或拥有数量的多少以及主次等；线划虚实所会意的内容较为丰富，一般情况下用实线、虚线或点线表示同类要素。用虚线图形表示的要素为地下的（隧道、管线)、不稳定的(小路、时令路、时令河)、不准确的(未实测的、草绘的)、无实物可见的(境界线、海空航线);实线图形则表示地上的、稳定的、准确的和可见的要素,如铁路、公路、河流等。在道路符号中,因铁路比公路重要,公路又有高速路、国道、省道、县道、乡镇公路和大车路之分,所以,铁路用黑白线段相间的线状符号表示,高速路、国道、省道用双线符号表示,并加以不同的宽度、色彩来区别其等级和重要性,县道、乡镇公路和大车路用单线符号表示。这种设计符合逻辑性,科学性强,便于读者识别和理解。

7.3.2.4 精确性

各类地图符号应能精确地表示指代地物的位置,以便进行各种量算,提取有关数量信息。为此,在设计符号时要规定各类符号的定位点或定位线,依此在图面上配置地图符号。

7.3.2.5 系统性

用地图符号表示的地图内容,不仅六大要素迥然不同,即使是某一地理要素也有种类、等级、主次等差异。例如水系,有海洋、湖泊、河流、泉源之类;河流有常年河、时令河、自然河、人工河、地表河、地下河、干河、支流之别。设计地图符号,要用不同形状、尺寸和颜色的符号区分不同类型的地理要素;对同类地理要素一方面通过利用符号构成三要素的变化表达出不同的种类、等级和主次特征,同时也要利用符号构成要素的某种相同或相似作为类的标记,以示与其他类的区别,自成一个体系,形成一种系统。例如,我们用蓝颜色或蓝色系描绘表示水系各要素的各种形状与尺寸的符号和注记,从而构成了水系符号系统;同样,在设计表示地貌、交通网、植被等其他地理要素以及表示各类地图内容的符号时,均应建立相应的符号系统,这对提高地图的表现力和读图效果很有作用。

7.3.2.6 对比和协调

地图符号应能明显区分要素的种类、性质及其不同等级,为此,各类地图符号的尺寸、图形与颜色要有明显的对比或显著的差别;但互相联系配合的地图符号,在尺寸上应取得协调。例如,街道与公路、路与桥、桥与隧道相连时,其宽度应取得一致;居民地圈形符号的直径,在尺寸和线号上应与相联系的道路符号有个正确的配合。只有保持地图符号的对比和协调,才能收到较好的制图与读图效果。

7.3.2.7 色彩象征性

地图上各要素的设色应尽量与概念中的自然景色和社会观念相近似,使地图符号具有一定的象征性,如水系用蓝色,地貌用棕色,森林用绿色,危险物用红色等。

7.3.2.8 考虑视力、绘图和制印条件

人们的视力是不相同的,在读图距离相等、符号线划适中、照明条件相同的情况下,其读图效果不一。对此,设计符号时必须加以考虑,即视力标准的选定,应照顾视力较差的人,以视力介于0.8~1.0的人作标准为宜。此外,还必须考虑到绘图水平、制印条件和经济承受力,如果符号设计得很精细,但很难绘制,印刷成本很高,那也无济于事。因此,设计符号时,要了解当前的绘图水平、印刷能力、制印工艺的一些极限数据作参考,同时还要了解支撑的经济实力状况。

7.3.2.9 考虑符号标准化和一体化

鉴于普通地图所采用的符号基本上是国际通用的,因而各种文本的普通地图,一般人基本上都能看懂。可见地图符号的统一与标准化将对有效地使用地图提供了很大的方便。因此,在设计地图符号时,要尽量用国内和国际通用的符号。目前,地质图中地层年代的用色与代号已实现了国际规范化,土壤图、土地利用图正向统一方向发展,我国地形图与海图符

152

号基本已经规范化，各种比例尺地形图的符号都有了统一的规定。专题地图中情况最复杂、存在情况最多的经济地图也取得了一定的进展，估计不久的将来，也会出现某种程度上统一的符号系统。

在计算机专题制图中，我们还应该考虑到设计的符号要简单而规则，以便于计算机制图，提高制图工作效率。

7.3.3　专题地图的符号设计

专题地图的符号包括三方面的含义：一是真正的个体符号，即定点符号法中的符号；二是分区统计图表中的图表以及一些独立于地图以外的统计图表；三是一些面状要素的花纹符号。一般来说，真正意义上的个体符号的设计是最为复杂，也是最为重要的。符号设计的基本要求有以下几点。

7.3.3.1　反映一定信息

符号系统应满足反映一定信息的要求，图形的复杂程度应力求与所显示信息的特征（如数量、质量和动态）相适应。如用符号的大小反映对象的数量特征，用符号的形状或色彩反映对象的质量特征，用符号的内在变化反映对象的动态变化特征。

7.3.3.2　主次分明，简洁明了

地图符号在整体表达上应有主次并力求简练，在表象的上层平面仅显示主要的内容特征，在保持其系统特征的基础上反映其系统内的差异。在旅游图或人文经济图中，经常要设计一些象形符号来帮助读者快速地读懂地图。表达并区分各经济门类时，不采用象形符号而仅靠单一形状或色彩是难以表达专题内容的。当将象形符号用一定的几何形状框起后，符号就被赋予了系统的特征。这种几何形状外框可以是正方形、矩形、椭圆形、梯形、菱形或其他规则几何形状的组合，每一种几何外框表示一种高级的门类，而同一几何外框下不同的颜色或不同的内在象形符号代表这一门类下的低一级或低两级的小门类。读者阅读时通过不同符号的外框就能迅速判断主要的门类区别，细读时才从象形符号或颜色上了解第二层的内容。

7.3.3.3　具有逻辑性、可分性和差异性

符号系统的设计应有一定的逻辑性、可分性和差异性。符号应按语义性质区分，通过图形手段的统一性来表达，如用不同的几何形状作符号的外围轮廓；而从表达内容的实质来看，外围的几何形状由菱形、矩形、梯形、正方形分别表示采矿、动力、冶炼、加工工业，它们之间有一种合乎逻辑的变化；同时，对采铁、钢铁冶炼和加工工业中的金属加工业都采用同一种浅红色，又可看出在设计符号系统中的逻辑性表达。不同的外围轮廓形状比较明确地显示了异种物体间的差异，即可分性，而同一外围轮廓中不同对象用的不同颜色和不同象形符号又进一步显示了较高级分类中的明显性差异（如金属加工业用浅红色，精密仪器业用橙色）及较低级分类中的不明显差异（如同样是浅红色正方形轮廓中不同象形符号表示的飞机制造业和汽车制造业），这种不明显差异可称为微差，主要用于区分低级的分类对象。

7.3.3.4　联想性

符号系统应具有联想性。符号设计时应顾及符号与所示物体或现象间固定的、习惯性的联想。如将金属加工工业设为浅红色，是与金属加工中的锻压和热加工发生联想；食品工业设为浅褐色，与食品中的许多咖啡色外表发生联想（许多国家的食品工业设为黄色是与面包色发生联想）。分区统计图表或独立统计图表与个体符号相比，因为它们以几何符号为主

体，因此相对来说简单一些，但它们同样可以用象形符号的形式，故也应遵循个体符号设计那样的原则。当以花纹符号形式来表示面状物体或现象时，花纹符号及其颜色的设计也一样要遵循上述的几条原则。

7.3.4 色彩设计

专题地图符号的色彩设计，按点状、线状、面状符号三种类型分别予以介绍。

7.3.4.1 点状符号色彩的设色要求

所谓点状色彩整饰，是指色彩面积相对较小的一种色彩整饰。例如，点状符号（包括组合符号）的色彩，点数法中点子的色彩，分区统计图表法的图表色彩和定位图表的色彩等。

（1）利用不同色相表示专题现象的类别，即质量差异。设色时多采用对比色。

（2）利用不同色相反映数量的增减或数量级别的变化。一般说暖色表示数量的增长，冷色表示数量的减少。颜色饱和度的变化或色相由冷到暖的变化可显示数量级别的变化。

（3）利用色彩的渐变表示专题现象的动态发展变化。设色时多采用同种色类比或类似色类比。

（4）点状符号的设计应尽量与实物的固有色相似，以引起读者的联想。

（5）因点状符号的面积较小，故需加强其饱和度，多用原色、间色，少用复色，使符号之间有明显的对比。

7.3.4.2 线状符号色彩的设色要求

专题地图上线状色彩有三种类型，每种类型的要求如下：

1. 各类界线色彩

这是一种非实体现象的界线。应根据地图的性质、用途确定图中界线的主次关系。凡属主要界线者用色应鲜、浓、深，凡属次要界线者用色要灰、浅、淡。利用色彩之间的对比，形成不同的"层面"。

2. 各类线状物体

对于各类线状物体，应首先确定各类线状物体（如交通线、河流、海岸线、山脉走向、地质构造线）在图上的主次关系，然后依据上述原则处理，利用色彩对比表达主、次关系，达到图面层次明晰的目的。

3. 各类动线色彩

对于各类动线色彩，亦应根据地图主题的性质，明确动线在地图中处的主、从地位，属于主要内容的，应用鲜艳的色彩，不必完全考虑所示现象采用的习惯色，以突出、醒目为原则；属于次要内容的，则应用浅而灰的色彩，以免产生喧宾夺主的效果。用箭头的动线常有以下几种色彩整饰方法，如平涂法（即在向量线内普染色彩）、渐变法（用色彩由深至浅，或用彩色晕线、晕点由粗到细、由密到疏，充填于向量线内）、色带衬影法（在用较深色彩表示的向量动线符号之下，用浅色衬底表示动线经过的一片区域，如寒潮路径图）。

7.3.4.3 面状符号色彩的设色要求

面状色彩在专题地图上应用极广，大致可分为以下四种情况：

1. 质量差别

用以显示现象质量差别的面状色彩，设色时要求能正确地反映不同现象的固有特征及相互之间的质量差别。地质图有统一的色标规定，但可根据各地质体在图上面积的大小，适当调整其饱和度以及色相。地貌图根据各地貌单元的形态及成因有一套约定俗成的色标体系。土壤图各类型单元的色彩原则上按土壤本身的天然色来设计，同样根据地图上各类型单元的面积大小可作有限度的调整。植被图上的色彩设计则应与生态环境和自身的特点相适应。这些图在制定各类型的颜色时都正确地反映了各现象内在的固有特征，符合其自然色彩的特点且带有一定的象征性。

2. 数量差别

用以表示现象数量指标的面状色彩，除了满足相互间应具有较明显的差别及互相协调外，还应具有一定的逻辑顺序性并正确地表达数量特征。具体地说，在设计地面高度的分层设色表及分级统计图各比值层时，随着数量指标的增大，颜色由冷色方向向暖色方向转变，反之，则由暖色方向向冷色方向转变；或者是同类色、类似色的饱和度发生变化。在气候图和水文图中，则应根据地图的主题内容，用"主调"来反映图幅所表达的内容。如日照图以橙色为主调，根据日照量的大小将各等值线间分层由橙色向橙红方向发展。水文图以蓝色为主调，根据降水量的大小，在各等降水线间分层，颜色由黄绿向蓝色过渡，且饱和度不断增加。

3. 区域差别

用以显示各区域分布的面状色彩，多用于政区图和各区划图中，其作用是显示各区域分布的范围及相互关系。设色时，应使它们之间具有较明显的差别，并使之在整个图面构成上显得比较均衡，不能造成其中某些区域显得特别突出和明显，而其他一些区域显得很平淡，有两个视觉平面的感觉。

4. 底色

对于起衬色作用的底色，色彩应该要浅淡，既不能给读者以刺目的感觉，更不能喧宾夺主，影响主题要素的显示。

7.4 地图注记

地图注记中名称的主要种类是地名，地名首先借助于语言，用文字进行记录。而语言和文字都有一定的含义，所以地名具有音、形、义三要素。地名表示正确与否，直接影响地图的使用。

我国于 1975 年参加了联合国地名机构，1977 年，在联合国第三届地名标准化会议上通过了我国提出的"采用汉语拼音作为中国地名罗马字母拼写法的国际标准"的提案。同年，我国成立中国地名委员会，各省、市、县也都设置了相应的地名审核机构。各地在 20 世纪80 年代陆续编辑了本地的地名志、地名录和地名图。地名书写应遵守地名志颁布的名称或地形图上的地名标注，这是一个严肃的制图过程。

在编制汉文版的外国地图时，需要按一定规则用汉字译写外国地名。地名的称谓关系着领土主权和民族尊严。原名的确定，原则上应以各主权国官方最新地图的地名写法为准，并注意反映我国的外交立场。没有该国官方地图时，则采用国际通用的某种文版地图为依据。中国地名委员会已经颁布了各国相当数量的标准译名资料。查不到的，或尚未制订译音规则和译音表的，则应取得中国地名委员会的同意由编图者制定译写方案，送审后执行。

7.4.1　地图注记作用

地图注记是地图的基本基本内容，亦是表示地图内容的一种手段。它可以说明制图对象的名称、种类、性质和数量等具体特征。不仅可以弥补地图符号之不足、丰富地图的内容，而且在某种程度上可以起到符号的作用。没有注记的地图，只能表示地理要素的空间概念，是一种哑图，从哑图上读者是无法获得他所需要的信息的。因此注记对地图起着重要的作用，地图上必须要有足够说明各地物和现象的具体特征与专有名称的注记。

注记也是一种符号，在许多情况下起定位的作用，是将地图信息在制图者与用图者之间进行传递的重要方式。例如根据注记的位置和结构，可以指示点位，根据注记的间隔和排列走向，指示对象的范围。

7.4.2　地图注记种类

7.4.2.1　名称注记

名称注记是用文字注明制图对象专有名称的注记。例如，省市县的行政区域名称，城镇、村庄等居民地名称，江河、湖海等水系名称，山、山脉、高原、平原、丘陵、盆地等地形单元名称，铁路、公路、车站、机场、港口等交通名称，以及其他的名称注记。名称注记以不同字体区分各要素的类别，如用黑体、宋体、楷体等注记居民地，左斜或右斜变形字注记水系，耸肩形字注记山脉，长方形字注记山峰名称；以统一字体的不同大小的字表示同类要素中的等级差别。

7.4.2.2　质量注记

质量注记是用文字说明制图对象种类、性质或特征的注记，以弥补符号的不足。如在用绿色普染的森林范围内，简注松、桦、杉等字，以区别森林的树种；在公路符号上简注砾、沥等字表示路面铺装的材料，反映道路的质量特征。

7.4.2.3　数量注记

数量注记是用数字说明制图对象数量特征的注记。在地形图上除坐标值和高程注记外，还有河宽、水深、流速、路宽、桥长及其载重量、树高与树粗等数量注记。

7.4.2.4　说明注记

说明注记是指图廓外所附的各种文字说明或图表的注记。包括图名、图号、行政区划、接图表、比例尺、坡度尺、图例，所采用的大地坐标系与高程系、等高距和使用的图式、资料说明及截止日期、制图与出版单位、出版时间等。

7.4.3　地图注记要素

地图注记要素包括字体、字大、字隔、字向、字列、字位和字色等。

7.4.3.1　字体

地图上所使用的字体称为制图字体。常用的制图字体有中文字体和西文字体。现在的计算机制图字体有很多字库，例如方正字库、创意字库等，有许多种字体可供选择。一般用宋体、黑体等字体注记居民地和重要的地物特征。应用 CorelDRAW 的"变换"功能，可以将正方形汉字的外形加以变化，使之成为左斜、右斜、耸肩、长方、扁方等字体。另外，在地图上常用隶书、魏碑等艺术字体书写图名、国名、行政区域名称等。

7.4.3.2 字大

字大是指注记字的大小，计算机制图中又称为字号。注记字的大小在一定程度上可以反映被注地物的重要性和数量等级。地物间的隶属关系在地图上是通过类似注记层次上的级别差表达的，重要的地物等级高，其名称的社会作用大，因而须赋予大而明显的注记；反之，则用小的注记。字号的选择应以字迹清晰和易于区分为准，过小则难读，过大会遮盖其他要素，增加地图载负量。注记字的大小以其字体的水平和垂直大小计算，不同的字体尺寸是不同的，我们以宋体为例来说明中文字的大小。1 号宋体中文字的水平值平均为 0.32mm，垂直值平均为 0.32mm；1 号宋体阿拉伯数字的水平值平均为 0.15mm，垂直值平均为0.24mm。在地图上，最小的字号我们一般选择 4.5 号以上，因为低于此字号的字就很难看清楚了。

7.4.3.3 字隔

字隔是指注记字中字与字的间隔。其大小一般视被注地物的面积大小或长短而定。小于0.5mm 的为接近字隔，1~3mm 的为普通字隔，字大 2~5 倍或更大的为隔离字隔。地图上凡注记居民地等点状地物则用小字隔注记；河流、道路等线状地物则采用较大字隔注记；若线状地物很长尚须分段重复注记；行政区域等面状地物，按其面积大小而变更字隔，其图形较大的，则取分区重复注记。由此可见，地图注记的字隔在某种程度上也隐含着所注对象的点、线、面分布特征。

7.4.3.4 字向

字向是指注记字头所朝的方向。地图注记除公路的各类注记，河流的河宽与水深、底质、流速注记，等高线的高程注记等是随被注符号的方向变化字向外，其他绝大部分注记的字头都是朝北的。

7.4.3.5 字列

字列是指同一注记的排列方式，依被注记地物的形状与分布情况，分为水平、垂直、雁行和屈曲四种字列。水平字列的注记中心连线平行于南北图廓线，由左向右排列；垂直字列的注记中心连线垂直于南北图廓线，由上向下排列；雁行字列的注记中心连线与南北图廓线斜交，当交角小于45°时，注记由左向右排列，大于45°时，则从上向下排列，常用于山脉、山岭注记；屈曲字列的注记中心连线呈曲线，沿地物的形状排列，字向可直立，也可斜立，各字垂直或平行于地物，自左向右，自上而下排列，多用于河流、山脉和道路等注记。

7.4.3.6 字位

字位是指注记相对于被注地物所安放的位置。字位的确定应考虑被注符号的范围大小、分布状况及其附近情况，其基本原则是：注记应指示明确，不能与附近的注记或其他要素发生混淆；避免遮盖铁路、公路、河流及有方位意义的物体轮廓线，尤其不能压盖居民地的出入口、河流汇合处、道路交叉点以及独立地物；对面状地物应选择其中部或沿面状伸展方向用不同的字位注出，以充分显示其轮廓形状和特征。注记与被注符号之间距离以不小于 0.2mm，又不大于 1 个字宽为宜。为适应阅读习惯，字位的一般选择顺序如图 7-1 所示，即优先考虑右位，若有压盖现象则依次考虑其他位置。

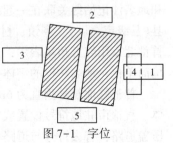

图 7-1 字位

7.4.3.7 字色

字色是指注记所用颜色。主要用于强化地物分类概念，如地形图上凡水系类各要素均用蓝色，各种林地的底色都用绿

157

色；环境地图以蓝色表示未受污染的安全状况，红色表示重污染状况，紫红或深棕色表示严重污染状况。

7.4.4 注记要求

7.4.4.1 地图注记要求

地图注记恰当与否，对地图的易读性和使用价值有直接影响，在制作地图时应予以高度重视。为此，地图注记应达到如下要求：

（1）简明正确。为保证地图信息的便捷而准确地传递，地图注记必须要十分简洁、十分准确。尽量用词组和单字；要符合正字法要求，切忌用非正规的简化字；要以地名录为依据，采用法定的标准地名。

（2）主次分明。地图注记应注意分级及其差别，以使被注地物的主与次（支）区别十分明显。

（3）字位应与被注地物相适应，不掩盖图上重要地物，以免地图信息受损。

7.4.4.2 专题地图注记

关于专题地图的注记，由于同一地图上反映专题内容的多寡不一，所以地图上的注记也比普通地图更为复杂多样，可应用较多的字体、字号来说明各种内容。在自然地图上，还可冠以拉丁字母、罗马数字的代号等，这些都要视图面情况而定。

专题地图的构图也因内容表达的特殊性而可能更为多样，一些附图、局部扩大图可能会穿插于主图区间。因此，表示好一幅专题地图，除了主体内容及指标的选择、表示方法的确定外，地图整饰中所涉及的符号设计、图表设计、色彩设计、注记选定、图面布局等都是极为重要的工作。

7.5 地图符号设计案例

7.5.1 居民地符号

居民地是人类由于社会生产和生活的需要而形成的居住和活动的场所。因此，一切社会人文现象无一不与居民地发生联系。居民地的内容非常丰富，但在普通地图上能表示的内容却非常有限。在地理图上，主要表示居民地的位置、类型、人口数量和行政等级。在地图比例尺允许的情况下，除县市以上居民地有可能用简单的水平轮廓图形表示外，其余绝大多数居民地均概括地用圈形符号表示具体位置。

7.5.1.1 符号设计

标准地图中的居民地，属于定位符号，是地图表达中首要的地理要素，居民地驻地符号和地名注记始终关联在一起。居民地按照行政等级分为首都、直辖市、省会城市、地级市、县（县级市、区）、乡镇、村，用不同规格、不同结构、不同颜色的圈形符号表示。我国的首都北京用红五角星表示，这是独一无二的。圈形符号按照行政等级尺寸逐级缩小，图形结构简单化；地名注记的字体按行政等级而变，字号逐级变小。具体设计，如图7-2所示。

首都驻地符号垂直为6mm的正五角星，填充红色，删除轮廓，注记北京市使用18号黑体。直辖市驻地符号设置线宽为0.15mm，外圈圆形直径为4.5mm，填充白色（目的是为了压盖道路，省去符号与道路相交时需要将道路断开的麻烦）；中圈圆形直径为3mm；内圈直径为2mm，填充黑色，注记上海市使用16号黑体。省会城市驻地符号设置线宽为0.15mm，外圈圆形直径为4.5mm，填充白色；内圈直径为2.5mm，填充黑色，注记太原市使用16号黑体。地级市驻地符号设置线宽为0.15mm，外圈圆形直径为4.5mm，填充白色；内圈直径为2.5mm，注记大同市使用15号黑体。县级市、县、区驻地符号设置线宽为0.15mm，外圈圆形直径为4mm，填充白色；内圈直径为2mm，填充黑色，注记清徐县使用14号宋体加轮廓线。乡镇驻地符号设置线宽为0.25mm，圆形直径为3.5mm，填充白色，注记西谷乡使用13号宋体加轮廓线。村级驻地符号设置线宽为

★ 北京市（首都）
◉ 上海市（直辖市）
◉ 太原市（省会城市）
◎ 大同市（地级市）
● 清徐县（县级市、县、区）
○ 西谷乡（乡镇）
○ 长头村（村）

图7-2　居民地符号与地名注记

0.2mm，圆形直径为3mm，填充白色，注记长头村使用12号幼圆体加轮廓线。

7.5.1.2　实践案例

居民地符号、地名等点状符号绘制（采用翻转课堂式模式，由学生自主完成）步骤如下：

（1）下载山西省标准地图，作为底图。进入山西省标准地图官网，下载审图号：晋S（2022）005号的1∶300万标准山西省地图。

（2）启动CorelDRAW程序，打开对象管理器，将图层1重命名为"底图"，将下载的山西省标准地图导入底图层。设置绘图页面大小为纵向A3，将底图调整大小适合页面，并在页面居中，另存文档，命名为山西省地图，格式为CDR。

（3）新建图层"图廓"，选择矩形工具在其上绘制图廓线，调整大小与底图图廓线重合，图廓线宽0.35mm；将底图层和图廓层锁定。

（4）新建图层"图例""地名""居民地"，调整图层次序，将这三个新建的图层全部放在图廓层之下，次序自上而下依次为图例、地名、居民地（记住图廓层始终在最上层，底图层始终在最底层）。

（5）选中图例为当前图层，选择椭圆形工具，绘制一个直径为3mm、线宽0.2mm、填充白色的圆形，打开大小泊坞窗，设置圆形直径为1.5mm，应用到再制，填充黑色K100，将这两个圆形群组在一起，作为省级政府驻地符号；绘制一个直径为2.8mm、线宽0.18mm、填充白色的圆形，打开大小泊坞窗，设置圆形直径为1.5mm，应用到再制，将这两个圆形群组在一起，作为市级政府驻地符号；绘制一个直径为2mm、线宽0.15mm、填充白色的圆形，打开大小泊坞窗，设置圆形直径为0.7mm，应用到再制，填充黑色K100，将这两个圆形群组在一起，作为县级政府驻地符号。

（6）在图例层上，选择文本工具，输入太原市，字体为黑体，字号为14，作为省级政府名称；输入晋中市，字体为黑体，字号为12，作为市级政府名称；输入清徐，字体为楷体，字号为11，添加发丝宽度的黑色轮廓线，作为县级政府名称。

（7）选择多边形工具，在图例层上，绘制一个三角形，设置大小水平1.5mm，垂直2.5mm，填充K100，删除轮廓线；选择文本工具，输入五台山，字体为黑体，字号为7，打开比例泊坞窗，垂直方向输入120，点击应用；输入海拔高度3061.1，字体为Times New Roman，字号为7，打开比例泊坞窗，垂直方向输入120，点击应用。如图7-3所示。

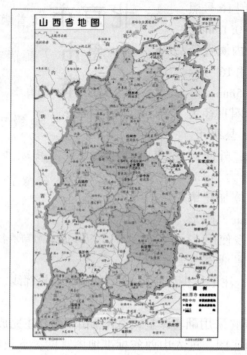

图7-3　绘制居民地等点状符号

（8）将各级政府驻地符号复制到居民地图层上，山峰符号复制到山峰图层上，应用克隆技术，仿制副本，摆放在底图对应的位置上。

（9）在地名图层上，输入相应的地名注记，并摆放在合适的位置。

7.5.2　地球与经纬线符号

地球是人类的摇篮，是人类的母亲。地球给人类的生存提供了得天独厚的环境，是人类的家园，是目前唯一适合人类生存的星球。人类与地球的关系，体现了我们对地球应有的态度。我们应该珍惜她，爱护她，报答她，为此，必须认识她，地图就是帮助我们认识地球的工具之一。经线和纬线是地图学家为了在地球上确定位置和方向，在地球仪和地图上画出来的。

7.5.2.1　经纬线的绘制

步骤如下：

（1）打开对象管理器，新建图层"地球轮廓"。选择椭圆形工具，在图层上绘制直径为100mm的圆。

（2）选择贝塞尔工具，绘制两条经过圆心点的相互垂直的线条，长100mm。水平线与竖直线的交点为地心O；竖直线为连接南北极的地轴，颜色为红色(M100Y100)。

（3）新建图层"名称"，分别添加标记地轴、O(地心)、90°N(北极)和90°S(南极)。

（4）新建图层"赤道面"，选择椭圆形工具，绘制中心点经过地心长轴为100mm、短轴为36mm的椭圆形。

（5）新建图层"经线辅助线"，选择水平直线，复制到该图层上，打开"排列｜变换｜旋转"泊坞窗，角度参数输入"20"，点击"应用到再制"，这条线与圆形相交的两个点就是南北纬20°的位置；与椭圆形相交的两个点就是东经20°与西经160°的位置。以此类推，再复制7次。分别添加相应的标记。

（6）新建图层"经线"，选择椭圆形工具，绘制中心点经过圆心、与赤道圈相交4个点（假定大圆为西经20°和东经160°，添加标注；这4个交点分别是本初子午线0°、东经140°、东西经180°和西经40°）、长轴为100mm、短轴为72.6mm的椭圆形，这两条经线分别是本初子午线0°和东经140°，添加标注。以此类推，绘制经过圆心、与赤道圈相交4个点（东经20°、东经120°、西经160°与西经60°）、长轴为100mm、短轴为42mm的椭圆形，这两条经线分别是东经20°和东经120°；绘制经过圆心、与赤道圈相交4个点（东经40°、东经100°、西经140°与西经80°）、长轴为100mm、短轴为22mm的椭圆形，这两条经线分别是东经40°和东经100°；绘制经过圆心、与赤道圈相交4个点（东经60°、东经80°、西经120°与西经100°）、长轴为100mm、短轴为6.74mm的椭圆形，这两条经线分别是东经60°和东经80°。

（7）新建图层"纬线辅助线"，选择水平直线，复制到该图层上，打开"排列｜变换｜旋转"泊坞窗，角度参数输入"23.5"，点击"应用到再制"；选中这条线，打开"排列｜变换｜缩放和镜像"泊坞窗，按下"水平镜像"按钮，点击"应用到再制"，得到对称图形。这两条线与圆形相交的点就是南北回归线的位置。选择水平直线，打开"排列｜变换｜旋转"命令泊坞窗，角度参数输入"66.5"，点击"应用到再制"；选中这条线，打开"排列｜变换｜缩放和镜像"泊坞窗，按下"水平镜像"按钮，点击"应用到再制"，得到对称图形。这两条线与圆形相交的点就是南北极圈的位置。

（8）新建图层"纬线"，选择贝塞尔工具，绘制连接北极圈、北回归线、南回归线和南极圈的4条线，南北极圈长39.5mm，南北回归线长91.6mm，线条样式为虚线，颜色为青色C100。

（9）在"名称"图层，添加"北极圈""北回归线""南回归线"和"南极圈"。

（10）关闭"经线辅助线"与"纬线辅助线"图层，得到如图7-4所示的图形。

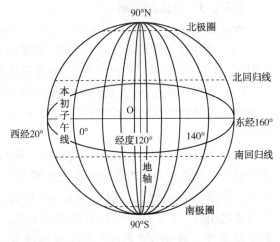

图7-4　经纬线的绘制

7.5.2.2　经纬度的绘制

步骤如下：

（1）在图7-4的基础上，新建图层"经纬度标注"，选择贝塞尔工具，以本初子午线0°与赤道相交点为起点，沿水平直线到地心点绘制直线，并连接与东经120°线与赤道的交点。

（2）复制赤道椭圆形到该图层，执行"排列｜转换为曲线"命令。选择形状工具，单击本初子午线与赤道交点，在属性栏单击"分割曲线"命令；单击东经120°线与赤道交点，在属性栏单击"分割曲线"命令；执行"排列｜拆分曲线"命令，重新选择，删除多余曲线。

（3）选择绘制的折线与拆分保留的曲线，执行"排列｜结合"命令，选择形状工具，框选左侧节点，在属性栏单击"延长曲线使之闭合"命令，框选右侧节点，在属性栏单击"延长曲线使之闭合"命令，为闭合对象填充黄色Y100，这就是经度120°。在图层"名称"上添加标注经度120°。

（4）选择贝塞尔工具，以东经120°线与赤道相交点为起点，沿水平直线到地心点绘制直线，并连接与东经120°线与北回归线的交点。

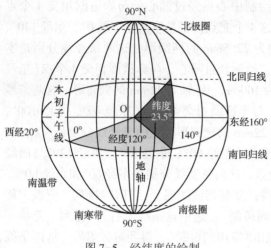

图 7-5 经纬度的绘制

7.5.2.3 五带的绘制

步骤如下：

（1）打开对象管理器，新建图层"五带的划分"，在图 7-4 的基础上，将注记"北极圈""北回归线""南回归线""南极圈"和地球轮廓大圆复制到该图层上。

（2）选择大圆，执行"排列｜转换为曲线"命令。选择形状工具，选择大圆与各条纬线的交点，在属性栏执行"分割曲线"命令 8 次；执行"排列｜拆分曲线"命令，将大圆分成 8 条线段。

（3）选择北极圈与北极附近的线条，执行"排列｜结合"命令，选择形状工具，框选左侧节点，在属性栏单击"延长曲线使之闭合"命令，框选右侧节点，在属性栏单击"延长曲线使之闭合"命令，为闭合对象填充 C50，删除轮廓线。在图层"名称"上添加标注北寒带。

（4）以此类推，分别选择北极圈、北回归线和两侧线条，北回归线、南回归线与两侧线条，南回归线、南极圈与两侧线条，南极圈与南极附近的线条，执行"排列｜结合"命令，选择形状工具，框选不闭合节点，在属性栏单击"延长曲线使之闭合"命令，为这 4 个闭合对象分别填充 C50Y50，M50，C50Y50，C50。在图层"名称"上分别添加标注北温带、热带、南温带、南寒带（如图 7-6 所示）。

（5）复制东经 120°经线，执行"排列｜转换为曲线"命令。选择形状工具，单击东经 120°与北回归线交点，在属性栏单击"分割曲线"命令；单击东经 120°线与赤道交点，在属性栏单击"分割曲线"命令；执行"排列｜拆分曲线"命令，重新选择，删除多余曲线。

（6）选择绘制的折线与拆分保留的曲线，执行"排列｜结合"命令，选择形状工具，框选左侧节点，在属性栏单击"延长曲线使之闭合"命令，框选右侧节点，在属性栏单击"延长曲线使之闭合"命令，为闭合对象填充品红色 M100，这就是纬度 23.5°。在图层"名称"上添加标注纬度 23.5°（如图 7-5 所示）。

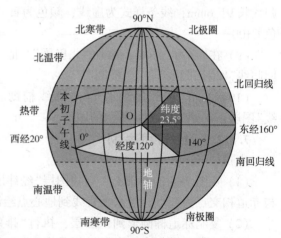

图 7-6 地球五带的划分

第8章　面状符号的特殊填充

用 CorelDRAW 可以绘制出一些很精彩的图形，但如果不加以填充效果，那么画出来的只不过是一些轮廓线而已。只有找到所需的填充工具以及这些工具的使用方法，才能使绘制的图形活起来、动起来，更富有表现力。

在 CorelDRAW 中，绘制面状符号主要使用"贝塞尔工具"，将绘制的曲线闭合，成为一个可填充颜色或网纹的面状符号。前面我们已经讲了"贝塞尔工具"绘制闭合曲线的方法和单色填充的方法，这一章主要讲解网纹和特殊填充效果。在默认的情况下（默认设置可以更改），CorelDRAW 被设置为只对闭合对象应用填充。

8.1　填充工具

在 CorelDRAW 中，专门提供了填充工具用于改变对象的填充属性。通过填充对话框中的设置选项可以为对象填充各种样式的网纹和渐变等填充，这样就增强了对象的表现力。计算机制图中，面状符号主要是通过它的网纹和特殊颜色填充来反映其质量和数量特征。

在 CorelDRAW 中提供了如下七种填充类型：均匀填充（单色填充）、渐变填充、双色图样填充、全色图样填充、位图图样填充、底纹填充和 PostScript 填充。单色填充在前面的章节（见第 4 章 4.6.4 节）已经讲解，本章主要介绍特殊的填充效果。

所有的这些填充工具都可以在填充展开工具栏窗口中找到，单击工具箱中的填充工具，就会得到一个填充展开工具栏，填充展开工具栏包含七个工具按钮，如图 8-1 所示。利用对象属性对话框的填充标签页也可以找到这些工具，如图 8-2 所示。另外，也可以选择工具箱中交互式填充工具，打开其属性栏，完成填充的任务，如图 8-3 所示。

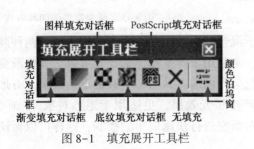

图 8-1　填充展开工具栏

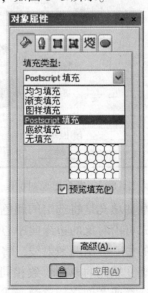

图 8-2　对象属性对话框

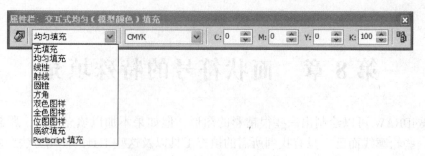

图 8-3　交互式填充工具属性栏

8.2　渐 变 填 充

渐变式填充方式能够利用对象的颜色属性为对象创建奇特的外观：一种颜色沿指定的方向向另一种颜色逐渐过渡、逐渐混合直到最后变成另外一种颜色。单击填充展开工具栏的"渐变填充"对话框按钮，可打开如图 8-4 所示的"渐变填充"对话框。在对话框中可以动手更改所有可用于渐变填充的属性，下面将介绍这些属性，从对话框左上角开始。

8.2.1　渐变填充对话框

8.2.1.1　填充类型

CorelDRAW 中的渐变填充有四种类型，分别是线性、射线、圆锥和方形。所有的这些填充类型都在"类型"下拉列表框中。图 8-5 列出了这几种渐变类型的效果。单击向下的箭头就可以在四种填充类型中选择。

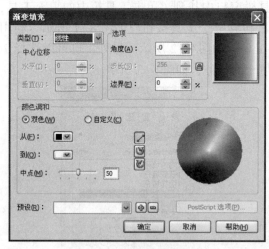

图 8-4　渐变填充对话框

线性　　　射线　　　圆锥　　　方形

图 8-5　渐变类型的四种方式

线性渐变填充是将选定的颜色分别置于混合的两边，然后逐渐向中心调和两种颜色。射线渐变填充可由对象的边缘向中心处辐射，常常用来产生球体的反光效果。圆锥渐变填充则是由对象的中心引出两条射线，将调和颜色分列两端，从而产生圆锥形的效果。方形渐变填充与射线渐变填充的原理大致相同，但它产生星光效果，更适用于矩形对象。"渐变填充"对话框可选择或者创立任意渐变式填充，对渐变进行快速简单的控制，这样可以保证填充的精确和一致。

8.2.1.2　中心位移

此选项对除线性填充外的所有填充都有效。在数字参数框中输入数值可以改变射线、圆锥和方形填充的中心点位置。

8.2.1.3　角度数据框

在此数据框中输入数值可以改变除射线填充以外其他填充类型的方向角度。

8.2.1.4　步长

步长缺省值为256，是渐变填充中允许的最大步数。如果想把它改成较小的数，可以单击旁边的"锁定"按钮，然后输入新的参数。

8.2.1.5　边界填充

边界填充用于控制渐变填充的第一种颜色和最后一种颜色在与其他颜色调和前保持为单色的距离。它对于用渐变射线型填充圆形对象尤为有效，这样可以使圆外圈的颜色保持为单色的距离更长，产生出一种更深的阴影效果(见8.2.3节的内容)。

8.2.1.6　预览窗口

预览窗口显示了渐变填充的方向。如果将鼠标放置在预览窗口中，在线性填充方式下环形地拖动光标，填充方向将按任意角度旋转；如果按住 Ctrl 键，那么将使得其角度为15°的整数倍变化。在射线、圆锥和方形方式下，拖动光标，填充的中心点位置将发生改变。如果在单击和拖动光标时，按下了 Shift 键，那么可以改变圆锥和方形渐变填充的角度。

8.2.1.7　颜色调和

提供了两个单选按钮：双色和自定义，缺省为双色。这些单选按钮下面是"从"和"到"颜色按钮，对渐变填充的起始和终止颜色进行选择，单击这两个按钮将显示出调色板。再下面是中心点滑块，滑块的位置用于控制渐变填充中两种颜色的相遇点，此点位置的颜色表示了两种颜色的平均值。

8.2.1.8　颜色方向

在渐变填充对话框颜色调和部分的中间有三个按钮，用于控制渐变填充中两种颜色的调和方向；这三个按钮右侧的位置有一个色轮，当选中其中一个按钮时，色轮中会出现一条深色的线用来指明渐变填充的经过路径。最上面的按钮是直线调和，如果要调和青色和红色，则这时调和出的颜色为青色、红色和青红之间的渐进过渡。第二个按钮是一个旋转按钮，它使颜色调和时沿色轮的逆时针方向进行。还用上面的例子，这时调和出的颜色为青色、红色和蓝色、品红色之间的渐进过渡色。第三个按钮是顺时针按钮，再用上面的例子，调和后的颜色为青色、红色和绿色、黄色之间的渐进过渡色。

8.2.1.9　预设

渐变填充对话框的底部的预设列表框中有许多自定义的预设渐变填充样式。要使用其中的填充类型，只需单击向下箭头，然后从下拉列表框选择一种就可以了。

8.2.1.10　自定义

单击颜色调和中的自定义单选按钮后，对话框将变为图8-6所示的样子，在此对话框中可以创建多于两色的渐变色填充。在对话框底部的色彩条中双击，这时在色彩条双击处的上方将出现一个标记，称为麦克笔。位于色彩条上方的位置数字框将显示表示标记位置的数字，范围0~100%。例如，如果想在20%处放置一个标记，但双击后标记出现在35%处，这时可以单击位置数字框的箭头使其中的数字减为20(或用数字键盘直接输入20)。在色彩条上最多可以作99个标记。每次添加标记后，用户应该从色彩条右上方的调色板中选择一种颜色。如果想保存自定义的调色板，则可以在空的预设列表框中输入一个名称，然后单击旁边的"+"按钮，这样新的自定义的渐变填充就将添加到预设列表中。

8.2.2 双色渐变填充

对选定的对象进行渐变填充操作的主要步骤如下：

（1）选定绘图窗口中需要进行填充的对象。

（2）打开"渐变填充"对话框，根据填充的对象在"类型"下拉列表中选一种需要的类型。这里选择"线性"。

（3）选择"颜色调和"中的"双色"，然后更改起始颜色和终止颜色。这里选择从青色到红色。完成上述操作之后，颜色轮中会出现一条直线。

（4）在"中心点"调节杆处将滑块调到70的位置，可见预览框中渐变终点位置被移动。以上设置如图8-7所示。

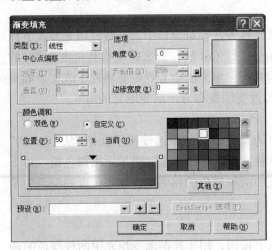

图 8-6　自定义渐变填充设置

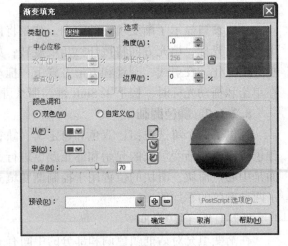

图 8-7　渐变填充设置

（5）单击"确定"按钮将上述设置填充于所选择的对象上。如图8-8左图所示为用上述设置填充的一个椭圆的结果。

图 8-8　三种方向渐变填充结果

（6）可以单击色轮左边的逆时针（或顺时针）按钮，将产生一种由多种颜色参与的渐变。这种渐变色轮中青色所在的位置沿逆时针（或顺时针）方向到达红色时所经过的颜色组合，如图8-8中间为逆时针方向，右边为顺时针方向得到的渐变效果。

8.2.3 自定义渐变填充

用户也可以用自定义的方式对对象进行渐变填充。自定义填充的步骤如下：

（1）、（2）步骤与双色填充相同。

（3）单击自定义选项，颜色调和项将出现变化。

（4）单击当前颜色列表框，选择黄色作为起始颜色。此时渐变预览框左上方的"麦克笔"为黑色选取状态。

（5）在右侧的"麦克笔"处单击，可改变终止颜色，这里将终止颜色设为青色。

（6）在"位置"输入框中输入 50，当前的"麦克笔"移动到渐变预览条 50%的位置。

（7）在当前颜色列表框中，选择白色，渐变预览条中将增加白色混合(如果对新增的颜色不满意，在"麦克笔"处双击即可将其删除)。以上设置如图 8-6 所示。

（8）单击"确定"按钮将上述设置填充于所选择的对象上，如图 8-9 所示为用上述设置填充的一个圆的结果。

8.2.4　球体符号

我们使用立体化工具是做不出来球体符号的。这里我们应用渐变填充，使其具有球体感，从而达到绘制球体的目的。具体步骤如下：

（1）在页面上绘制一个半径为 50mm 的圆。

（2）打开"渐变填充"对话框，如图 8-10 所示，在类型中选择"射线"，在中心点偏移中的水平输入"−20"，垂直输入"16"(在制图中，我们一般规定太阳的入射角为西北方向45°)。其他设置为默认。

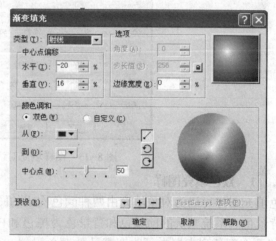

图 8-9　自定义渐变填充的效果　　　　图 8-10　球体渐变填充设置

（3）单击"确定"，并删除轮廓线，就完成了球体的绘制，如图 8-11 所示。

（4）如果把"边缘宽度"的值设置为 15，可以得到图 8-12 所示的球体。

读者可以将这两个球体对比一下，可能会发现图 8-12 中的球体立体感更强。

图 8-11　完成后的球体符号　　　　　图 8-12　添加了边缘宽度的图形

8.3 图样填充

8.3.1 图样填充对话框

"图样"是指由开发人员预置于系统中或者由用户绘制出来的，能够反复使用的对称图像。在 CorelDRAW 中，既可以将一个图样当作一个独立的对象来编辑处理，如改变图样的线条形状和颜色等，也可以使图样平铺产生一种具有一定景深的图形背景。要想实现图样填充，需要打开图样填充对话框，如图 8-13 所示。图样填充的类型一共有三种，分别是：双色填充图样、全色填充图样和位图图样。

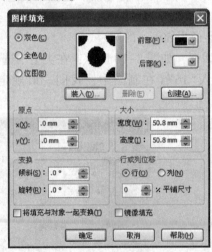

图 8-13　图样填充对话框

8.3.1.1 双色填充图样

双色填充图样可以为对象填充由两种颜色构成的图案。每种双色图案只有两种颜色：前景色和背景色。系统默认的前景色和背景色为黑色和白色，在"图样填充"对话框的"前景"和"后面"两个颜色列表框中可改变默认的颜色设置。双色图样也可以根据自己的需要进行创建，用"工具｜创建｜图案"命令，选定双色按钮即可进行创建。图 8-14 左图为图样列表框中提供的一部分双色图样。

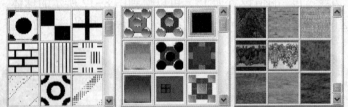

图 8-14　双色、全色和位图图样列表框提供的部分图样

8.3.1.2 全色填充图样

全色图样可以是矢量图像也可以是位图图像。与双色填充相比，它可以使用两种以上的颜色和灰度填充图样，因而色彩更加丰富。要注意的是：全色图样可以任意选用，但不能改变其颜色，如果要使用其他样式的全色图样，只有自己创建一个。同双色图样创建一样，用

"工具｜创建｜图案"命令，选定全色按钮即可进行创建。图 8-14 中间的图为 CorelDRAW 中预设的一部分全色图样。

8.3.1.3 位图图样

位图图样是普通的彩色图片，就像数字相片一样。这些位图的复杂程度有大有小，在实际应用中，最好选用较为简单的位图，因为复杂的位图会占用较多的内存，从而导致显示速度变慢（视计算机的性能而定）。位图的复杂程度由其大小、分辨率以及颜色层次所决定。图 8-14 右图列出了部分预设的位图图样。

在图样填充对话框的底部还有两个选项，"将填充与对象一起变换"选项可以使对象缩放时填充也同时发生改变；"镜像填充"选项可以将图样以镜像的方式为对象进行填充。图 8-15 为应用原有图样填充的图形；图 8-16 左图为图 8-15 缩小时未应用"将填充与对象一起变换"选项得到的图形，右图为应用此选项后得到的图形，二者差异明显；图 8-17 为应用"镜像填充"选项后得到的图形。

图 8-15　原图样填充　　　　图 8-16　将填充与对象一起变换　　　　图 8-17　应用镜像填充
　　　　　　　　　　　　　　　　选项应用前后的对比

8.3.2　应用图样填充

8.3.2.1　双色图样填充

主要操作步骤如下：

（1）选定要填充的对象。

（2）选中填充展开工具栏中的图样填充按钮，可打开图样填充对话框，选择双色填充类型，然后从右边的列表框中选取所需的图样。

（3）根据需要设置图样的前景色和背景色，修改图样原点的位置、图样大小、图样变换、图样的位移等有关的参数，如图 8-18 所示。

（4）设置完成后，单击"确定"按钮，可得到如图 8-19 所示的图形。

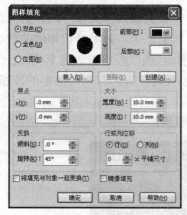  

　　　　图 8-18　双色图样填充　　　　　　　　　　图 8-19　双色图样填充

8.3.2.2 全色、位图图样填充

与双色图样填充一样，可打开图样填充对话框，选择全色、位图填充类型，然后从右边的列表框中选取所需的图样；进行相关参数的设置，可得到如图 8-20、图 8-21 所示的图形。

图 8-20　全色图样填充

图 8-21　位图图样填充

8.4　底纹填充

图 8-22　底纹填充对话框

在 CorelDRAW 中有多种底纹可以使用，每个底纹都有一组控件，通过变化可以创建出成千上万种底纹。底纹填充看起来就像是用白云、流水、矿石以及其他各种物质进行填充。应用底纹填充的主要步骤如下：

（1）建立一个封闭的对象，使用选择工具选定该对象。

（2）单击工具箱中的"填充"展开工具栏中的"底纹填充"按钮。

（3）在弹出的"底纹填充"对话框中选择需要的底纹。如图 8-22 所示。

在"底纹库"中选择的每一种底纹都不是唯一的，它只是代表众多的同类底纹出现在预览框中。如果确切知道某种底纹的代码，可以在样式名称下的"底纹#"中输入这个代码，然后单击"预览"按钮，该底纹即可出现在预览框中。在每个选项的右侧都有一个锁形的按钮，它们是用来设定是否随机取样的。

（4）图 8-23 为对一个正方形运用两种不同底纹填充的效果。

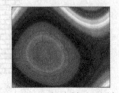

图 8-23　底纹填充的效果

170

8.5 PostScript 填充

PostScript 底纹是 CorelDRAW 中的一种特殊的底纹类型，这种系统预先设置的底纹在设计时采用了极其复杂的计算方法，如果选用这类底纹进行填充，系统的处理速度会很慢，屏幕刷新的时间会增加。当用户对一个选定的对象应用 PostScript 填充时，普通的视图下不显示实际的底纹，只在绘图页面上用字母 PS 来代表这种类型的填充。要想看到该底纹的实际效果，可以从"查看"菜单中选择"增强"命令。

按下"填充"展开工具栏的"PostScript 底纹"按钮，即可弹出"PostScript 底纹"对话框，如图 8-24 所示。如果要在对话框中看到所选择的底纹，应该勾选"预览填充"选项。图 8-25 为应用不同类型的 PostScript 底纹填充后的效果，从图中可以看出，专题地图所需的网纹填充都能在此得以实现。因此，PostScript 填充在计算机专题制图中是非常重要的一种填充效果。

图 8-24　PostScript 底纹对话框

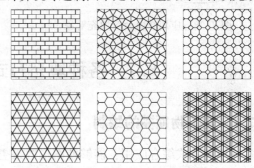

图 8-25　PostScript 填充的效果

8.6 晕线填充

在制图中，经常会使用晕线填充面状符号，采用的方法有两种：一是利用"排列｜造形"命令中的修剪工具；二是应用"效果｜图框精确裁剪"命令。这两个命令既可以应用于规则的矩形、椭圆形、多边形等图形，也可以应用于不规则的使用贝塞尔工具绘制的闭合曲线。

具体步骤如下：

（1）先绘制完成晕线：使用贝塞尔工具绘制一条直线，将这条直线应用"排列｜位置"命令，在垂直参数框中设置为 2mm，单击应用到再制多次，晕线的多少根据所填充对象的大小来定，晕线的大小要大于填充对象。将绘制好的晕线群组到一起，再应用"排列｜旋转"命令，分别设置旋转角度为 45°、90°和 135°，如图 8-26 所示。

（2）分别绘制一个椭圆形、矩形和三角形；用贝塞尔工具绘制一个闭合曲线，如图 8-27 所示。

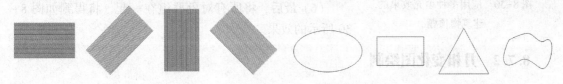

图 8-26　绘制完成的晕线　　　　　　　　　图 8-27　准备填充的对象

171

（3）选中水平晕线使其与椭圆形重叠到一起，单击选中晕线，打开"排列｜造形"命令中的修剪工具卷帘窗，取消界面上的两个复选框选项，单击修剪后，将鼠标指针指向椭圆形单击，即可将晕线填充到对象中；将重叠的两个图形选中，应用"造形"属性栏中"前减后"快速命令，也可以完成此操作。使用同样的方法，将第二个晕线填充到矩形中，如图8-28所示。

（4）选中第三个晕线，打开"效果｜图框精确裁剪"命令中的"放置在容器中"，将鼠标指针指向作为容器的三角形后单击，将晕线填充到三角形中。使用同样的方法，将第四个晕线填充到闭合曲线中，如图8-29所示。

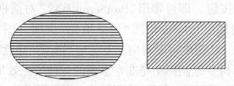 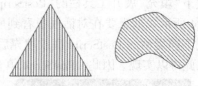

　图8-28　应用修剪命令填充对象　　　图8-29　应用图框精确裁剪命令填充对象

8.7　各种填充方式的综合应用

8.7.1　建筑物顶棚的绘制

将多种填充方式综合应用，能够使图形效果更逼真，与实体更接近。下面这个案例就是对建筑物的顶棚进行填充装饰后的效果，具体步骤如下：

（1）选择椭圆形工具，绘制一个直径为50mm的圆，将其缩小97%，应用到再制。

（2）将这两个对象群组在一起，按照90%、80%、70%、60%和50%的缩放比例，依次复制一个。

（3）在图形的正中央，再绘制一个直径为15mm的圆。

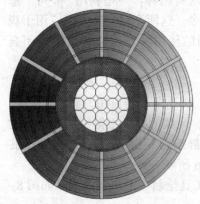

　图8-30　应用多种填充效果的
　　　　　　建筑物顶棚

（4）选中矩形工具，绘制一个宽为1.0mm、长为12.875mm的矩形，填充色为K10。将其摆放在上方正中的位置，与最大的圆水平方向顶对齐，垂直方向中对齐；复制一个摆放在下方正中的位置，与最大的圆水平方向底对齐，垂直方向中对齐。

（5）用渐变圆锥填充方式为最大的圆填充颜色，其他设置均为默认；用图样填充为50%的圆填充，选择位图图样接近小石子的图案，其顺序为次上层；用PostScript底纹方式中的八角形为直径15mm的圆填充，其顺序为最上层。

（6）最后，将所有对象群组在一起，将得到如图8-30所示的效果。

8.7.2　月相变化图绘制

在浩瀚的宇宙中，太阳、地球与月球都只是普通的星球而已。但太阳、地球与月球组成的日地月系统，使地球成了一个特殊的星球。在太阳系中，地球有着适中的位置、和煦的阳光、适宜的温度、充足的水分、含氧的大气层……从而孕育了形态各异的生命种群，繁衍了有高度智慧的人类，缔造了灿烂辉煌的人类文明。如果没有太阳，地球上不仅仅是没有生命，而是什么都没有。月球是地球唯一的天然卫星，环绕地球公转，总是以一面对着地球。月球本身不发可见光，我们看到的月光是月球反射的太阳光。在汉语中被俗称为月或月亮，古时又称为太阴、玄兔、婵娟、玉盘。

如果从农历初一开始，连续观察一个月内月亮的形状及其在天空中位置的变化，会发现月亮有时似一弯钩斜挂，有时如玉盘高悬，这就是月亮的盈亏变化。月亮盈亏变化而出现的各种形状，称为月相，月相的变化是有周期性的。中国传统的历法农历，就是融合阴历与阳历而成。它根据月相的变化周期，每一次月相朔望变化为一个月；并把一个太阳回归年划分为24段，形成二十四节气。通过参考太阳回归年，设置闰月使其平均历年与回归年相适应。

月相变化图的绘制步骤如下：

（1）打开对象管理器，新建图层"地球"，选择椭圆形工具，在图层上绘制直径为50mm的圆，添加地球注记。填充渐变色，类型为"射线"，中心位移参数，水平20，垂直25，颜色调和为双色从C40到白色，删除轮廓线。设置页面背景为K100。

（2）选择椭圆形工具，在图层上以地球圆心为中心绘制直径为120mm的圆，轮廓色设置为白色，这是月球围绕地球公转的轨道，方向是自西向东。在地球上观察月亮的方向是南，因此添加旋转方向注记为左"东"右"西"。

（3）新建图层"月亮"，选择椭圆形工具，在该图层上以地球圆心为中心绘制直径为10mm的圆，填充Y50。选中月球，打开"排列｜变换｜位置"泊坞窗，输入水平参数60，点击应用。

（4）双击月球，出现旋转标识，将旋转中心移动到地球中心。打开"排列｜变换｜旋转"命令，输入角度参数45，点击应用到再制7次。

（5）选中第一个月球，复制1个圆形，填充为黑色，放置在月球前面；添加注记新月、朔月、农历初一。快速复制黑色圆形1个，移动到第二个月球位置，打开"排列｜变换｜位置"泊坞窗，输入水平参数-2，点击应用；添加注记蛾眉月、农历初四。快速复制黑色圆形1个，移动到第三个月球位置，在属性栏中设置为饼形，设置起始角度为90，结束角度为270，按Enter确定；添加注记上弦月、农历初八。

（6）快速复制黑色圆形2个，移动到第四个月球位置，将前面的圆形填充为白色，打开"排列｜变换｜位置"泊坞窗，输入水平参数2，点击应用。选中白色圆形，打开"排列｜造形"泊坞窗，选择修剪，保留原件复选框全部不选择，点击修剪按钮，鼠标指针指向黑色圆形，单击鼠标左键；添加注记盈凸月、农历十二。

（7）第五个月球，添加注记满月、望月、农历十五。

（8）快速复制黑色圆形2个，移动到第六个月球位置，将前面的圆形填充为白色，打开"排列｜变换｜位置"泊坞窗，输入水平参数-2，点击应用。选中白色圆形，打开"排列｜造形"泊坞窗，选择修剪，保留原件复选框全部不选择，点击修剪按钮，鼠标指针指向黑色圆形，单击鼠标左键；添加注记亏凸月、农历十八。

（9）快速复制黑色圆形1个，移动到第七个月球位置，在属性栏中设置为饼形，设置起始角度为270，结束角度为90，按Enter确定；添加注记下弦月、农历二十三。快速复制黑色圆形1个，移动到第八个月球位置，打开"排列｜变换｜位置"泊坞窗，输入水平参数2，点击应用，添加注记残月、农历二十七。

（10）新建图层"太阳光"，选择贝塞尔工具，在图层上绘制线条，宽度1.0mm，颜色Y100，添加箭头。打开"排列｜对齐与分布"，选择水平方向中对齐，使线条与地球对齐。选中线条，打开"排列｜变换｜位置"泊坞窗，输入垂直参数5，点击应用到再制5次；再次选中初始线条，输入垂直参数-5，点击应用到再制5次；添加注记太阳光，得到如图8-31所示的月相变化图。

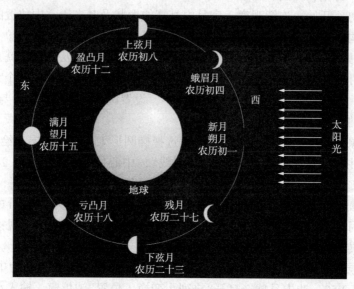

图8-31　从地球上看到的月相变化

第 9 章　三维立体效果

在计算机技术引入制图的初期，只能实现一些简单的规则的几何图形。随着软件技术的不断提高，将二维图形变成三维图形，已经不再是一件困难的事，现在绘制三维立体图形或是给面状符号添加一些特殊效果，都可以使其看起来具有立体的效果。

在 CorelDRAW 中，交互式展开工具栏中就提供了这样一系列工具，如图 9-1 所示。通过添加轮廓图、透视、立体模型、斜角或阴影效果，它们不仅能够使图形具有三维立体效果，生成一些有趣的图形；还能够使文本具有三维效果，使其更具有艺术性。另外，应用效果下拉菜单中的立体化等泊坞窗也可以完成三维效果，这些工具如图 9-2 所示。本章主要讲立体化、调和与轮廓图效果。

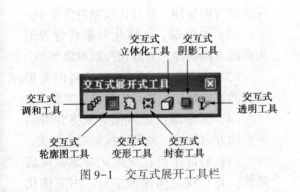

图 9-1　交互式展开工具栏

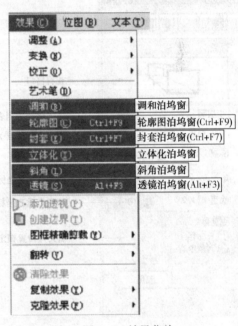

图 9-2　效果菜单

9.1　立体化效果

立体化效果可以把一个二维图形变成一个三维图形。当一个对象被立体化后，CorelDRAW 将在消失点的方向上生成原始对象的投影面。除了可以立体化不同形状和尺寸的对象之外，还可以立体化文本对象。CorelDRAW 中既有立体化效果泊坞窗，可以完成立体化效果，还有交互式立体化工具，使用它可以实时地生成立体化效果。本节首先介绍如何利用立体化泊坞窗生成立体化效果，然后再讲述交互式方法。这是因为泊坞窗能更容易地学习使用立体化效果，并且有助于理解它的复杂性。但在熟练掌握这两种方法后将会发现使用交互式方法比泊坞窗更快捷。

注意：即使关闭了立体化泊坞窗，它还保留最后所使用过的设置。也就是说，如果最后

175

生成的立体化对象组含旋转和光源效果，而且使用了倾斜特性的话，那么下一个对象的立体化效果将拥有相同的属性。当然，在生成立体化效果之后还是可以再编辑它的属性的。如果想恢复缺省设置，那么就必须编辑一个对象的立体化效果以使其恢复缺省设置。如果在当前页面上没有一个能用于编辑立体化效果的对象，则有如下两种选择：方法一，生成一个新的对象并编辑它的立体化效果以使立体化泊坞窗恢复缺省设置；方法二，关闭 CorelDRAW 应用程序并重新打开它。

9.1.1 立体化对象

9.1.1.1 使用立体化泊坞窗

用"效果｜立体化"命令可以调出立体化泊坞窗，如图 9-3 所示。当第一次打开立体化泊坞窗时，它最上面显示有五个属性标签，从左到右依次是：立体化相机、旋转、光源、颜色和斜角。下面详细讲解立体化相机页面的各个选项。

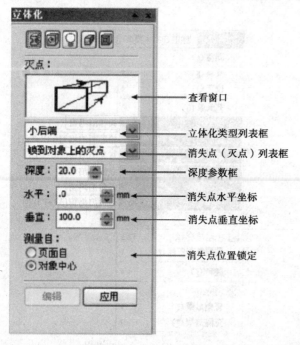

图 9-3　立体化工具泊坞窗

1. 查看窗口

查看窗口就位于五个标签的下面，它显示了当前立体化类型的形状和方向。

2. 立体化类型列表框

在查看窗口下面是立体化类型列表框，其中列出了系统所提供的所有立体化类型，总共有六种：

（1）小后端：立体化对象将向着消失点的方向延伸，并且比控制对象要小。

（2）小前端：立体化对象将背着消失点的方向延伸，并且比控制对象要小。

（3）大后端：立体化对象将向着消失点的方向延伸，并且比控制对象要大。

（4）大前端：立体化对象将背着消失点的方向延伸，并且比控制对象要大。

（5）后部平行：立体化对象将向后延伸，并且线之间保持平行。由立体化效果所生成的第二个对象的尺寸将与控制对象的尺寸大小相同。

（6）前部平行：立体化对象将向前延伸，并且线之间保持平行。由立体化效果所生成的第二个对象的尺寸将与控制对象的尺寸大小相同。

3. 消失点(灭点)列表框

位于立体化类型列表框下面的是消失点(灭点)列表框，可以选择是否把消失点锁定于对象或页面。有四种类型：锁到对象上的消失点；锁到页上的消失点；复制消失点，自……；共享消失点。默认的设置是锁到对象上的消失点，即对象移动时，消失点也会移动。

4. 深度参数框

深度参数框的数值决定了立体化效果的长度。如果在其中输入数值 99（为最大值），立体化效果将一直延伸到消失点为止。深度参数框下面的水平参数框用来设置消失点的水平坐标，垂直参数框用来设置消失点的垂直坐标。

5."测量自"按钮

其功能是：在页面上，我们可以把消失点设定在页面上的某个位置，同时可以将消失点锁定到页面中间或对象中间。

对象被添加了立体化效果之后，就形成了一个动态链接的立体化对象组。这个对象组由两部分组成：原始对象(也称为控制对象)和新生成的立体化效果对象。如果原始对象是一个矩形，那么当它在立体化对象组中被选中的时候将被称为控制矩形，如果原始对象是文本，则被称为控制文本。在改变了控制对象的属性时，立体化对象的属性也将做相应地改变。例如，改变了控制对象的尺寸，那么立体化对象也将按一定的比例自动缩放。

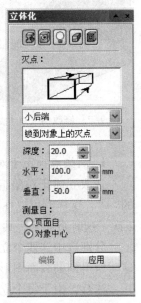

图9-4　立体化属性设置

9.1.1.2　生成立体化对象

绘制一个立体符号的具体步骤如下：

(1) 用"效果｜立体化"命令打开立体化泊坞窗。

(2) 在页面上画一个正方形，其边长设定为50mm，将其填充为K30的黑色。

(3) 单击泊坞窗口下方的"编辑"按钮，激活各参数选项和"应用"按钮。

(4) 在立体化类型列表框中选择"小后端"。

(5) 在消失点列表框中选择"锁到对象上的灭点"。

(6) 在深度参数框中输入数值20，在水平参数框中输入数值100，垂直参数框中输入数值−50。

(7) "测量自"选择"对象中心"。以上设置如图9-4所示。

(8) 单击"应用"按钮，这时得到的立体化对象如图9-5所示。这样就得到了第一个立体化效果对象。

9.1.1.3　立体化对象的消失点

消失点的位置对于立体化对象非常重要，如果将其移动或修改，立体化后的图形将发生改变。

1. 移动消失点

具体步骤如下：

(1) 重新选中刚才所生成的立体化对象，单击立体化泊坞窗中的"编辑"按钮，重新激活被立体化的对象，这时在页面上会出现一个消失点。

(2) 把鼠标指针放在消失点"✕"上，将其拖到页面的右下角。

(3) 单击"应用"按钮，这时所得到的立体化对象效果如图9-6所示。

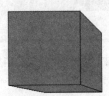

图9-5　立体化效果

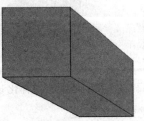

图9-6　移动消失点

请注意：虽然没有手动改变立体化泊坞窗中的深度参数的水平和垂直坐标数值，但实际上这两个参数发生了改变，使得立体化的深度变长了。造成这种情况的原因是深度参数框中的设置是基于控制对象和消失点之间距离的百分比，它并不是一个固定的长度。上面移动消失点时，它与被立体化的对象之间的距离也增加了，所以得到了图9-6所示的立体化效果。

2. 修改消失点

具体步骤如下：

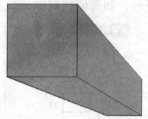

图9-7 修改消失点参数

（1）重新选中图9-5所生成的立体化对象，单击立体化泊坞窗中的"编辑"按钮，重新激活被立体化的对象，这时页面上出现消失点。

（2）把鼠标指针放置在消失点"×"上，将其拖到页面的中心点附近。

（3）在深度参数框中输入数值50，然后单击"应用"按钮，这时所得到的立体化对象效果如图9-7所示。

9.1.1.4 生成多个立体化对象

1. 消失点锁定于对象本身

选取立体化对象组（如图9-5所示的图形）而不是控制矩形本身，然后单击数字键盘上的"+"，这样就可以在原立体化对象组的上面生成一个新的立体化对象组。再连续单击"+"2次。这时页面上一共有四个立体化对象组。

分别选中这四个立体化对象组，依次摆放在页面的左上角、右上角、左下角和右下角，这时所得到的页面图形将如图9-8所示。

注意，由于每个立体化对象组的消失点都锁定于对象本身，因此这四个立体化对象组看上去是一模一样的。

2. 消失点锁定于页面上

选中图9-8中页面左上角的立体化对象组，对其重新进行编辑，在消失点（灭点）列表框中选择"锁到页上的灭点"，将消失点移动到页面中心附近的位置；对另外三个立体化对象组重复以上步骤，这时所得到的立体化对象组看起来好像带有透视效果，就像站在地面向上仰望四幢高楼一样。如图9-9所示。

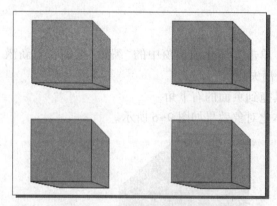

图9-8 放置在页面四角的四个相同的立体化对象

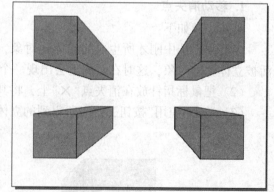

图9-9 四个立体化对象的消失点都锁定于页面上

3. 增加立体化效果的深度

选取左上角的立体化对象组，然后单击"编辑"按钮。现在要做的是把立体化效果的深度变成最大，并且通过输入坐标的方法来改变消失点的位置。具体设置如图9-10所示。

（1）单击"页面自"按钮。

（2）选择"锁到页上的灭点"。

（3）在深度参数框中输入数值99，将消失点移动到页面的中心位置，在水平参数框中输入数值148.5，垂直参数框中输入数值105。通过参数设置将消失点准确地定位于页面中心。

（4）单击"应用"按钮，这时位于屏幕左上角的立体化对象组将变得如图9-11所示。

图9-10　立体化深度设置

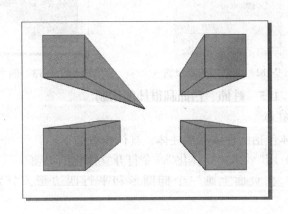

图9-11　左上角立体化对象的消失点
位于页面正中，深度设置为99

4. 共享消失点

共享消失点指的是可以把一个立体化效果的透视点设到另一个立体化效果的透视点上去。注意：共享消失点的设置并不改变当前立体化深度的设置，因此在设置共享消失点的时候分别设置每个立体化对象的立体化深度。具体步骤如下：

（1）单击图9-11图中左下角的立体化对象组，单击"编辑"按钮。选择"共享灭点"。这时在鼠标指针边上将出现一个问号。

（2）用鼠标指针选取左上角的立体化对象，单击"应用"按钮。这时左下角的立体化对象组将与左上角的立体化对象组共享一个消失点。

（3）再次单击"编辑"按钮，在深度参数框中输入数值99，并单击"应用"按钮。这时这两个立体化对象组不仅共享一个消失点，而且它们的立体化深度也变成相同的了。如图9-12所示。

（4）选取右上角的立体化对象组，重复步骤(1)、(2)。

（5）选取右下角的立体化对象组，重复步骤(1)～(3)，这时得到的图形如图9-13所示。现在生成的图形可以看成是抬头仰视世界上最高层建筑物的透视图。

注意：如果想看一看四个立体化对象到底是怎样共享一个消失点的，那么可先选中其中的一个立体化对象组，然后单击立体化泊坞窗中的编辑按钮，将消失点移动到页面的其他位置，单击"应用"按钮后，就可以观察到其他三个立体化对象组的消失点全部移动到同一位置。

图9-12　共享消失点设置

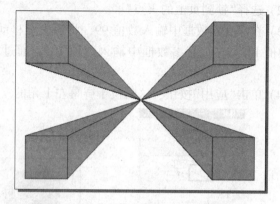

图9-13　四个立体化对象共享一个消失点

9.1.1.5　柱体、台体和锥体的绘制

1. 柱体

柱体包括圆柱体和棱柱体，具体步骤如下：

（1）用"效果｜立体化"命令打开立体化泊坞窗。

（2）在页面上画一个椭圆形和平行四边形，分别设定二者的水平为50mm，垂直为20mm。

（3）分别选定椭圆形和平行四边形，单击"编辑"按钮。在立体化类型列表框中选择"前部平行"。

（4）在消失点列表框中选择"锁到对象上的灭点"。

（5）在深度参数框中输入数值20，在水平参数框中输入数值0，垂直参数框中输入数值100。

（6）"测量自"选择"对象中心"。以上设置如图9-14所示。

（7）单击"应用"按钮，这时得到的立体化对象如图9-15所示。

如果绘制棱柱体时，是对矩形进行的立体化效果，那么可以选中形状工具，将控制矩形圆角化，得到如图9-16所示的圆角棱柱体。

图9-14　柱体参数设置

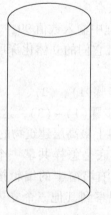

图9-15　绘制完成的圆柱体和棱柱体

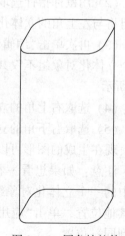

图9-16　圆角棱柱体

2. 台体

台体包括圆台体和棱台体，具体步骤如下：

（1）用"效果｜立体化"命令打开立体化泊坞窗。

（2）在页面上画一个椭圆形和平行四边形，分别设定二者的水平为50mm，垂直为20mm。

（3）分别选定椭圆形和平行四边形，单击"编辑"按钮。在立体化类型列表框中选择"小前端"。

（4）在消失点列表框中选择"锁到对象上的灭点"。

（5）在深度参数框中输入数值50，在水平参数框中输入数值0，垂直参数框中输入数值50。

（6）"测量自"选择"对象中心"。以上设置如图9-17所示。

（7）单击"应用"按钮，这时得到的立体化对象如图9-18所示。

图9-17　台体参数设置

如果绘制棱台体时，是对矩形进行的立体化效果，那么可以选中形状工具，将控制矩形圆角化，得到如图9-19所示的圆角棱台体。

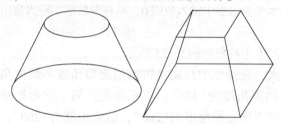 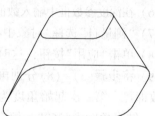

图9-18　绘制完成的圆台体和棱台体　　　　图9-19　圆角棱台体

3. 锥体

锥体包括圆锥体和棱锥体，具体步骤如下：

（1）用"效果｜立体化"命令打开立体化泊坞窗。

（2）在页面上画一个椭圆形和平行四边形，分别设定二者的水平为50mm，垂直为20mm。

（3）分别选定椭圆形和平行四边形，单击"编辑"按钮。在立体化类型列表框中选择"小前端"。

（4）在消失点列表框中选择"锁到对象上的灭点"。

（5）在深度参数框中输入数值99，在水平参数框中输入数值0，垂直参数框中输入数值50。

（6）"测量自"选择"对象中心"。以上设置如图9-20所示。

（7）单击"应用"按钮，这时得到的立体化对象如图9-21所示。

如果绘制棱锥体时，是对矩形进行的立体化效果，那么可以选中

图9-20　锥体参数设置　形状工具，将控制矩形圆角化，得到如图9-22所示的圆角棱锥体。

9.1.1.6　立体饼形和立体环形的绘制

1. 立体饼形

立体环形是在饼形的基础上绘制的，首先我们来讲解饼形的绘制，其步骤如下：

（1）用"效果｜立体化"命令打开立体化泊坞窗。

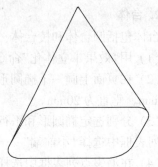

图 9-21　绘制完成的圆锥体和棱锥体　　　　　　图 9-22　圆角棱锥体

（2）在页面上画一个椭圆，设定其水平为 100mm，垂直为 60mm。

（3）复制一个椭圆，将其变为饼形，在椭圆属性栏中选择"饼形"，设置其起始角度为"0"，结束角度为"45"，为其填充黄色。

（4）选定该饼形，单击"编辑"按钮。在立体化类型列表框中选择"后部平行"。

（5）在消失点列表框中选择"锁到对象上的灭点"。

（6）在深度参数框中输入数值 20，在水平参数框中输入数值 0，垂直参数框中输入数值-20。

（7）"测量自"选择"对象中心"。

（8）单击"应用"按钮，这时得到的立体化对象如图 9-23 所示。

（9）将步骤（3）~（8）分别再操作 3 次，在操作中只需将饼形的起始角度和结束角度进行修改即可。第一次起始角度为"45"，结束角度为"135"，填充绿色；第二次起始角度为"135"，结束角度为"260"，填充青色；第三次起始角度为"260"，结束角度为"360"，填充品红色。

（10）用"排列｜顺序"命令，调整立体饼形的顺序，即可得到如图 9-24 所示的图形。

2. 立体环形

立体环形是在立体饼形的基础上应用相关命令得到的，方法有两种。

（1）方法一具体步骤如下：

① 将页面上所画的椭圆复制一个，把它缩小到原来椭圆的 60% 大小。

② 在图 9-23 的基础上，将立体化对象用命令"排列｜分离"分离后，再将它们用命令"排列｜结合"或"排列｜群组"到一起，使其成为一个整体；用"排列｜整形｜修剪"命令，弹出修剪卷帘窗，然后选定小椭圆，单击"修剪于"按钮，将鼠标指针指向立体图形，单击即可得到如图 9-25 所示的图形。

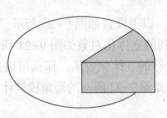　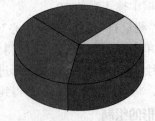　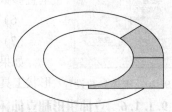

图 9-23　第一个立体化饼形　　图 9-24　立体化饼形　　图 9-25　修剪后得到的立体图形

③ 同法，将步骤②依次应用于图 9-24 中的其他三个立体饼形图。

④ 用"排列｜顺序"命令，调整四个立体图形的顺序，即可得到如图 9-26 所示的图形。

（2）另外还有一种更简单的方法，同样也可以得到立体环形的效果。其步骤如下：

① 将页面上所画的椭圆复制一个，把它缩小到原来椭圆的 60% 大小。

② 把这个小椭圆填充为白色，压盖在所有立体饼形上面，从视觉上看，也可得到立体环形。如图 9-27 所示，将这种效果与图 9-26 进行比较，可能看不出二者的区别，如果页面背景改为其他颜色，那么两者的区别将一目了然。但当制图时要求立体环形镂空时，则必须使用第一种方法。

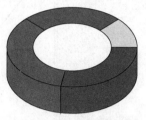

图 9-26　立体环形

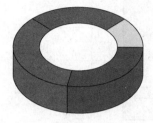

图 9-27　小椭圆填充白色得到的立体环形

9.1.2　旋转立体化对象

旋转具有立体化效果的对象可以产生特殊的三维效果。平常我们习惯把一个带有立体化效果的正方形看成一个立方体，但是如果把所得的正方体旋转一下，就可以得到不常见的三维效果。旋转立体化对象既可以用手工的方法，也可以通过输入精确数值来调整立体化效果的三维旋转值 x、y 和 z 参数值，以实现旋转立体化对象的目的。

9.1.2.1　手工旋转

立体化旋转位于立体化泊坞窗中的第二个标签，选中这个标签后，立体化三维旋转泊坞窗将如图 9-28 所示。

通过旋转立体化对象可以改变它的透视效果，执行下面的步骤来旋转一个立体化对象。

（1）在页面上绘制一个边长为 50mm 的正方形，将其填充为白色。

（2）把正方形拖到页面的左上角，打开立体化泊坞窗然后单击编辑按钮，选择"小后端""锁到对象上的灭点"和"对象中心"，在深度参数框中输入 20，水平参数框中输入 100，垂直参数框中输入 -50，单击"应用"按钮，得到一个立体化对象。

图 9-28　三维旋转泊坞窗

（3）选取立体化对象组（不仅仅是控制对象），然后单击数字键盘上的"+"键，这时可在原来的立体化对象组的上面得到它的一个复制对象组，把复制的对象组移动到页面中心附近的位置。

（4）选择旋转标签以切换到相应的页面，单击"编辑"按钮，把鼠标指针放到圆弧球的中间（它将变成手形），然后往右拖动使其大致呈 45° 角。这里仅仅是把光标向右移动一点，在移动过程中，会发现圆弧球就像在三维空间上移动一样，同时在立体化对象的周围出现虚线以指示当前的旋转状态，当旋转位置合适后，单击"应用"按钮，这时所获得的图形类似于图 9-29 所示的对象。注意，旋转后立体化对象的消失点坐标改变了，深度变大，而且看上去也不像立方体。

（5）选中旋转后的立体化对象，切换到立体化相机标签页面，在深度参数框将数值修改为 10，然后单击"应用"按钮，这时立体化对象将变得更像一个立方体，如图 9-30 所示。

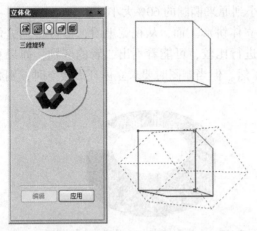

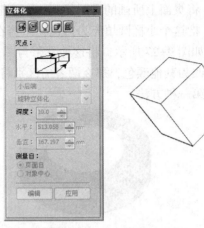

图 9-29　旋转一个简单的立体化对象　　　　图 9-30　旋转后的立体化对象的深度修改为 10

9.1.2.2　精确旋转

执行下面的步骤以精确旋转立体化对象：

（1）在页面上绘制一个边长为 50mm 的正方形，将其填充为 K20 的黑色。

（2）把正方形拖到页面的左上角，打开立体化泊坞窗然后单击"编辑"按钮，选择"小后端""锁到对象上的灭点"和"对象中心"，在深度参数框中输入 20，水平参数框中输入 100，垂直参数框中输入-50，单击"应用"按钮，得到一个立体化对象。

（3）选取立体化对象组（不仅仅是控制对象），然后单击数字键盘上的"+"键，这时可在原来的立体化对象组的上面得到它的一个复制对象组，把复制的对象组移动到页面中心附近的位置。

（4）选择旋转标签以切换到相应的页面，单击"编辑"按钮，选取圆弧球右下角的按钮调出旋转值页面。在参数框 x 中输入数值 30，y 中输入 15，z 中输入 20，每当在一个参数框中输完一个数值时，屏幕上立体化对象的虚线框将跟着改变。单击"应用"按钮使输入的参数值生效。

（5）选中旋转后的立体化对象，切换到立体化相机标签页面，在深度参数框将数值修改为 10，然后单击"应用"按钮，这时立体化对象将变得更像一个立方体，如图 9-31 所示。

注意：一旦某个立体化对象被旋转后，它的消失点就不能再编辑了。如果一定要编辑旋转后的消失点，必须首先单击三维旋转页面中的编辑按钮来激活旋转后的立体化对象，然后再单击圆弧球左下角的返回箭头，点击"应用"按钮，去除当前立体化对象的旋转效果。当旋转效果取消之后，在打开立体化相机页面后就可以对消失点进行编辑了。

9.1.3　添加光源效果

利用立体化泊坞窗中的光源效果可以为自己绘制的立体化对象生成阴影，使立体化效果更加生动逼真。要切换到光源页面，可单击光源标签，即标签栏有一个灯泡的图标，缺省的光源页面如图 9-32 所示。

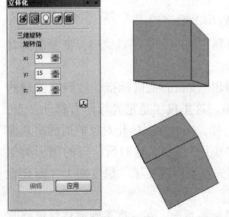

图 9-31　通过设置参数值旋转立体化对象

在光源页面中有三个分别标有 1、2 和 3 的光源图标，在它们的右边是一个显示有立方体格网的窗口。接下来的是"强度"滑块和"使用全色范围"复选项，该复选项允许在立体化对象组添加光源效果时使用全色范围。

执行下列步骤来添加光源效果：

(1) 在页面上绘制一个边长为 50mm 的正方形，用青色填充。

(2) 打开立体化泊坞窗的相机页面，设置各项参数：小后端、锁到对象上的灭点、深度20、水平数值 200、垂直数值 100 和对象中心选项。这样可以看到立方体的三个面。

(3) 选取光源标签，在立体化对象被选中的情况下，单击 1 号光源，这时标有数字 1 的小圆圈被放置在立方体格网的右上角。注意，这时在立方体格网内将出现一个立体的球，再仔细观察，会发现立体球真的好像被右上角的光源照射一样，而且在假想的地面上还有它的阴影。

(4) 将 1 号光源的强度设置为 100%，并选中"使用全色范围"复选框。

(5) 单击"应用"按钮，这时得到的立方体如图 9-33 所示。

  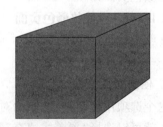

图 9-32　缺省的光源页面　　　　图 9-33　带有一个右上角光源的立体化对象

(6) 再次选中立体化对象组，单击 2 号光源。这时 2 号光源被放置在 1 号光源的位置上面。用鼠标将 2 号光源移动到立方体的左后角（如图 9-34 所示卷帘窗）。选中"使用全色范围"复选框，强度设置为 100%。

(7) 单击"应用"按钮，这时得到的带有阴影的立体化对象如图 9-34 右图所示。注意，这时立体化对象的阴影变得更加自然了。

(8) 再次选中立体化对象组，单击 3 号光源，这时 3 号光源出现在立方体的右后角（如图 9-35 所示卷帘窗）。选中"使用全色范围"复选框，强度设置为 100%。

(9) 单击"应用"按钮，这时得到的带有阴影的立体化对象如图 9-35 右侧上方的图形效果所示。

(10) 如果用鼠标将 3 号光源移动到立方体的左前角，并选中"使用全色范围"复选框，强度设置为 100%。单击"应用"按钮，这时得到的带有阴影的立体化对象如图 9-35 右侧下方的图形效果所示。

注意，加到立体化对象上的光源最多可以有三个，可以自己试着调整每个光源的位置和强度以得到满意的效果，使用三光源时立体化对象的阴影将变得更加自然。另外，可以通过单击相应的光源图标来打开或关闭相应的光源。

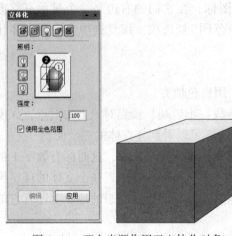

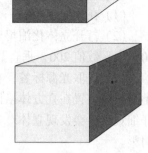

图 9-34　两个光源作用于立体化对象　　　　图 9-35　三个光源作用于立体化对象

9.1.4　颜色填充

在立体化泊坞窗中，有一个颜色标签页面，通过它可以设置立体化对象的填充形式。通过不同的选项，可以为控制对象选取一种填充方案，而为立体化对象选取另一种填充颜色方案。要切换到颜色页面，可单击立体化泊坞窗中的颜色标签(图标为一个彩色的立方体)，缺省的颜色页面如图 9-36 所示。

9.1.4.1　立体化颜色页面

在颜色标签页面中，有三个选项：使用对象填充、纯色填充和底纹填充。下面将对这些选项一一加以介绍。

1. 使用对象填充

这个选项用控制对象(原始对象)的填充方式来填充立体化对象部分，当选取了这个按钮时，就可以选择"覆盖式填充"复选项。如果选中了"覆盖式填充"复选项，那么整个立体化对象将作为一个单一的对象来填充。例如，使用一张包含有男士肖像的位图来填充立体化对象组，如果选中复选框，那么男士肖像图片将占满整个立体化对象组的空间(如图 9-37 左图所示)；如果没有选中此选项，那么立体化对象组的每一部分，包括控制对象在内，都将分别包括男士肖像图片的部分(如图 9-37 右图所示)。这时再观察立体化对象组，将会发现组成立体化对象组的每一个独立对象上都包含了整个或部分肖像图片(根据立体化对象的尺寸而定)。

2. 纯色填充

当选中纯色填充单选框时，单击"使用"按钮可以调出下拉式调色板，颜色页面如图 9-38 所示。这个选项允许从下拉式调色板中选取一种单色填充方式来填充立体化对象部分，与此同时可以用任何一种 CorelDRAW 所提供的填充方式来填充控制对象。例如，可以选取绿色填充立体化对象，而用 PostScript 填充方式来填充控制对象，如图 9-39 所示。

3. 底纹填充

当选中底纹填充单选框时，将出现如图 9-40 所示的填充页面。底纹填充与纯色填充选项稍有不同，通过单击"从"和"到"两个按钮，可以调出两个下拉式调色板来选取两种不同颜色生产立体化部分的阴影。例如，可以选取从绿色到黄色填充立体化对象，而用图样填充方式来填充控制对象，如图 9-41 所示。

图 9-36　缺省的颜色页面图　　　9-37　覆盖式填充应用(左图)与未用(右图)的比较

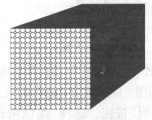

图 9-38　纯色填充页面　　　　　　　图 9-39　纯色填充对象

图 9-40　底纹填充页面　　　　　　　图 9-41　底纹填充对象

9.1.4.2　文本立体化

到现在为止，我们已经学习了图形的立体化、旋转、添加光源和颜色等效果。下面将学习怎样对文本添加立体化和填充效果。

187

具体步骤如下：

（1）用"效果｜立体化"命令打开立体化泊坞窗。

（2）在页面上输入文本"立体化效果"，字体为"黑体"，字号为"36"。

（3）用垂直方向的"K100—K10"的线性渐变填充文本，并给文本添加一个白色轮廓。

（4）在立体化类型列表框中选择"后部平行"；在灭点列表框中选择"锁到对象上的灭点"。

（5）在深度参数框中输入数值 20，在 H 中输入数值 2，V 中输入数值-2；"测量自"选择"对象中心"。以上设置如图 9-42 所示。

（6）单击"应用"按钮，这时得到的立体化文本，如图 9-43 第一个图形效果所示。

图9 42 立体化文本设置　　　　　图9-43 不同颜色填充的立体化文本效果

（7）在立体化文本被选中的情况下，单击填充标签，分别选择"使用对象填充""纯色填充"和"底纹"。如图 9-43 第二个图形的效果就是"使用对象填充"。

（8）单击"编辑"按钮，选择"纯色填充"效果，选择绿色，单击"应用"得到如图 9-43 第三个图形所示的效果。

（9）单击"编辑"按钮，选择"底纹"效果，颜色选择"从青色到红色"，单击"应用"得到如图 9-43 第四个图形所示的效果。

9.1.5 使用倾斜效果

通过单击立体化泊坞窗最右边的图标，可以调出倾斜标签页面，如图 9-44 所示。当为一个立体化对象添加斜角效果时，选中"使用斜角修饰边"复选项，在控制对象上将出现四个倾斜的边框，它们的倾斜深度和角度都是可调的，在参数框中输入数值即可。如果再将"只显示斜角修饰边"复选项选中，立体化对象组中的立体化对象部分将消失，在页面上只显示斜角效果的部分，这时状态栏显示所选中的是斜角群组。

执行以下步骤可以实现斜角效果：

（1）在页面上绘制一个边长为 50mm 的正方形，将其用 K10 的黑色填充，然后将其立体化，参数设置如下：小后端、锁到对象上的灭点、深度 20、水平数值 100、垂直数值 50 和对象中心选项。

（2）在立体化对象被选中的情况下，单击斜角标签，选中"使用斜角修饰边"复选项。

（3）在"斜角边深度"参数框中输入数值 10mm，"斜角边角度"中输入 45°。

（4）单击"应用"按钮，得到如图 9-45 所示的效果图形。

（5）在对象组仍处于选中的情况下，再次单击"编辑"按钮，选中"只显示斜角修饰边"复选项，然后单击"应用"按钮。

（6）这时在页面上看到的仅是对象组中的斜角效果部分，如图 9-46 所示。

 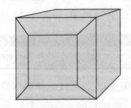 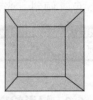

图 9-44　倾斜标签页面　　图 9-45　使用斜角功能得到的图形　　图 9-46　只显示斜角效果

（7）如果取消"只显示斜角修饰边"复选项，单击"应用"按钮后，原来的立体化对象组又将显示出来。

（8）如果取消"使用斜角修饰边"复选项，单击"应用"按钮后，斜角效果部分将消失，只剩下原来的立体化对象组。

9.1.6　使用交互式立体化工具

9.1.6.1　交互式立体化工具

交互式立体化工具需要结合属性栏来使用，可以生成任何用泊坞窗创建的效果。使用交互式立体化工具的步骤如下：

（1）在页面上绘制一个水平为 50mm、垂直为 30mm 的椭圆。

（2）从工具箱中选取"交互式立体化工具"，然后单击椭圆并把它向上拖。注意，这时椭圆中心出现一个小正方形，同时沿拖动方向出现一条虚线，线末端的"×"表示消失点（这表明在创建立体化效果可以交互地把消失点设置在任何位置），得到如图 9-47 所示的图形。

（3）单击深度滑块（虚线上的白条）并把它向消失点拖动，沿虚线拖动深度滑块可以控制立体化的深度，得到的图形如图 9-48 所示。

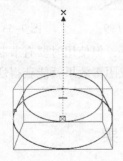 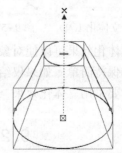

图 9-47　交互地生成立体化效果　　图 9-48　交互式移动深度滑块

189

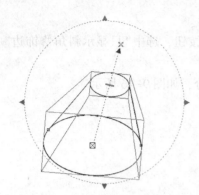

图 9-49　交互式地旋转立体化对象

（4）单击被立体化的对象部分以显示旋转控制点，当光标进入虚线圆中，它将变为如图9-48所示的形状。这种光标出现表明可以沿 x、y 和 z 轴方向移动对象，同时拖动对象还可以改变它的尺寸。将立体化对象旋转，可得到如图9-49所示的图形。

（5）在立体化对象被选中的情况下，单击属性栏上的按钮，可以实现立体化泊坞窗中的所有控制命令。如图9-50所示，属性栏中各按钮的名称从左至右依次为：预设列表、添加预设、删除预设、对象坐标、立体化类型、深度、消失点坐标、消失点属性、VP 对象/VP 页面、旋转、颜色、倾斜、光源、复制立体化属性和清除立体化。

图 9-50　交互式立体化属性栏

9.1.6.2　星形的立体化

前面第 5 章的 5.4.2 讲到了奔驰车标绘制中有一个三叉星符号，不过图形是平面的，现在要讲解如何利用交互式立体化工具使其具有立体化效果。具体步骤如下：

（1）选取星形工具，绘制一个正三角星形，设置其水平大小数值为 50mm，锐度设置为 80。

（2）选中图形后，选择交互式立体化工具，将鼠标指针指向图形下部中心的节点，向上拖动到图形中心的位置，如图 9-51 所示。

（3）在立体化属性栏的深度参数框中输入数值 99，将得到如图 9-52 所示的图形。

（4）在属性栏上选中颜色按钮，选取纯色填充方式，选择青色填充对象；然后选中光源按钮，添加 1 号光源，得到如图 9-53 所示的立体化效果。

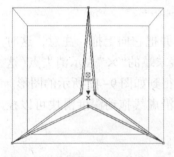
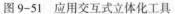

图 9-51　应用交互式立体化工具

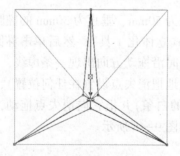

图 9-52　深度参数修改为 99

图 9-53　立体三叉星

注意：使用立体化效果可以使对象具有三维立体感，但使用时要有节制，计算机制图的原则是尽量使工作保持简单。如果仅给对象增加透视或阴影效果就能获得所要表述的要求和效果，就不一定非要采用立体化效果。

9.2　调 和 效 果

调和效果是采用一系列中间步骤把一个对象的形状渐变到另一个对象的形状，其中也包

190

含填充颜色的渐变，如图 9-54 所示。此图中最小的圆大小为直径 10mm，填充色为白色，最大的圆大小为直径 100mm，填充色为青色，应用了步长为 8 的调和效果。

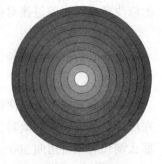

图 9-54　调和对象

9.2.1　调和对象

可以有很多不同的方式来使用调和效果，但不论怎么样，都必须从两个对象开始。这两个对象就可以是简单到规则的几何图形(矩形、椭圆和多边形等)，也可以是比较复杂的不规则图形，还可以复杂到是由上百个其他对象组成的剪贴图形。既可以用调和效果生成透视效果或霓虹灯效果，也可以将其用于一些特殊的场合，例如可以环绕某个对象分别一组或者直接在页面上分布一组对象。

在生成调和效果之前，首先需要了解一些调和对象组的构成是非常重要的。调和效果生成的是调和对象组，而不仅仅是一个调和对象。一个调和对象组由三部分组成：两个控制对象(起始控制对象和结束控制对象)和调和效果生成的一组对象。图 9-55 显示了一个步数为 5 的调和对象组，其起始控制对象是一个水平和垂直大小均为 20mm、锐度为 3 并且使用黄色填充的 9 边复杂星形，结束控制对象则是一个水平和垂直大小均为 50mm、锐度同样为 3，填充为红色的 9 边复杂星形(对其节点进行编辑得到的图形)，而它们之间则是由调和效果生成的五个过渡对象。可以清晰地看到通过调和，使起始控制对象尺寸逐渐变大、颜色渐变的整个过程。调和对象组中的所有对象都是动态链接的，如果把对象组的一个控制对象移动到页面的其他地方或者改变其大小和颜色，那么调和对象组会根据控制对象的改变自动进行更新。

图 9-55　调和对象组构成

9.2.2　调和泊坞窗

调和效果采用可以应用交互式调和工具及属性栏上的选项来生成，也可以通过调和泊坞窗来实现，在起步阶段我们还是从调和泊坞窗开始学习。选择"效果｜调和"命令可以调出调和泊坞窗。图 9-56 所示调和泊坞窗有四个标签页面，从左至右依次为步长、加速、颜色和杂项标签页面。

9.2.2.1　步长页面

步长页面中的选项用于控制调和对象的中间过渡对象的数目及其间距和移动的属性。如图 9-56 所示，它提供了如下的选项：

1. 步长

选中此选项按钮将允许用户决定调和效果的中间过渡对象的数目。在参数框中可以输入从 1~999 之间的任何一个数值，缺省值为 20。

2. 固定间距

此选项用于设置调和中的中间对象的距离。除非已经把调和对象分布在一条路径上，否

191

则这个选项是无效的。选中调和对象并且取消"沿全路径调和"复选项的情况下，才能够选中此选项，如图9-57所示。这时原来的步长参数就变成了当前的测量单位，通过对参数值的修改来确定当前过渡对象之间的距离。

3. 旋转

在此参数框中可以输入所需旋转的角度，最大值为360°。

4. 回路

选中此复选框可以使我们能够沿调和对象的中心以旋转参数框中的角度值来弯曲对象。在旋转参数框输入数值时，此复选框被激活。如果选中回路复选框并且旋转的角度为360°，那么调和对象将扭曲360°。

9.2.2.2　加速页面

在最基本的调和对象中，两个控制对象之间的颜色变化是均匀的，过渡对象之间的距离也是相同的。在加速页面中，提供了一系列的控制选项，通过它们可以来确定填充颜色和轮廓线颜色的变化方式以及过渡对象的分布方式。如图9-58显示的是调和加速页面。

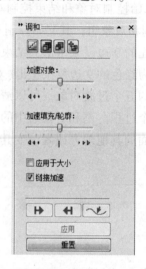

图9-56　调和泊坞窗　　　　图9-57　固定间距选项有效　　　　图9-58　调和加速页面

加速页面中的每个控制选项功能如下：

1. 加速对象

把滑块移到左边将加速调和效果开始处的过渡对象变化，而把滑块移到右边将加速结束处的过渡对象变化。

2. 加速填充/轮廓

把滑块移到左边将加速调和效果开始处的填充和轮廓线颜色变化，而把滑块移到右边将加速结束处的填充和轮廓线颜色变化。

3. 应用于大小

选中此选项时，加速对象滑块的位置将决定起始对象和终止对象之间的尺寸加速方式。

4. 链接加速

如果这个复选框被选中，那么加速填充/轮廓滑块将移动至与加速对象滑块相同的位置上。

192

9.2.2.3　颜色页面

在最基本的调和对象中，过渡对象的颜色是由两个控制对象的颜色所决定的，从起始控制对象颜色开始呈渐变趋势、逐渐过渡到结束控制对象。颜色调和页面如图 9-59 所示，页面上有三个方向按钮，可以控制调和对象中颜色出现的次序；方向按钮的旁边有一个颜色圆盘。

页面上的三个选项如下：

1. 直线调和

当选择这个按钮时，表明两个过渡对象之间的颜色变化是线性的，也就是说过渡对象将由起始点颜色沿颜色谱中的直线路径变化而到达终点颜色。在页面中的颜色圆盘中，将出现一条穿过它的直线。

2. 顺时针调和

当选中这个按钮时，中间过渡对象的颜色将由起始点颜色开始，沿着颜色谱中的顺时针路径变化而到达终点颜色。在页面中的颜色圆盘中，将出现一条顺时针方向的圆弧线。

3. 逆时针调和

当选中这个按钮时，中间过渡对象的颜色将由起始点颜色开始，沿着颜色谱中的逆时针路径变化而到达终点颜色。在页面中的颜色圆盘中，将出现一条逆时针方向的圆弧线。

应用顺时针调和或逆时针调和选项可以生成类似于彩虹的效果。

9.2.2.4　杂项页面

调和泊坞窗中的最后一个页面是杂项页面，如图 9-60 所示。在杂项页面中，提供了四个功能不同的选项。

图 9-59　颜色调和页面

图 9-60　杂项调和页面

1. 映射节点

调和两个对象时，CorelDRAW 将根据起始对象和终止对象的第一节点的位置来生成中间过渡对象。在这种情况下，如果要调和两个形状完全不同的对象，那么所生成的中间过渡可能并不是所期望的。单击映射节点按钮时，就可以用鼠标箭头来选取两个控制对象上的匹配节点。通过实验不同的节点对应合并，就可以改变过渡对象的形状，使中间过渡对象的形状变得更加自然协调。

2. 拆分

这个选项允许把调和效果的中间过渡对象之一转换成第三个控制对象，这样就可以把原来的调和对象组转换成多重调和对象组。这个多重调和对象组将包括有原起始对象和新添加的控制对象调和而成的对象组以及新添加控制对象和原结束对象调和而成的对象组。由于调和对象组是动态链接的对象，因此可以把新生成的控制对象移动到页面的任何一个位置上，这样就可以生成一个调和中的调和对象。

3. 熔合始端

这个选项将去除多重调和对象中任何附加的控制对象，并且把多重调和对象恢复到单调和状态。

4. 熔合末端

这个选项将去除多重调和对象中任何附加的控制对象，并且把多重调和对象恢复到单调和状态。

要熔合一个调和效果，需要在按下 Ctrl 键的同时单击多重调和对象，这时"熔合始端"和"熔合末端"按钮中的一个将会被激活。具体激活哪一个是由多重调和对象的位置所决定的。如果曾经多次使用拆分按钮，那么就会在调和对象中生成多个控制对象，这时就不得不每次都用"熔合始端"和"熔合末端"这两个按钮来去除附加的控制对象，直到它完全恢复到原始调和对象为止。

9.2.2.5 共同选项

在调和泊坞窗中每一个页面的下方都会出现三个按钮，分别是开始、末端和路径按钮，它们都位于应用按钮上方。

1. 开始

当单击开始按钮时，将会出现一个带有两个选项的下拉式列表。第一个选项是新起点，允许定义一个新的调和控制对象。例如，假设在页面上有三个对象：黄色对象、红色对象和绿色对象。如果在调和了黄色对象和红色对象之后，发现原本需要调和的是绿色和红色对象，这时就可以按照下面的方法来做：选取黄色和红色的调和对象，单击开始按钮并选取新起点。这时鼠标指针变为一个箭头，用它来选取绿色对象，然后单击应用按钮，这时红色对象将与绿色对象相调和。

如果箭头选取绿色对象时，弹出"始端对象必须在末端对象之后"这条信息，这时应把要调和的新对象（绿色对象）放到原调和效果中第一个控制对象（黄色对象）的后面。用鼠标右键单击绿色对象，然后从弹出的快捷菜单命令中选取"顺序｜到页面后面""顺序｜到图层后面"和"顺序｜向后一层"三个命令之一或选取"顺序｜至于此对象之后"时需要将箭头指向黄色对象，单击即可使命令生效。然后执行前面提到的步骤，即可实现红色对象和绿色对象的调和。

开始按钮中的第二个选项是显示起点，当选中此选项时，调和对象中的第一个控制对象将被选中，并在它的四周出现控点。

2. 末端

末端按钮和开始按钮的工作原理是非常相似的，它所提供的选项是新终点和显示终点

（注意：刚才的警告仍适用于新终点，提示信息是"末端对象必须在始端对象之前"，要求应用"顺序 | 到页面前面""顺序 | 到图层前面"和"顺序 | 向前一层"三个命令之一或选取"顺序 | 至于此对象之前"时需要将箭头指向红色对象，单击使命令生效后，把新对象放到前面）。

3. 路径

当单击路径按钮时，将弹出一个有三个选项的下拉式菜单。第一个选项是新路径，允许指定一条用于放置调和对象的路径。第二个选项是显示路径，可以自动选中路径，并显示出它的控点，这样可以对路径进行编辑。第三个选项是从路径分离，允许把调和对象和路径分离，以便使调和对象恢复到它原来的状态。

9.2.3　生成调和效果

前面我们生成过比较简单的调和对象，对调和泊坞窗各页面的选项功能进行了学习。现在，可以把前面所学的内容应用于实践的绘图过程中了。在开始之前，必须先调出调和泊坞窗。

9.2.3.1　生成调和星形

在下面的案例中，将使用同一个对象的两个复制品的调和效果来生成一个既简单又有趣的图形。

1. 生成简单调和效果

具体步骤如下：

（1）选中星形工具，绘制一个正五边星形，大小水平参数设置为 50mm，填充色为红色。

（2）选中这个对象，应用"变换 | 缩放"命令，设置为 10%，单击应用到再制按钮；选中小星形，用黄色填充。

（3）用选择框的方式选中这两个星形并去除它们的轮廓线。

（4）在调和泊坞窗中设置步长为 20，然后单击应用按钮，得到如图 9-61 所示的图形。

图 9-61　简单星形调和

2. 生成特殊闪光效果

用这种技术还可以生成另一种有趣的效果，但其结果完全不同。具体步骤如下：

（1）选中多边形工具，绘制一个菱形，大小泊坞窗中水平参数设置为 10mm，垂直参数设置为 35mm，填充色为 C40。

（2）用形状工具选中对象，先删除四条边上的节点；然后选中四个顶点中的一个节点并单击属性栏上的"转换直线为曲线"按钮；再用形状工具单击节点之间的任一条线段并向内拖动，得到如图 9-62 所示的第一个图形。

图 9-62　生成特殊闪光效果

（3）选中这个对象，应用"变换｜缩放"命令，设置为10%，单击应用到再制按钮；选中小星形，用白色填充。

（4）用选择框的方式选中这两个星形并去除它们的轮廓线。

（5）在调和泊坞窗中设置步长为20，然后单击应用按钮，得到如图9-62所示的第二个图形。

（6）在页面上输入文本STAR，字体形状Arial Black，字号设置为100，填充颜色为C40。

（7）选中调和对象，应用"变换｜旋转"命令，设置为30°，单击应用按钮；然后按下"+"键，复制一个调和对象组。

（8）选中一个调和对象组，选择"效果｜图框精确裁剪"命令，然后用鼠标箭头选择文本，将调和对象组放置在文本容器中，这时闪光出现在文本的中间；重新选中带闪光的文本，应用"效果｜图框精确裁剪｜编辑内容"命令，用鼠标选中调和对象组，将其移动到字母S的左上角，选择"效果｜图框精确裁剪｜结束编辑"命令，得到如图9-62所示的第三个图形。

（9）绘制一个大于文本的矩形，填充色为黑色，将其置于文本之后。

（10）选中复制的调和对象组，将其外侧的控制对象的颜色修改为黑色，用鼠标将其移到与文本内闪光点重合的位置，并将其放置在文本的前面。

这样就得到了如图9-62所示的第四个图形，经过上面的10个步骤，生成了这种非常漂亮的闪光效果，所得到的闪光效果比图9-62中第三个图形效果显示得更好。

9.2.3.2　旋转和环绕调和对象

通过旋转和环绕调和对象，可以生成复杂而有趣的图形，具体步骤如下：

（1）在页面上绘制三个直径为50mm的圆，用渐变填充中的射线型方式填充，三个圆的摆放位置如图9-63第一个图形所示，三者大致等距。

（2）选中上面的两个圆，打开调和泊坞窗，步长参数框中输入数值20，旋转参数框中输入数值-360，选中回路复选框，单击应用按钮，得到如图9-63所示的第二个图形。

（3）选中调和对象左边的控制对象和第三个圆，在旋转参数框中输入数值360，选中回路复选框，单击应用按钮，得到如图9-63所示的第三个图形。

（4）选中第二次调和时右边的控制对象和第一次调和对象时右边的控制对象，在旋转参数框中输入数值-360，选中回路复选框，单击应用按钮，得到如图9-63所示的第四个图形。

这时，可以看到三个调和对象组成了一个圆形。

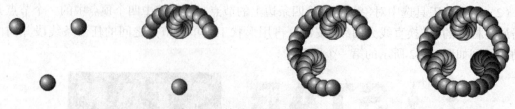

图9-63　旋转调和对象组成一个圆

9.2.3.3　沿路径调和效果

把一个调和对象沿着某特定路径分布可以生成很有趣的效果，下面的案例是一个椭圆形的栅栏，就是要将调和对象分布在一个椭圆路径上。这个功能同样可以实现文本适合路径的效果，而且这种效果不仅可以用于文本，也可以用于各种图形。

要想生成这种效果，按以下步骤操作：

（1）在页面上绘制一条长 10mm、宽 1mm 的竖线，然后复制一条。将这两条线间隔100mm 的距离，使用调和命令，步长设置为 50，单击应用按钮。

（2）在页面上绘制一个大小为水平 120mm、垂直为 60mm 的椭圆，这个椭圆就是路径。

（3）选中调和对象，在步长页面中单击路径按钮，选中新路径，将箭头指向椭圆后单击，然后点击应用按钮，原来的调和路径将移动到椭圆路径上来。这时调和对象并不是完全均匀分布在调和路径上，还需要选中"沿全路径调和"复选框，然后点击应用按钮。这样就得到了如图 9-64 所示的图形。

9.2.3.4 用加速调和生成特殊效果

1. 生成阴影效果

使用调和效果也可以生成对象的阴影，但通常情况下，阴影缺乏真实性，效果不是很好。现在，可以通过调整调和效果的加速功能来得到非常逼真的投影阴影效果。具体步骤如下：

（1）在页面上绘制一个直径为 50mm 的圆。用渐变填充中的射线型方式填充，颜色从青色到白色，中心点位置在左上角，然后去除其轮廓线；在球体前面绘制一个直径为 25mm 的圆，填充为白色，去除轮廓线，并标注数字 8；然后选中这 3 个对象，将它们群组在一起。

（2）在球的下方绘制一个大椭圆，白色填充；将其复制一个，缩小并用黑色填充。

（3）选中两个椭圆，去除它们的轮廓线。打开调和泊坞窗，步长设置为 50；打开加速标签，选中"链接加速"和"应用于大小"复选框，把加速对象滑块向右移动一格，单击应用按钮。

（4）选中球体，把它放置在调和对象的前面，将其下移以使其位于调和对象的上面。最后得到的图形效果，如图 9-65 所示。

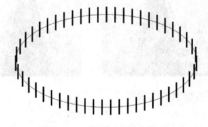

图 9-64　沿路径调和效果

图 9-65　应用调和加速生成阴影效果

2. 生成透视效果

当站在路中间往远处看时，会发现随着距离的增加，物体将变得越来越小。如果能利用调和泊坞窗中的加速功能，那么在 CorelDRAW 中生成此效果是相当容易的。按照下面的步骤，用加速调和技术来生成透视效果。

（1）在页面上绘制一个覆盖整个上半页面的矩形（大小为水平 210mm，垂直 148.5mm），用渐变填充中的线性方式填充，设置参数：角度-90，颜色从青色（C100）到白色，中点 20。

（2）选中矩形对象，单击数字键盘上的"+"键，复制一个；选中复制对象，单击它上面中间的控点同时按下 Ctrl 键（使其大小保持不变），把它由页面顶端拖到页面底部，这时将得到一个覆盖页面下半部分的矩形，并且它的填充方向刚好与上面的矩形相反，将其中的青色改为 M60Y100。

（3）去除两个矩形的轮廓线，这时所得到的是一幅从地平线一直延伸到天空的图样。

（4）将下面的矩形的水平方向缩小到 50%，应用到再制，用黑色填充，这个矩形将要成为道路图形。这时所得到的图形如图 9-66 第一个图形所示。

（5）选取黑色矩形，选择"效果｜添加透视"，用十字丝选取右上角的控点并把它往左拖动，用十字丝选取左上角的控点并把它往右拖动，直到矩形看起来如图 9-66 第二个图形所示。拖动的过程中按住 Ctrl 键，使矩形顶部保持水平。这时已经生成一个基本图样了，接下来将要做的是在路边添加树木对象。

（6）从符号库中选取一个树的符号，把它拖动到页面上，设置其水平数值为 25mm，复制一个，把它们分别放置在路前端的左右两边。再复制两个，将它们缩小到 20%，分别放置在路尽头的左右两边。这时得到的图形如图 9-66 第二个图形所示。

（7）同时选中路左边的两个树木对象，打开调和泊坞窗，步长参数框中输入数值 8；打开加速标签页面，选中"链接加速"和"应用于大小"复选框，把加速对象滑块向右移动一格，单击应用按钮。将路右边的两个树木对象同时选中，选择"效果｜复制效果｜调和自"或"效果｜克隆效果｜调和自"，将鼠标箭头指向左边的调和对象，单击即可将左边的调和效果应用到右边的对象上。这时得到如图 9-66 第三个图形所示图。

（8）在天空中绘制一个直径为 50mm 的圆，将其用渐变填充中的射线型方式填充，颜色从白色到白黄色(Y40)，去除轮廓线，得到一轮满月。

这样通过调和的加速功能，就完成了一幅月夜道路透视图，如图 9-66 第四个图形所示。

图 9-66　应用调和加速绘制的透视图

9.2.3.5　用调和效果生成几何图样

用调和效果可以生成许多几何图样。下面的案例应用调和技术生成了一幅漂亮的几何图样，具体步骤操作如下：

（1）绘制一个水平 4.5mm、垂直 7.5mm 的椭圆，用从青色到白色线性渐变方式填充，角度设置为-90。如图 9-67 第一个图形所示。

（2）双击椭圆，以显示旋转控点，单击并把旋转轴拖到椭圆底部，在拖动过程中按住 Ctrl 键，把旋转轴精确地放置在椭圆底部中心的位置，如图 9-67 第二个图形所示。

（3）旋转"变换｜旋转"命令，设置角度为 15，单击应用到再制按钮 23 次，这样将出现 24 个椭圆，如图 9-67 第三个图形所示。

（4）用选择框旋转着 24 个椭圆，单击属性栏上的结合按钮，图形将发生变化，如图 9-67 第四个图形所示。

（5）选中新生成的合并对象，用数字键盘上的"+"复制一个，尺寸设置为原来大小的30%，颜色用从白色到青色线性渐变方式填充(与原对象填充方式正好相差180°)。

（6）选中这两个对象，把调和步长设置为10，将它们调和，得到如图9-67第五个图形所示的图样效果。

这么漂亮的图样，我们准备把它应用到其他地方。如图9-68所示，这幅图是应用一幅剪贴画和我们刚生成的图样合并得到的。原图中孔雀的尾巴不太好看，因此用刚生成的图样为它设计了一条漂亮的新尾巴。注意，调和对象是动态链接的，只要把这个调和图样放在孔雀右边，然后选择较小的(即中间的)控制对象并把它拖到孔雀身体上，可以根据需要适当调整两个控制对象的尺寸使其与孔雀的身体看起来更协调。调和图样也会根据调整自动按新设置更新，得到了如图9-68所示的漂亮的尾巴效果。

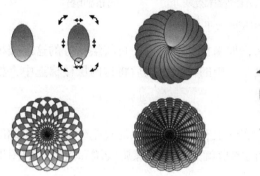

图9-67　通过合并调和对象生成几何图样　　　　图9-68　漂亮的孔雀尾巴

9.2.3.6　用调和效果生成楼梯(或台阶)

楼梯(或台阶)是建筑设计或园林设计中最常见的构建，应用调和效果可以生成具有立体透视效果的楼梯图形，图9-69所示的图形就是应用调和后得到的图形。要生成这种效果，可以按下面的步骤操作：

（1）选择矩形工具，绘制一个水平30mm、垂直60mm的矩形，填充色为K20，去除轮廓线。应用"排列｜变换｜倾斜"命令，使其水平倾斜-30°，作为楼梯的背景，如图9-69(a)所示。

（2）选择矩形工具，绘制2个水平30mm、垂直1.5mm的矩形，填充色为K10。一个放置在倾斜矩形底边正中央的位置，另一个放置在倾斜矩形顶边正中央的位置，作为楼梯踏步的起点和终点，如图9-69(b)所示。

（3）选择椭圆形工具，绘制一个直径为1.5mm的圆，填充色为绿色，去除轮廓线。用矩形工具绘制一个水平1.5mm、垂直10mm的矩形，填充色为绿色，去除轮廓线；将矩形上面两个角圆角化程度设置为100，下面两个角圆角化程度设置为50。将圆形摆放在圆角矩形顶部，垂直方向中对齐，群组在一起，绘制完成一个栏杆扶手，如图9-69(b)所示。

（4）将栏杆扶手复制3个，分别摆放在台阶踏步起点和终点两侧的位置，与踢面水平方向中对齐，如图9-69(b)所示。

（5）打开"效果｜调和"命令，选中两个小矩形，设置步长为25，点击应用按钮；选中右侧的两个扶手，设置步长为10，点击应用按钮，并把它们排在最前面；选中左侧的两个扶手，步长也设置为10，点击应用按钮，把它们排在最后面；如图9-69(c)所示。

（6）选择贝塞尔工具，根据扶手的高度(大约4/5高的位置)，沿着右侧扶手的方向绘

199

制一个闭合的曲线，填充色为绿色，去除轮廓线；将这个曲线复制一个，摆放在楼梯左侧，相当于为楼梯添加了围挡的效果，如图9-69(d)所示。

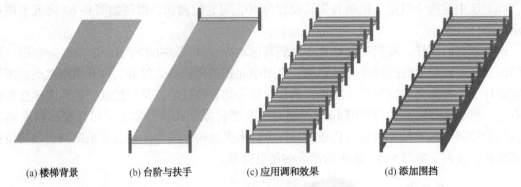

(a) 楼梯背景   (b) 台阶与扶手   (c) 应用调和效果   (d) 添加围挡

图9-69　应用调和效果生成楼梯

按照以上步骤可以生成一层楼梯的效果，如果楼梯有多层，可将绘制好的这层楼梯群组后，复制1个，使用水平镜像命令后，摆放在二层的位置；然后将这两层楼梯选中，根据需要，复制若干，摆在相应的位置即可。

9.2.3.7　线与线的调和

调和效果不仅可以把图形和图形调和，实际上有时候也可以通过把轮廓线和轮廓线项和得到一种意想不到的效果。图9-70所示的图形就是把两条螺旋线调和后得到的图形。要生成这种效果，可以按下面的步骤操作：

（1）选中螺纹工具，设置圈数为5，绘制出一条螺旋线，设置其宽度为2mm。

（2）按一卜数字键盘上的"+"键，在螺纹线上面生成一个它的复制对象。将复制对象的轮廓色改为白色，宽度设为发丝，并将其上移10mm。

（3）选中两条螺纹线，调和步长设置为50，就可以得到如图9-70所示的效果图。

图9-70　调和两条螺旋线的效果图

9.2.4　使用交互式调和工具

交互式调和工具需要结合属性栏来使用，可以生成任何用泊坞窗创建的效果。使用交互式调和工具的步骤如下：

（1）在页面上绘制一大一小两个圆，大圆直径25mm，填充绿色；小圆直径10mm，填充白色，它们的位置参考如图9-71所示。

（2）从工具箱中选取"交互式调和工具"，把鼠标从大圆拖到小圆，拖动的起止点之间将出现一条虚线，松开鼠标左键得到如图9-71所示的结果。

（3）像第一步那样再绘制同样的两个圆，然后选择交互式调和工具，按住 Alt 键，从大圆向小圆绘制一条不规则的路径，到达小圆时松开鼠标左键和 Alt 键，得到的图形如图9-72所示。这个图形看起来是不是很像大象的鼻子？

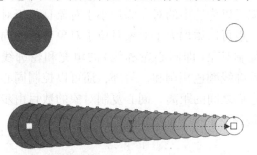
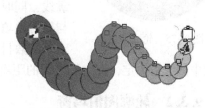

图 9-71　用交互式调和工具生成一个调和对象　　　图 9-72　用交互式调和工具沿路径调和对象

（4）利用交互调和时出现的虚线上的滑块可以控制对象和颜色的加速属性，在图9-73左图可以看到两个偏向左边的三角形活动控制块，虚线上面的滑块控制对象的间距，下面的滑块控制颜色。缺省情况下这两个滑块是连在一起的，当移动其中一个时，另一个也随之移动，如图9-73左图所示，调和对象的间距和颜色同时发生变化。通过双击滑块或单击属性栏上的锁定加速按钮（这个按钮可以用于在开、关状态间的切换），切换连接的开、关状态。如图9-73右图所示，下面的颜色滑块被移动到左边，上面的对象间距滑块被移动到右边。颜色向左加速，对象间距向右加速。

图 9-73　在两个交互调和上调整滑块为调和对象加速

（5）在调和对象被选中的情况下，单击属性栏上的按钮，可以实现调和泊坞窗中的所有控制命令。如图9-74所示，属性栏中各按钮的名称从左至右依次为：预设列表、添加预设、删除预设、对象坐标、对象大小、步长/固定间距、调和方向、环绕调和、直接调和、顺时针调和、逆时针调和、对象和颜色加速、加速调和时的大小调整、杂项调和选项、起始和结束对象属性、路径属性、复制调和属性、清除调和。

图 9-74　交互式调和属性栏

9.3　轮廓图效果

9.3.1　轮廓图对象

看到下面的图9-75这幅图，我们也许会奇怪是不是弄错了，把上一节调和效果中的图

9-54 搬过来了？确实从外观上看，此图与图 9-54 完全一样，但二者使用的方法完全不同，

本图使用的是轮廓图效果，设置的偏移量为 5mm，步长为 9。轮廓图效果是在原始对象的外边(如果选中直径为 10mm 的圆)或里边(如果选中直径为 100mm 的圆)生成对象的复制品。通过后面的学习，将会发现两者之间的区别会越来越多。

轮廓图命令就可以为选中的对象添加小于对象且位于对象内部的同心轮廓线，也可以添加大于对象且位于对象外面的同心轮廓线，同时同心复制对象(即同心轮廓线)的填充和轮廓线颜色与原对象填充和轮廓线颜色相调和。另外，还可以控制同心复制

图 9-75　轮廓图对象

对象的数目以及它们之间的距离。同心复制对象的数目由步长参数框中的数值决定，而它们之间的距离则由偏移参数框中的数值决定。

9.3.2　轮廓图泊坞窗

轮廓图泊坞窗可用"效果｜轮廓图"(Ctrl+F9)命令调出，轮廓图泊坞窗有三个标签，依次为：步长、颜色和加速页面。如图 9-76 所示为步长页面，图 9-77 所示为颜色页面，图 9-78 所示为加速页面。使用泊坞窗时，其中的选项设置只有在单击应用按钮之后才能生效。

图 9-76　步长页面　　　　　　图 9-77　颜色页面　　　　　　图 9-78　加速页面

9.3.2.1　步长页面

步长页面有三个方向选项，分别是：向中心、向内和向外。

1. 向中心

这个选项将会忽略步长参数的作用，并根据偏移参数在原始对象内部添加尽可能多的同心复制对象。例如，如果要为一个直径为 50mm 的圆添加同心轮廓线，选择向中心选项，偏移参数框输入数值 2.5mm，它的步长参数将自动生成为 10 且不能修改。执行命令后，将有 10 个同心圆被添加到对象的内部，图 9-79 左图所示的就是执行上述设置后得到的图形。

2. 向内

这个选项同样也将在原始对象内部添加同心复制对象，但它允许控制复制对象的步数和偏移量，而不会自动添加尽可能多的同心复制对象。同心复制对象的最低数目是由原始对象

的尺寸和偏移距离的大小决定的。如果试图输入一个数值非常大的步数参数,那么它会被转换成所允许的最大值。如图9-79右图所示的是一个直径为50mm圆的轮廓图效果,选中向内选项,偏移参数为2.5mm,步长参数为5。

3. 向外

这个选项将会在原始对象的文本添加同心复制对象,但它与前面两个选项有所不同,它不受步长和偏移距离的限制,向外选项和向内选项的工作方式刚好相反。请注意,在步长和偏移参数框中输入的数值将极大地影响轮廓图对象的外观。如图9-80显示了一个选用向外选项且偏移参数值为2mm、步长参数为5的轮廓图效果。

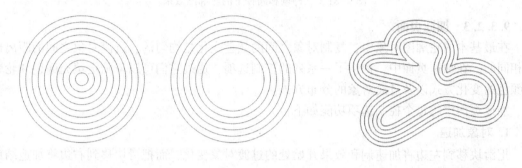

图9-79　向中心与向内选项轮廓图对比　　　　图9-80　向外选项轮廓图效果

9.3.2.2 *颜色页面*

轮廓图泊坞窗中的颜色页面允许为轮廓图效果中的最后一个对象选取轮廓线颜色和填充颜色。这些颜色将与原始对象的轮廓线颜色和填充颜色相调和。页面上有三个方向按钮,可以控制调和对象中颜色出现的次序,三个按钮分别是:直线路径、顺时针路径和逆时针路径;方向按钮的旁边有一个颜色圆盘。

图9-81的三幅图就显示了一个原始对象轮廓色为白色、填充色为青色,最后一个对象的轮廓色为黑色、填充色为红色的轮廓图效果,在直线、顺时针和逆时针三种不同路径下颜色调和的变化。

1. 直线调和

当选择这个按钮时,表明原始对象和最后一个对象之间的颜色变化是线性的。也就是说过渡对象将由原始对象的颜色沿颜色谱中的直线路径变化而到达最后一个对象的颜色。在页面中的颜色圆盘中,将出现一条穿过它的直线。如图9-81(a)所示。

2. 顺时针调和

当选中这个按钮时,原始对象和最后一个对象之间的颜色变化将由原始对象开始,沿着颜色谱中的顺时针路径变化而到达最后一个对象的颜色。在页面中的颜色圆盘中,将出现一条顺时针方向的圆弧线。如图9-81(b)所示。

3. 逆时针调和

当选中这个按钮时,原始对象和最后一个对象之间的颜色变化将由原始对象颜色开始,沿着颜色谱中的逆时针路径变化而到达最后一个对象的颜色。在页面中的颜色圆盘中,将出现一条逆时针方向的圆弧线。如图9-81(c)所示。

应用顺时针调和或逆时针调和选项可以生成类似于彩虹的效果。

(a) 直线调和　　　　　　　(b) 顺时针调和　　　　　　　(c) 逆时针调和

图 9-81　三种调和路径下的轮廓图效果

9.3.2.3　加速页面

在最基本的轮廓图对象中，复制对象之间的颜色变化是均匀的，过渡对象之间的距离也是相同的。在加速页面中，提供了一系列的控制选项，通过它们可以来确定填充颜色和轮廓线颜色的变化方式以及过渡对象的分布方式。

加速页面中的每个控制选项功能如下：

1. 对象加速

把滑块移到左边将加速调和效果开始处的过渡对象变化，而把滑块移到右边将加速结束处的过渡对象变化。

2. 颜色加速

把滑块移到左边将加速调和效果开始处的填充和轮廓线颜色变化，而把滑块移到右边将加速结束处的填充和轮廓线颜色变化。

3. 链接加速

如果这个复选框被选中，那么加速填充/轮廓滑块将移动至与加速对象滑块相同的位置上。

下面两幅图就是应用加速滑块设置的轮廓图效果，如图 9-82 所示的左图为链接状态下向右移动两格的轮廓图效果；右图为取消链接状态、颜色不动、对象向右移动两格的轮廓图效果。如图 9-83 所示的左图为链接状态下向左移动两格的轮廓图效果；右图为取消链接状态、对象不动、颜色向左移动两格的轮廓图效果。

　　　　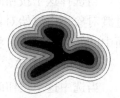

图 9-82　轮廓图向右加速的效果图　　　　　图 9-83　轮廓图向左加速的效果图

9.3.3　生成轮廓图效果

9.3.3.1　生成一个三维立体按钮

执行下面的操作步骤，可以生成一个具有三维立体效果的按钮：

（1）在页面上绘制一个直径为 10mm 的圆。

（2）选中向外选项，偏移参数值为 2.5mm，步长参数为 1，单击应用按钮，生成一个轮廓图对象。

（3）选择"排列｜拆分"命令。

（4）选择渐变填充方式来处理这两个对象，以生成三维效果图形。外圈用圆锥方式填充，内圈用线性方式填充，角度设置为90°。

（5）选中这两个对象，去除它们的轮廓线，将它们群组到一起，得到如图9-84所示的三维效果按钮。

9.3.3.2　彩虹效果晕带

前面第6章6.5.1讲到晕带时，已经应用过轮廓图命令。如果将轮廓图命令与调和命令相结合，可以做出类似彩虹效果的晕带。执行下面的操作步骤，可以生成这种效果：

（1）选择贝塞尔工具，在页面上绘制一条曲线，如图9-85（a）所示。

（2）选中向外选项，偏移参数值为5mm，步长参数为1，单击应用按钮，生成一个轮廓图对象，如图9-85（b）所示。

（3）选择"排列｜拆分"命令，拆分轮廓图对象组。用形状工具选中轮廓图形，分别选择外侧与控制曲线两个端头相平行位置的节点，应用"排列｜拆分"命令，将轮廓图形分割为两个对象；选中内侧部分将其删除，如图9-85（c）所示。

（4）将页面上的两条曲线的轮廓色分别设置为M10和M100。同时选中这两条曲线，这时两个曲线各自的端头会有一个节点出现，这个节点代表曲线的起始方向。如果这两个节点位于同一侧，说明它们方向一致，可直接应用调和效果，将其步长设置为50，单击应用按钮，即可生成如图9-85（d）所示的彩虹晕带效果；如果这两个节点不在同一侧，说明它们方向相反。这时需要用形状工具选中其中的一条曲线，单击属性栏上的"反转曲线的方向"按钮，使其与另一条曲线的方向一致，然后再应用调和命令即可。

图9-84　利用轮廓图生成三维效果

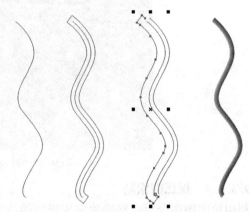

(a) 曲线　　(b) 轮廓图效果　　(c) 分离切割对象　　(d) 调和效果

图9-85　利用轮廓图与调和生成彩虹效果

9.3.3.3　星光效果

利用调和命令可以生成闪光效果，利用轮廓图命令也可以生成同样的效果。图9-87所示的月夜星光效果图中闪光的星星就应用了轮廓图效果。其操作步骤如下：

（1）选择矩形工具，绘制一个与页面大小相同的矩形，并选择角度为-90°的线性渐变填充，从C100M30到C10K5，作为画面的背景。

（2）选择椭圆工具，绘制一个直径为30mm的圆，并复制一个，向左拖动第二个圆形，如图9-86（a）所示。

（3）选择这两个圆形，选择属性栏上的"后减前"按钮，得到弯月的造形，填充颜色使用渐变填充的线性方式从黄色到白色，去除轮廓，适当旋转，如图9-86(b)所示。

（4）选择星形工具，绘制一个星形，在属性栏的参数框中，设定其边数为4，锐度为60，大小参数框中水平输入15mm，垂直输入30mm，并设置其轮廓色为C40，如图9-86(c)所示。

（5）选中星形，在轮廓图泊坞窗步长页面中选择方向为"向中心"，偏移量设定为0.05mm；颜色页面中选中轮廓色为Y100，填充色为白色。单击应用按钮，得到闪烁的星星效果，如图9-86(d)所示。

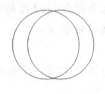

(a) 绘制圆形　　　　　　　(b) 月亮造形　　　　　　　(c) 星形绘制　　　　　(d) 轮廓图效果

图9-86　弯弯的月亮与闪烁的星星效果绘制

（6）用挑选工具选中闪烁的星星，复制若干个，通过改变星形图案的轮廓色和填充色，生成不同效果的星星，并改变它们的大小。将月亮和星星分布到背景图上，还可以增加一些其他填充效果的星星，例如白色无轮廓的星星可以作为距离较远的星星。月夜星光效果如图9-87所示。

图9-87　月夜星光效果图

9.3.3.4　操场的绘制

利用轮廓图命令可以轻松地完成操场的绘制，具体步骤如下：

（1）选择矩形工具，在页面上绘制一个长145mm、宽73mm的矩形。

（2）选中节点工具，将矩形的四个角全部圆角化，程度为100。

（3）选择圆角矩形，为其填充M80的颜色；打开轮廓图泊坞窗，步长页面中选择方向为"向外"，偏移量设定为2mm，步长为8；颜色页面中选中轮廓色为K100，填充色为品红色M100。单击应用按钮，就得到操场跑道的图形。

（4）接下来绘制足球场，选择矩形工具，绘制一个长95mm、宽60mm的矩形，填充色为绿色C100Y100。将其放置在操场正中央。

（5）选中这个大矩形，将其水平方向缩小50%，应用到再制。选中复制对象，应用对齐与分布命令，将其与大矩形垂直方向左对齐，水平方向中对齐。

（6）绘制两个矩形，一个水平16.5mm，垂直30mm；一个水平5.5mm，垂直15mm。将

206

二者选中与大矩形水平方向中对齐，垂直方向左对齐。将这两个小矩形复制一对，与大矩形右对齐。

（7）最后，选择椭圆形工具，绘制一个直径为18mm的圆，放置在足球场正中央。最后得到的图形效果，如图9-88所示。

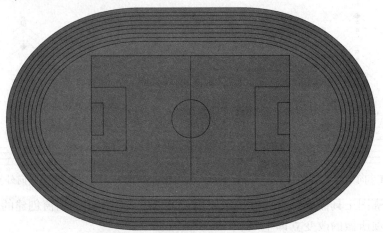

图9-88　应用轮廓图绘制操场效果图

9.3.3.5　北半球正方位投影经纬线形状

绘制步骤如下：

（1）打开对象管理器，新建图层"纬线圈"，选择椭圆形工具，绘制一个直径为100mm的圆，填充C100。这个圆形就是北半球正方位投影后赤道的形状。

（2）新建图层"经线"，选择贝塞尔工具，绘制一条经过圆心点连接圆上下两端的垂线条，线长100mm。选中该线条，打开"排列｜变换｜旋转"泊坞窗，输入角度参数15，点击应用到再制11次。这12条线就是北半球正方位投影后经线的形状。

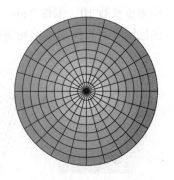

图9-89　北半球正方位投影经纬线形状图

（3）在图层"纬线圈"，选中赤道圈，打开"效果｜轮廓图"泊坞窗，选择"向中心"，偏移参数为5.5，点击应用，得到北纬10°到北纬90°的纬线圈，为这个纬线圈轮廓图填充白色。这样就得到了北半球正方位投影经纬线形状图，如图9-89所示。

9.3.4　使用交互式轮廓图工具

在工具箱中选择交互式轮廓图工具，将弹出相应的属性栏，如图9-90所示。属性栏中各按钮的名称从左至右依次为：预设列表、添加预设、删除预设、对象坐标、对象大小、向中心、向内、向外、轮廓图步长、轮廓图偏移、线性轮廓图颜色、顺时针轮廓图颜色、逆时针轮廓图颜色、轮廓色、填充色、渐变填充结束色、对象和颜色加速、复制轮廓图属性和清除轮廓。

图9-90　交互式轮廓图属性栏

创建轮廓图效果时，可先选中交互式轮廓图工具，将鼠标指针直接指向要轮廓化的对象。按住鼠标向中心拖动，可以生成向中心的轮廓图效果，如图 9-91 所示；按住鼠标向内拖动（注意：不要拖到中心的位置），可以生成向内的轮廓图效果，如图 9-92 所示；按住鼠标向外拖动，可以生成向外的轮廓图效果，如图 9-93 所示。

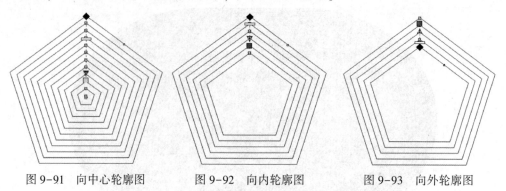

图 9-91　向中心轮廓图　　　图 9-92　向内轮廓图　　　图 9-93　向外轮廓图

交互式轮廓图工具需要结合属性栏来使用，可以生成任何用泊坞窗创建的效果。使用属性栏，各参数项所做的改变立即生效。

如图 9-94 所示的四幅图为应用交互式轮廓图属性栏设置轮廓图效果，第一幅为步长数10、偏移 2mm 的轮廓图效果；第二幅为步长数 5、偏移 5mm 的轮廓图效果；第三幅为步长数 10、偏移 2mm、顺时针轮廓图颜色、轮廓色为绿色、填充色为黄色的轮廓图效果；第四幅为步长数 10、偏移 2mm、顺时针轮廓图颜色、轮廓色为青色、填充色为品红色、对象和颜色同时向右侧加速的轮廓图效果。

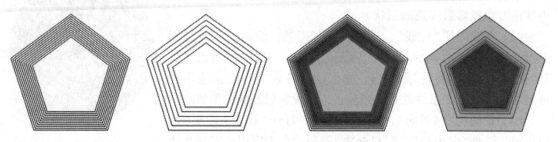

图 9-94　不同步长、不同偏移量、轮廓色和加速设置轮廓图效果

第10章 阴影、透明和透视效果

图形如果添加了阴影、透视和透明等效果，可以明显地反映出对象的凹凸、深浅、明暗，使画面生动逼真，富有真实感和立体感，加强并丰富了图形的立体表现力。对研究建筑物造型是否优美、立面是否美观、比例是否恰当有很多的帮助。在建筑物的正立面投影图、园林效果图中经常会用到。同样一幅图，添加了阴影、透视和透明效果后，表达对象的立体效果更好。

10.1 阴影效果

10.1.1 阴影的基本知识

10.1.1.1 阴影的概念

如图 10-1 所示，光线照射在不透明的物体上，受光的明亮部分称为阳面，如顶面 $ABCD$、侧面 $ABFE$ 和 $ADHE$；背光的阴暗部分称为阴面，如底面 $EFGH$、侧面 $BCGF$ 和 $DCGH$；阳面和阴面之间的交线称为阴线，如特征封闭折线 $BCDHEFB$。

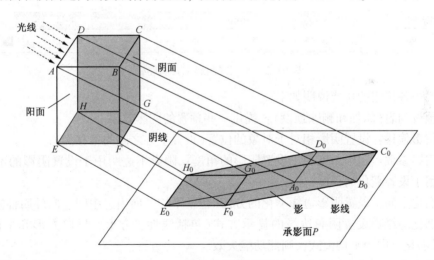

图 10-1 阴影的概念

如图 10-1 所示，在光线照射下，由于被不透明物体(长方体)阻挡，在平面 P 上形成影，平面 P 称为承影面。由于不透明物体的遮挡，在物体本身或者其他物体的表面上产生的阴暗部分，称为物体在平面 P 上的落影或影子，简称影。影的轮廓线(折线 $B_0C_0D_0H_0E_0F_0B_0$)称为影线。影是由于光线被物体的阳面挡住才产生的，因此阳面与阴面的分界线(阴线)的影，就是影的轮廓线，也就是说，影线其实就是阴线的影。阴面和影子合称阴影，阴线和影线上的点分别称为阴点和影点。

从上可知，产生阴影需要三个要素：光线、物体和承影面。

10.1.1.2 常用光线

物体上的阴影主要是光线的照射产生的，产生阴影的光线有平行光线(如太阳光)和辐射光线(如灯光)两种。不同方向的光线产生不同的阴影，为了方便绘图，在绘制阴影时，习惯采用一种固定方向的光线，一般规定从物体的左前上方到右后下方，作为光线的投射方向。光线与任一投影面的倾角都等于35°15′53″，在三个投影面上的投影与投影轴都成45°。平行与这一方向的光线，称为常用光线或习用光线。选用习用光线，使得在绘制建筑物等形体的阴影时，可用45°的三角板作图，简捷方便。同时，在立面图上绘制出阴影，还可以反映出建筑物一些细部的深度。

10.1.2 添加阴影效果

在CorelDRAW中，使用交互式阴影工具可以给对象添加阴影，使图形具有光影的效果，如同浮在纸面上一样，增强对象的质感、真实感和立体感。为对象添加阴影效果主要是通过交互式阴影工具和交互式阴影属性栏结合使用来进行，阴影效果模拟光从下列五个不同的透视点照射在对象上的效果：平面、右、左、下和上。它可以为大多数对象或群组对象添加阴影，其中包括图形、美术字、段落文本和位图等。通过鼠标拖拽可以调整应用的位置，在属性栏中设置可以调节阴影的大小、边缘形状、颜色等基本属性，能够产生多种阴影或光晕的效果。

10.1.2.1 交互式阴影工具栏

从工具箱中选择交互式阴影工具，其属性栏将出现在屏幕上，如图10-2所示。

图10-2 交互式阴影工具属性栏

属性栏中各按钮的功能说明如下：

(1)预设列表(添加和删除预设)：提供一些预置的阴影效果。

(2)阴影偏移：设置阴影相对于对象的位置(设置中心之间的偏移量)。

(3)阴影参数：阴影角度用于设置阴影的角度；阴影不透明用于设置阴影的不透明度；阴影羽化用于设置羽化的程度(点数)。

(4)羽化方向：设置阴影边缘羽化的方向(包括平均、向内、中间、向外四种模式)。

(5)羽化边缘：设置阴影边缘的显示方式(包括线性、方形、反白方形和平面四种模式)。如果羽化方向为平均模式，则此功能失效。

(6)阴影效果：淡出用于设置阴影的淡化的级别；延展用于设置阴影延展的程度；透明度操作用于设置阴影的透明效果；颜色用于设置阴影的颜色。

(7)复制阴影属性：将指定的阴影效果复制到当前对象上。

(8)清除阴影：清除阴影效果，恢复原状。

10.1.2.2 生成阴影效果

使用交互式阴影工具添加阴影并调整其属性的操作步骤如下：

(1)在页面上绘制一个"笑脸"，并将其填充为品红色。

(2)打开工具箱中的"交互式阴影工具"按钮，为对象添加阴影效果。移动鼠标到"笑脸"上，单击它并拖动，就会出现一个由虚线组成的控制柄。继续拖动鼠标，到自己认为满意的位置放开鼠标左键，这样就会在"笑脸"的周围生成阴影，如图 10-3 所示。

（3）使用交互式阴影属性栏对阴影效果进行修改，在预置列表中选择第二种"右上透视图"的阴影方式，阴影角度输入 30，阴影不透明输入 50，阴影羽化输入 15，阴影羽化的方向选择外部，阴影边缘选择反白方形，阴影淡化输入 50，阴影延展输入 50，透明度操作用于设置为正常，阴影颜色选取绿色。设定好属性栏后，就得到如图 10-4 所示的"笑脸"阴影效果。

图 10-3　添加阴影效果　　　　　　图 10-4　设定属性后的阴影效果

10.1.3　阴影实例

在实际制图中经常会遇到一系列组合形体构成的园林小品或者建筑构件，下面选择具有代表性的几种类型加以介绍阴影的绘制方法。

10.1.3.1　门洞（窗洞）、窗台和雨篷的阴影

门洞、窗洞属于同一类型，通常门洞上还有雨篷，窗洞下还有窗台。按照下面的步骤，就可以完成这些对象阴影效果的绘制。

具体步骤如下：

（1）选择矩形工具，绘制一个水平 35mm、垂直 50mm 的矩形，线宽设定为 0.35mm。将此对象作为门洞或窗洞。

（2）选中该矩形，按下数字键盘上的"+"键复制一个，设定其线宽为发丝。按下转换为曲线按钮，将其变为曲线；选择形状工具，将该曲线的右上角节点和左下角节点断开，按下拆分按钮，选中右半部分删除。

（3）选中保留下的曲线，打开"效果立体化"命令，选中小后端，深度 20，水平 17.5mm，垂直-25mm，测量自对象中心，设置好后，按下应用按钮。选中立体化对象，填充色为 K10，将其安排到后面，作为门洞（或窗洞）的阴影效果。如图 10-5(a)所示。

（4）选择矩形工具，绘制一个水平 50mm、垂直 3mm 的矩形，线宽设定为 0.35mm，填充色为白色。将此对象作为窗台，放置在窗洞的正下方。

（5）选中该矩形，按下数字键盘上的"+"键复制一个，设定其线宽为发丝，填充色为 K10。

（6）选中复制对象，打开"效果｜立体化"命令，选中后部平行，深度 20，水平 10mm，垂直-3mm，测量自对象中心，设置好后，按下应用按钮。选中立体化对象，将其安排到后面，作为窗台的阴影效果。如图 10-5(b)所示。

（7）选择矩形工具，绘制一个水平 50mm、垂直 3mm 的矩形，线宽设定为 0.35mm，填充色为白色。将此对象作为雨篷，放置在门洞的正上方。

（8）选中该矩形，按下数字键盘上的"+"键复制一个，设定其线宽为发丝，填充色为 K10。

（9）选中复制对象，打开"效果立体化"命令，选中后部平行，深度 20，水平 25mm，垂

直-15mm，测量自对象中心，设置好后，按下应用按钮。选中立体化对象，将其安排到后面，作为雨篷的阴影效果。如图 10-5(c)所示。

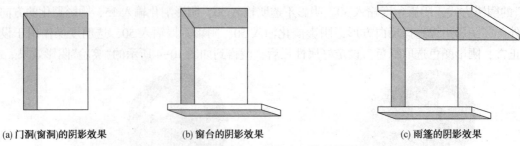

(a) 门洞(窗洞)的阴影效果　　(b) 窗台的阴影效果　　(c) 雨篷的阴影效果

图 10-5　门洞(窗洞)、窗台和雨篷的阴影效果

10.1.3.2　摺板屋面和隔墙的阴影

具体步骤如下：

(1) 选择贝塞尔工具，绘制折线，作为摺板屋面的造形，如图 10-6(a)所示。

(2) 选择矩形工具，绘制 7 个水平 1.5mm、垂直 20mm 的矩形，作为隔墙，等距离放置在曲线下方，如图 10-6(a)所示。

(3) 选择曲线，选择"效果｜轮廓图"命令，设定向外，偏移量为 0.5mm，步长为 1，单击应用按钮。应用"排列｜拆分"命令将轮廓图群组分离，选定中间的曲线，按下 Delete 键将其删除，如图 10-6(b)所示。

(4) 选中第 2、4、6 隔墙矩形，将它们删除。将保留下来的对象，填充为白色，按下数字键盘上的"+"键将它们全部复制。将复制的摺板屋面选中，应用"效果｜立体化"命令，选中后部平行，深度 20，水平 15mm，垂直 3mm，测量自对象中心，设置好后，按下应用按钮。选中立体化对象，填充色为 K10，将其安排到后面，作为摺板屋面的阴影效果，如图 10-6(c)所示。

(5) 同理，将复制的 4 个隔墙，分别应用"效果｜立体化"命令，选中后部平行，深度 20，水平 15mm，垂直 3mm，测量自对象中心，设置好后，按下应用按钮。选中立体化对象，填充色为 K10，将其安排到后面，作为隔墙的阴影效果，如图 10-6(c)所示。

(6) 将所有对象选中，群组在一起。选择交互式阴影工具，选择预设列表框中的"右上透视图"模式，将阴影应用于对象，最终的阴影效果图如图 10-6(d)所示。

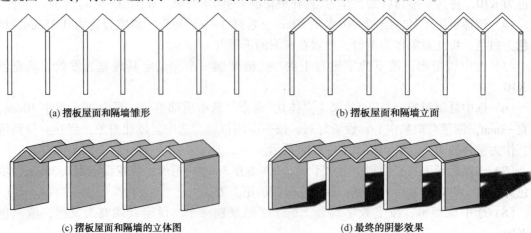

(a) 摺板屋面和隔墙雏形　　　　　　　　　　(b) 摺板屋面和隔墙立面

(c) 摺板屋面和隔墙的立体图　　　　　　　　(d) 最终的阴影效果

图 10-6　摺板屋面和隔墙的阴影效果

212

10.1.3.3 台阶的阴影

台阶是建筑设计或园林设计中常见的构件，一级级台阶构成一个错落有致的表面，其他构件在其上会形成一系列有规律的落影。

台阶阴影的效果绘制步骤如下：

（1）选择矩形工具，绘制2个水平3mm、垂直10mm的矩形，作为台阶的墙面；绘制4个水平30mm、垂直1.5mm的矩形，作为台阶的踢面。摆放位置如图10-7（a）所示。

（2）将这些矩形立体化。先选中左侧的墙面，应用"效果｜立体化"命令，选中后部平行，深度20，水平20mm，垂直8mm，测量自对象中心，设置好后，按下应用按钮。选中右侧的墙面，应用"效果｜立体化"命令，选中后部平行，深度20，水平16.5mm，垂直8mm，测量自对象中心，设置好后，按下应用按钮。将墙面的证明和顶部填充为白色，侧面填充为K10，如图10-7（b）所示。

（3）选中第一阶踢面矩形，应用"效果｜立体化"命令，选中后部平行，深度20，水平15mm，垂直7.5mm，测量自对象中心，设置好后，按下应用按钮，完成第一阶踏面。选中第二阶踢面矩形，应用"效果｜立体化"命令，选中后部平行，深度20，水平12.5mm，垂直6mm，测量自对象中心，设置好后，按下应用按钮，完成第二阶踏面。选中第三阶踢面矩形，应用"效果｜立体化"命令，选中后部平行，深度20，水平10mm，垂直4mm，测量自对象中心，设置好后，按下应用按钮，完成第三阶踏面。选中第四阶踢面矩形，应用"效果｜立体化"命令，选中后部平行，深度20，水平6.5mm，垂直2.5mm，测量自对象中心，设置好后，按下应用按钮，完成第四阶踏面。这4个立体化对象均填充为白色，如图10-7（b）所示。

（4）按照光线与任一投影面的倾角都等于35°15′53″的规律，绘制习用光线，如图10-7（c）所示。

（5）将光线与地面、踏面、踢面相交的投影点，连接为闭合曲线，填充色为K20，最终完成台阶的阴影效果，如图10-7（d）所示。

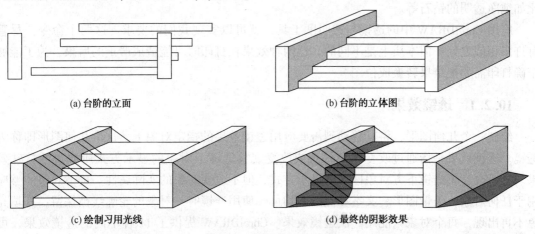

(a) 台阶的立面　　　　　　　　　　(b) 台阶的立体图

(c) 绘制习用光线　　　　　　　　　(d) 最终的阴影效果

图10-7　台阶的阴影效果

10.1.3.4 房屋的阴影

平顶房屋一般由两部分组成——屋顶和墙体，墙体在地面和紧邻的墙体上投下阴影，屋顶不仅在地面上产生落影，同时在墙体上也将投下阴影。

具体的绘制步骤如下：

（1）选择矩形工具，绘制 1 个水平 30mm 的正方形，线性选择虚线。将正方形转换为曲线，在其右下角增加 2 个节点，并把右下角的顶点折回去，如图 10-8（a）所示。

（2）选中曲线，选择"效果｜轮廓图"命令，设定向外，偏移量为 5mm，步长为 1，单击应用按钮。应用"排列｜拆分"命令将轮廓图群组分离，如图 10-8（a）所示。

（3）分别选中这 2 个对象，应用"效果｜立体化"命令，选中后部平行，深度 20，水平 15mm，垂直 3mm，测量自对象中心，设置好后，按下应用按钮。根据屋顶与墙体的阴影关系，用贝塞尔工具绘制闭合曲线，阴影的填充色为 K10，阳面均填充为白色，如图 10-8（b）所示。

（4）选中所有对象，将它们群组在一起。选择交互式阴影工具，选择预设列表框中的"右上透视图"模式，将阴影应用于对象，最终的阴影效果图如图 10-8（c）所示。

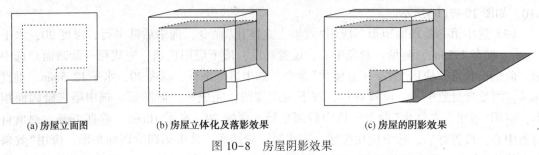

(a) 房屋立面图   (b) 房屋立体化及落影效果   (c) 房屋的阴影效果

图 10-8   房屋阴影效果

10.2   透镜和透明效果

透明与透明度是两个不同的概念，透明是指物质透过光线的性质或情况，通过透明的玻璃窗，我们能看到对面被遮挡的事物。对于有些物体的细部，我们需要通过透明效果把它显示出来。而透明度（又称为透光度），指的是物体透光的性质或情况，特指矿物透光的能力，比如纯净透明的钻石等。

应用 CorelDRAW 中的透镜与透明度工具，就可以实现我们的要求。这两个命令，尽管有许多相似之处，但本质上是不同的。这两种效果在打印时可能造成严重的后果，为了能够正确打印需要把结果转换成位图。

10.2.1   透镜效果

绘制一个几何图形，将其移动到需要应用透镜效果的指定对象上，这个几何图形即称为透镜。透镜效果是指通过改变对象外观或改变观察透镜下对象的显示方式所取得的特殊效果。透镜改变了透镜下方对象区域的显示方式，但不改变对象的实际属性。透镜效果能够应用于任何对象，矢量图形、文本和位图等均可。使用透镜时，对象的轮廓线被保留，其填充色不再出现，每个对象只能用一次透镜效果。CorelDRAW 提供了 11 种不同的透镜效果，可以形成颜色转换、变形等一系列功能。

10.2.1.1   透镜泊坞窗

选择"效果｜透镜"（或 Alt+F3）命令，可以调出透镜泊坞窗。在透镜泊坞窗顶部有一个预览窗口，可以看到当前选定的图形或透镜视点观察到的图形。这时在泊坞窗的预览窗口中看到的将是透镜范围内的图形部分，如图 10-9 所示。

在透镜泊坞窗下方有三个复选框，它们是透镜效果的一些基本功能选项。

1. 冻结

一般情况下，透镜只是对位于它后面的对象起作用，当移动透镜时，它后面的对象也随着改变。如果应用透镜类型中的"放大"效果，将出现看不到放大区域周边情况的问题，因为它被透镜覆盖住了。选择"冻结"复选框，可以很好地解决这一问题。应用冻结后，可以将透镜下面的对象产生的透镜效果添加成透镜的一部分，产生的透镜效果不会因为透镜或对象的移动而改变，因而可以保留已建立的透镜效果。也就是说透镜成为它后面对象的"快照"，然后就可以随意地把它移动到任何地方而不会发生变化。如图10-10所示。

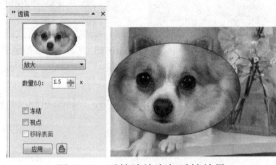 

图 10-9　透镜泊坞窗与透镜效果　　　　　　图 10-10　应用冻结命令后的效果

2. 视点

视点选项也可以解决前面提到的透镜放大后产生的问题。通常情况下，一个透镜影响的仅仅是直接放在它背后的对象，因此视点也在它的正后方，但是实际上视点也是可以移动的。视点选项用于确定在当前透镜中的可视图形或定位图形的可视部分，而不管透镜是否在图形上。选中该复选框后，它的后侧将出现一个"编辑"按钮，单击该按钮，其名称将变成"末端"按钮，在它的上方将出现用于设置视点位置的坐标参数框，输入数值后，可以看到视点的标志(×)逐渐移动；也可以通过鼠标拖动视点的标志(×)来改变其位置，同时可以看到参数框中的数值发生了改变，如图 10-11 所示。设定好坐标后，单击末端按钮回到原来的工作界面，单击应用按钮，即可在透镜中看到视点所在位置的图形，选择并移动原图形可对当前透镜中看到的图形进行调整，选择透镜可设置透镜中可见图形的透镜效果，如图10-12所示。

冻结与视点选项都可以解决透镜放大后产生的遮挡问题，究竟哪一个效果更好呢？这实际上取决于用户的需求，如果只是需要一个静态的放大效果，用冻结选项即可，因为只有更新透镜时，图像才能被改变从图10-10中可以看到这种变化的效果。如果希望透镜影响的对象是变化的、动态的，那么就可以选择视点选项，因为它会自动选取新视点放大，从图10-12 中可以看到这种变化的效果。

3. 移除表面

选择此复选框，透镜效果仅对处于其下面的图形对象起作用，不在透镜下面的图形或没有图形对象的页面区域会保持通透性，如图10-13 所示。

4. 应用按钮

当透镜参数设置完成后，单击该按钮可以将透镜效果应用到图形对象上。该按钮如果被锁定，设置好参数后，按 Enter 键命令即可生效。如果打开该按钮的锁定键，需要单击应用按钮才有效。

透镜泊坞窗上还有一些参数项，会因不同的透镜效果类型而异，即选择不同的透镜效果还会出现与之相应的参数设置选项。

图 10-11　视点设置　　　　图 10-12　应用视点后的透镜效果　　　图 10-13　应用移除表面的效果

10.2.1.2　透镜效果

在透镜泊坞窗中可以选择的透镜类型一共有 11 种，如图 10-14 所示。下面对这 11 种透镜效果，逐一加以介绍。

1. 使明亮

日常生活中，我们一定曾用过显示器或电视机的亮度旋钮来调节图像的亮度。使明亮透镜完成的是同样的工作，不同的是它只对应用这种透镜的对象起作用，使透镜效果区域变亮或变暗。

从透镜泊坞窗的下拉列表框中选择使明亮，会看到一个标着比率的参数框，可以键入 -100～100 间任意的百分率。如果数值大于 0，数值越大，透镜越亮，将增加透镜后面对象的亮度。如果数值为 100，一切都变成白色；如果数值为 0，则没有变化。因此，0 与 100 这两个数值实际上没有任何实用价值。

如果数值小于 0，透镜将变成一个加暗透镜，将增加透镜后面对象的暗度。数值越小，透镜越暗。如果数值为 -100，一切都变成黑色，透镜漆黑一片，所以这个值实际上也没有任何实用价值。

分别给对象输入比率参数值为 -20 和 50 后的明亮透镜效果，如图 10-15 所示。

2. 颜色添加

它是基于光的叠加模型，在透镜区域的图像上添加选定的颜色，应用结果将是与相应部位颜色的合成色。可在颜色栏下拉框中选择一种颜色，而变率值即选定颜色的添加量，参数取值范围是 0～100。这种透镜效果可能是最难理解的一种透镜，下面通过一个案例加以说明。具体步骤如下：

（1）在页面上绘制两个圆形，分别用红色（R255）和绿色（G255）填充。

（2）再绘制一个椭圆形，不填充颜色，将其覆盖在红色和绿色对象上。

（3）对这个椭圆形对象应用加色率为 100 的红色透镜效果后，原来红色的对象没有发生什么变化，而原来绿色的对象变成了黄色，原因是绿色（G255）与红色（R255）两种色光原色混合后变成了黄色。两个对象的黑色轮廓线变成了红色，因为黑色代表没有光线，给它加了红光，所以结果显示的是红色。如图 10-16 所示。

图 10-14　透镜类型

图 10-15　使明亮效果

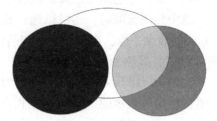
图 10-16　颜色添加效果

3. 色彩限度

从事过摄影工作的一定很熟悉各种各样的色彩过滤器。色彩限度过滤器与相机的过滤器很相似，它允许选定的颜色和黑色通过透镜显示出来。

选中色彩限度选项时，同时提供了另外两种选择：选择限色比率和想要限定的颜色。限色参数可以是 0~100 中的任意值。限色率越高，能透过的颜色越少。如果限色率是 100，只有黑色和选定的颜色保留下来。

4. 自定义彩色图

自定义彩色图效果可以选择想用的颜色及其顺序，透镜里所有的对象都成为所选两种颜色的不同深浅的混色，对于真彩色效果甚至还可以用彩虹选项。

选中自定义彩色图选项时，它还为所用颜色提供了三种模式的选择：直接调色板、向前的彩虹和反转的彩虹。直接调色板直接从一种颜色映射到另一种颜色，在色轮上显示的是直线路径。向前的彩虹定义了彩虹沿色轮移动时的方向，在色轮上显示的是顺时针方向路径。反转的彩虹也定义了彩虹沿色轮移动时的方向，不同的是在色轮上显示的是逆时针方向路径。另外，还提供了完全独立的两个颜色拾取器，可以为透镜选择起始颜色和终止颜色。

5. 鱼眼

鱼眼透镜的功能是根据指定的百分率变形、放大或缩小透镜下方的对象，实现在制定图形范围内使图像扩充变形的效果。鱼眼透镜只能作用于矢量对象，对于位图没有影响。

比拟这个透镜的最好方法是想象把对象放在一个球镜的背后，通过鱼眼透镜，好像整个世界都装在一个球里。比率的取值是从 -1000~1000 中的任意值，如果是 0，则不产生任何作用。如果用正值的比率，对象会出现在球的前凸面，负值则会使对象出现在球的背面。比率值越小，则球面上的工作区越小。如果用一个很大的比率值，则对象可能会包裹整个球面。

为了实际看一看鱼眼透镜的效果，请按下面的步骤执行操作：

（1）绘制一个行列均为 5 的正方形图纸，大小设置为 30mm。

（2）把这些矩形取消群组，并间隔将小格子填充黑色，重新把它们群组。

（3）绘制一个以格子中心为圆心、直径为 45mm 的圆。将这两个对象复制一组，放在一边。

（4）如图 10-17 所示，第一组使用比率为 200 的鱼眼透镜效果，看起来有点像足球的样子；第二组使用比率为 -200 的鱼眼透镜效果，看起来有点像飘在空中的飞毯。

6. 热图

热图是红外成像的别名，这个透镜允许在一个图像上分辨"热度"。它用一个非常有限的调色板来分辨不同的热度，这个调色板包括白、黄、橙、红、蓝和青色。图中暖色用红色和橙色表示，冷色用紫色和青色表示。

选中热图选项时，还可以选择调色板旋转度值，其中范围为 0~100。旋转度值为 0 和 100 时的效果一样，产生的效果和前述的冷暖色的效果一致。但是如果把它改为 50，则冷色表示"热"，暖色表示"冷"。

如图 10-18 所示，左面为设置为 0 时的热图透镜效果，右图为设置为 50 时的热图效果，二者的冷暖色表示的"热度"截然相反。

图 10-17   鱼眼透镜的两个实例

图 10-18   设置为 0 和 50 的热图效果

7. 反显

应用反显透镜时，放置在其后的对象以 CMYK 色彩的补色来显示，非常像照片的底片。要生成反显效果，只要在下拉列表框中选择反显选项，单击应用按钮即可，这种透镜效果无需设置参数。

使用反显效果也会产生副作用，当一个透镜放置在页面上时，它同样会将页面反显。由于页面通常是白色的，那么反显后得到的是黑色的页面。如果选择了"移除表面"复选框选项，反显透镜就不会作用于空白页面。如图 10-19 显示了在反显透镜作用下，使用与不用"移除表面"选项的例子，不同之处很明显。

图 10-19   反显效果

8. 放大

放大透镜的作用相当于使用放大镜来看对象，它可以按照所指定的放大倍数来显示对象上的某个区域。放大透镜只有一个可设置的参数，即放大倍数，它可以在 0.1~100 的范围内取值。用小于 1 的倍数将使透镜后面的对象被缩小，而不是放大，这一点应该很容易理解。设置倍数为最大值 100 时，将使对象放大 100 倍，这是一个巨大的尺寸。大部分时候，我们会用一个较小的、在 2~10 之间的数值。如前所述，放大透镜需要结合冻结和视点选项进行使用(见冻结与视点的功能介绍)。这个工具对于地图的操作最有趣，有兴趣的话不妨试试。

9. 灰度浓淡

这个选项允许将透镜下方对象区域的颜色转换成等值的灰度，提到灰度，人们通常会想到黑白色，但在灰度浓淡透镜效果中可以使用我们喜欢的任意颜色。

从泊坞窗的下拉列表框中选择灰度浓淡选项，在颜色栏中选择一种颜色，使透镜的最终效果呈现以该颜色为基调的单色图像，单击应用按钮，透镜覆盖区域的图像会成为选中颜色的一个深浅图。如图 10-20 所示，为设置了不同颜色的灰度浓淡效果。对一幅照片使用这个透镜效果是其最佳的用途之一，请记住不必对整幅照片都使用。

10. 透明度

对于透明度透镜，可以设置透明度和对象的颜色或阴影。比率参数项的值即为透镜的透明度，可以在 0~100 范围内取值。如果透明度设置为 0，则透镜不透明，如果它填充了颜色将看不到透镜后面的对象。如果设置为 100，得到的效果与透镜未被填充时一样。对于两个极限值之间的任一百分率，对象将呈现出不同程度的透明效果。若数值很小，只能模糊地看到透镜后面的对象。如图 10-21 所示，为设置了不同比率、不同颜色的透明度透镜效果。

透明度效果不仅可以通过透镜泊坞窗实现，还能够通过交互式透明度工具实现，具体内容在本章的后面部分讲述。学习了交互式透明度工具以后，几乎在所有的场合下，都会趋向于使用这个工具。

11. 线框

线框透镜将使得视图以指定轮廓线和填充颜色进行显示，透镜后面的所有对象都将被应用指定的填充和轮廓线颜色。

从泊坞窗的下拉列表框中选择线框选项，这时会出现两个颜色选择器，对应有两个复选框，其中一个是轮廓线颜色，另一个是填充色。如果只想改变这两个颜色中的一个，只要选中相应的复选框就可以了；如果要同时改变轮廓线和填充色，必须将两个复选框同时选中。如图 10-22 所示，第一个只选择了红色轮廓线，第二个只选择了黄色填充色，第三个则是两个全选后得到的透镜效果。在透镜下方的区域轮廓线显示为红色，填充色显示为黄色，而没有覆盖的部分则保留了原来的轮廓线和填充的颜色。

  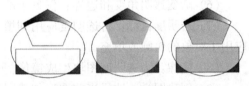

图 10-20　灰度浓淡效果　　图 10-21　透明度效果　　　图 10-22　线框效果

在上述透镜效果中，有些只作用于矢量图，对位图没有任何效果，如鱼眼透镜、线框透镜。

应用透镜效果后，可以复制透镜效果把它应用到另一个对象上。例如制作了一个透镜效果 A，对另一个对象添加透镜图形 B，选中透镜 B，在"效果 | 复制效果 | 透镜自"命令，将鼠标指针指向并单击透镜效果 A，那么透镜 A 的效果就被复制应用到透镜 B 上了。

10.2.2　透明效果

透明效果是通过改变对象填充颜色的透明程度，来创建独特的视觉效果。选择交互式透明工具，结合工具属性栏就可以轻松地为对象添加标准、渐变、图样及底纹等透明效果。

10.2.2.1　交互式透明工具属性栏

交互式透明工具提供了九种基本的交互式透明类型，它们可以归为四类：标准，渐变（包括线性、射线、圆锥、方角四种），图样（包括双色图样、全色图样、位图图样三种）和底纹。因此属性栏中的功能选项也有所不同，如图 10-23 所示为四类透明类型的典型属性栏。

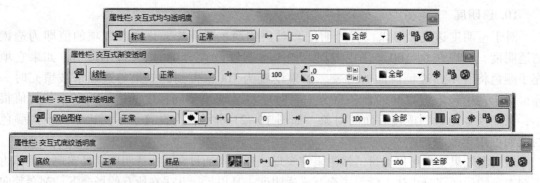

图 10-23　交互式透明工具属性栏

属性栏中各按钮的功能如下:

（1）编辑器:编辑透明度。

（2）透明度类型:下拉列表框中包含九种类型。

（3）透明度操作:用于设置上层如何与底层的颜色合并模式,即指定透明度的颜色与其后面对象的颜色合并的方式。在下拉列表框中,CorelDRAW 提供了十九种合并模式。

（4）图案设定:底纹库,用于选择底纹样本类型(仅见于底纹透明属性栏);第一种透明度挑选器(见于图样和底纹透明属性栏)。

（5）透明度:透明中心点,用于调节透明中心点的强度或范围,取值范围 0~100(见于渐变透明属性栏);开始透明度(见于标准、图样和底纹透明属性栏),取值范围 0~100;结束透明度(见于图样和底纹透明属性栏),取值范围 0~100。

（6）渐变透明角度和边界:仅见于渐变透明属性栏。

（7）透明度目标:将透明度应用到填充、轮廓或两者。通过这个选项可以使透明效果仅应用于对象的轮廓或填充。

（8）镜像:为透明度图块生成镜像(见于图样和底纹透明属性栏)

（9）创建图样:选择当前图形创建图样(仅见于图样透明属性栏)

（10）冻结:用于冻结透明度效果,冻结后的对象作为一组独立的对象。在对两个重叠对象设置透明度效果后,如果移动设置了透明度效果的上面的对象,则透明度效果中显示的下面对象也会发生相应的移动。但是,如果应用"冻结"功能冻结透明度,将会保持当前的图像效果,即使删除了底下的对象也不会改变生成的透明度效果。

（11）复制透明度:将指定的透明度效果复制到当前对象上。

（12）清除透明度:清除透明度效果,恢复原状。

10.2.2.2　透明度类型

1. 均匀透明效果

系统默认为标准透明类型,也称为均匀透明。它提供了基本的透明操作属性,实现均匀透明效果,整个对象每一处的透明度都一样。

单击编辑透明度按钮,将弹出相应的透明度编辑对话框界面,在标准透明模式下将弹出 CorelDRAW 颜色编辑器,即只对单一透明色进行编辑。

2. 渐变透明效果

渐变透明度类型包括线性、射线、圆锥和方角四种方式,可使透明度以某种方式在对象各部分之间逐渐变化。如图 10-24 所示为四种方式下的透明度效果。

  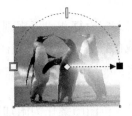 

| (a) 线性透明 | (b) 射线透明 | (c) 圆锥透明 | (d) 方角透明 |

图 10-24 渐变透明度效果

在渐变透明度类型下，通过属性栏上的透明中心点参数框设置透明中心处的透明度，通过角度和边界参数框设置透明度渐变的方向和效果应用范围。单击编辑透明度按钮，将弹出渐变透明度编辑对话框界面，在该对话框中可以编辑相应渐变透明方式的颜色变化，这将改变对象的透明效果。

（1）线性透明

线性渐变透明效果的透明度沿着设定的方向逐渐线性变化，直接在编辑对象上按设想的方向拖动鼠标即可创建线性透明，在编辑状态下将出现透明控制方向线，控制线两端的方块分别为它们的起点和终点，控制线的箭头由起点指向终点，中间的白色小矩形为透明度变化速度滑块，拖动该滑块可调整透明不同区域的透明变化程度。如图 10-24(a) 所示。

（2）射线透明

射线渐变透明所实现的透明范围是以射线为半径的圆，选择交互式透明工具，选中对象，在属性栏的透明类型下拉列表框中选择"射线"，进行相关的属性设置后，就可以实现射线透明效果。如图 10-24(b) 所示。

（3）圆锥透明

圆锥渐变透明效果的透明控制区域为圆锥形，选择交互式透明工具，选中对象，在属性栏的透明类型下拉列表框中选择"圆锥"，进行相关的属性设置后，就可以实现圆锥透明效果。另外，通过移动透明控制线、控制柄和滑块，也可以设定或改变透明区域的范围、角度和大小等属性。如图 10-24(c) 所示。

（4）方角透明

方角透明将它们区域设定为一个正方形区域，选择交互式透明工具，选中对象，在属性栏的透明类型下拉列表框中选择"方角"，进行相关的属性设置后，就可以实现方角透明效果。另外，通过移动透明控制线、控制柄和滑块，也可以设定或改变透明区域的范围、角度和大小等属性。如图 10-24(d) 所示。

3. 图样透明

图样透明类型是创建透明效果时加上透明的图案或图样，包括双色、全色和位图三种类型。图样透明以选定图样作为透明格式，将图案形状附着在透明对象上，建立透明效果时对图样的实体部分作透明设定。由于系统是对附加图案各部分进行比较而实现不同的透明效果，因此一般选择颜色分别比较规律的图样作为附加图案。

（1）双色透明

使用系统提供的双色图案图像作为附加图案，双色图案是由"开"和"关"像素组成的简单图片。应用透明效果后，将产生两种透明效果区域交替出现的效果，如图 10-25(a) 所示。

（2）全色透明

全色透明可以使用图案较为复杂或不规则、颜色较多的图案，全色图样是由线条和填充（与位图的像素点）所组成的图片。这些矢量图形比位图图像更平滑、更复杂，可以实现比较复杂的透明效果，如图10-25（b）所示。

（3）位图透明

位图透明类型通过引入位图图案作为附加图，位图图样是使用像素阵列来表示的图像，是以无数的色彩点组成的图案，通过在透明对象上拖动透明控制柄，调整位图图案的透明程度、大小、密度、位置、角度等，如图10-25（c）所示。

在对图样填充进行设置的同时，还可以根据当前画面创建新图样。单击"创建图样"按钮，即可启动创建图样功能，出现创建图样对话框，选择创建类型（双色、全色）和分辨率（低、中、高），单击确定按钮后，在当前图形对象上出现定位坐标线，按下鼠标左键拖动圈选图样区域，放开鼠标键后在弹出的确认对话框中点击确认按钮，即可将创建的新图样自动保存并被添加到所选类型的图样列表框中，可以和其他图样一样选用。

4. 底纹透明

底纹透明类型是在建立透明效果的同时加上特定的底纹图案，从而实现非常特殊的底纹透明效果，如图10-25（d）所示。底纹透明的操作过程与图样透明效果类似，但它要先在底纹库中选择样品或样式，再从第一种透明度挑选器中选择想用的底纹填充图案，可以看作是由图样样式对底纹进行了分类管理。

(a) 双色透明　　　　(b) 全色透明　　　　(c) 位图透明　　　　(d) 底纹透明

图10-25　图样与底纹透明度效果

10.2.3　透明实例

10.2.3.1　制作思路

（1）利用椭圆形工具和填充工具绘制星球，利用星形工具绘制恒星。

（2）利用透明效果制作星球的阴影。

（3）利用镜像功能制作对象的倒影。

10.2.3.2　具体步骤

（1）新建一个CDR类型文档，页面设置为横向。选择矩形工具，绘制一个与页面等大的矩形（水平297mm，垂直210mm）。

（2）选择线性渐变填充方式为矩形填充颜色，自定义颜色：起点为C100K50，50%的位置为C100K20，终点为K10。角度设置为-90°。然后选择交互式透明工具，对其进行透明效果处理，如图10-26（a）所示。

（3）选择椭圆形工具，在桌面上绘制一个直径为50mm的圆，去除轮廓线。打开底纹库，选择样式列表框中的卫星摄影，单击预览按钮，选择如图10-26（b1）所示的随机图形。

（4）用小键盘上的"+"键，复制一个圆，选择渐变填充中的射线类型，中心位移水平

−20，垂直 16；自定义颜色：起点为 K100，15% 位置为 K40，35% 位置为 K90，终点为白色，最终效果如图 10−26(b2)所示。

（5）选中图 10−26(b2)中渐变的圆，选择交互式透明工具，对其进行透明效果处理。设置透明度类型为标准，透明度操作为正常，开始透明度为 50。将应用透明效果后圆与图 10−26(b1)的星球效果图完全重合。

（6）为了使球体产生突出的效果，用小键盘上的"+"键，再复制一个和球体同样大小的圆，然后选中"效果 | 透镜"命令，设置透镜参数，透镜类型为鱼眼，比率为 160，如图 10−26(b3)所示。

（7）为了增加画面的真实性和丰富性，将星球做成渐隐效果。将球体对象全部选中，群组在一起。选择交互式透明工具，单击球体顶部后往下拉，调整效果如图10−26(b4)所示。

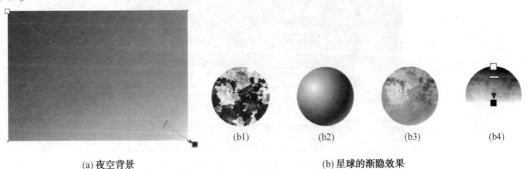

(a) 夜空背景　　　　　　　　　　　(b) 星球的渐隐效果

　　　　　　　　(b1)　　　　　　(b2)　　　　　　(b3)　　　　　　(b4)

图 10−26　图样与底纹透明度效果

（8）重复步骤(3)~(7)的方法，把底纹参数进行改变，设置不同的底纹、不同的大小、不同的渐隐效果，再绘制 4 个星球。

（9）选择星形工具，属性栏中设置其边数为 4，绘制四角星形，填充色为渐变填充的方角类型，颜色调和为双色，从青色 C100 到白色，使星星看起来具有闪烁的效果。将 5 个星球摆放在夜空背景中，并添加大小不一、疏密程度不同的星星，效果如图 10−27 所示。

（10）选择一幅钻石图片，以其为底图，用多边形工具、贝塞尔工具绘制钻石的轮廓，填充为白色，并应用交互式透明工具，应用圆锥类型，透明度操作选择添加，透明度目标为填充，效果如图 10−28 所示。

图 10−27　繁星满天的星球效果图

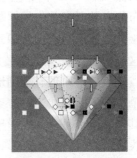

图 10−28　钻石效果图

（11）选中钻石，去除轮廓线，适当旋转，摆放在星球效果图中，并为其做倒影。按住

223

Ctrl 键，并鼠标左键选择顶部中间控制点，向下拖动，在不释放鼠标左键的同时按下鼠标右键，得到钻石的倒影。同理，将这两个对象同时选中，按住 Ctrl 键，并用鼠标左键选择左侧中间控制点，向右拖动，在不释放鼠标左键的同时按下鼠标右键，得到它们的对称图形。

（12）选择文本工具，输入字体为"华文新魏"、字号为 48 的文字"钻石恒久远，一颗永流传"。选择渐变填充的线性类型为其填充，颜色从品红色到青色，角度为-90°，边界为 20，颜色方向为顺时针。为文字做倒影，填充色角度改为 90°，其他同上。

（13）选择椭圆形工具，绘制一些填充白色，去除轮廓线的小椭圆放在钻石周围，即完成操作。最后的效果如图 10-29 所示。

图 10-29　星球与钻石效果图

10.3　透视效果

10.3.1　透视概述

10.3.1.1　透视

透视现象在生活中非常常见，当我们站在路中间时，就会发现越近的树、灯越高越大，越远的树、灯越矮越小；平行的公路、铁路在远方汇聚成一点。尽管在现代人眼里，透视现象比较容易理解，但是过去的人们并不明白其中的道理。为了真实地描绘形体，画家采取通过一块透明的平面去看景物的方法，将所见景物的轮廓线准确地描绘在这块平面上，即成该景物的透视图。15 世纪意大利文艺复兴运动中，透视图法诞生了。建筑家、画家菲利甫·布鲁内勒斯奇首先根据数学原理揭开了视觉的几何构造，奠定了透视图法的基础，并提出了绘画透视的基本视觉原理。布鲁内勒斯奇运用的手法是把一个立体的空间转成一个镜像，这便是"透视法"之中最为基础的"中心透视法"，或可称为"单点透视法"，即是图画从中心点按照数学原理有规则地向一个固定的消逝点缩小到看不见。这个视觉原理现在认为是再简单不过了，但在当时产生了极其深远和重大的影响。

其实透视也是一种投影形式，属于中心投影——可以将它看成以人的眼睛为投射中心，以视线为投射线的中心投影。因此，透视图反映的效果更为真实，如图 10-30 所描绘的景象与人眼睛所看到的景象非常接近。

透视图逼真地反映出建筑物的外貌，使人看图如同身临其境，目睹实物。透视图广泛地

图 10-30　透视效果图

运用在设计的各个阶段，尤其在方案的展示阶段，是最为直接的表现方式。透视图除了美观之外，还能够真实地反映出相应的数量、比例关系。因此，需要研究一套透视规律，能够应用制图工具，比较准确地绘制透视图。

10.3.1.2　透视学

1. 概念

"透视"（perspective）一词源于拉丁文"perspclre"（看透），指在平面或曲面上描绘物体的空间关系的方法或技术。研究人眼睛在有限距离观看景物所感到的近大远小现象、塑形变化规律，并用几何作图法在平面上把它表现出来，这种科学理论我们把它称为透视学。透视学即在平面上再现空间感、立体感的方法及相关的科学。

因物体对眼睛的作用有 3 个属性，即形状、色彩和体积，因距离远近不同呈现的透视现象主要为缩小、变色和模糊消失。相应的透视学研究对象为：

（1）物体的透视形（轮廓线），即上、下、左、右、前、后不同距离形成的变化和缩小的原因。

（2）距离造成的色彩变化，即色彩透视和空气透视的科学化。

（3）物体在不同距离上的模糊程度，即隐形透视。

2. 透视类型

透视有三种类型：色彩透视、消逝透视和线透视，其中最常用到的是线透视。线透视是指对象的轮廓线条或许多物体纵向排列形成的线条，越远越集中，最后消失在地平线上的透视现象。

广义透视学方法在距今 3 万年前已出现，在线透视出现之前，有多种透视法：

（1）纵透视，将平面上离视者远的物体画在离视者近的物体上面。

（2）斜透视，离视者远的物体，沿斜轴线向上延伸。

（3）重叠法，前景物体在后景物体之上。

（4）近大远小法，将远的物体画得比近处的同等物体小。

（5）近缩法，有意缩小近部，防止由于近部透视正常而挡远部的表现。

（6）空气透视法，物体距离越远，形象越模糊；或一定距离外物体偏蓝，越远越偏色重，也可归于色彩透视法。

（7）色彩透视法，因空气阻隔，同颜色物体距近则鲜明，距远则色彩灰淡。

3. 基本术语

在研究透视绘图的过程中，会涉及一些特定的点、线、面，在透视学中，它们具有各自特定的名称和代号。基本术语有视点、足点、画面、基面、基线、视角、视圈、点心、视心、视平线、消灭点、消灭线、心点、距点、余点、天点、地点、平行透视、成角透视、仰视透视、俯视透视等，如图10-31所示。

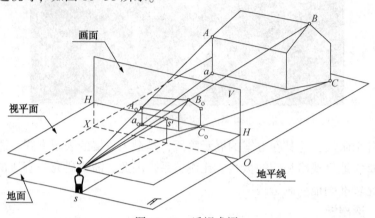

图10-31 透视术语

（1）画面（P）。绘制透视图的表面，一般垂直于地面、平行于观察者，这时画面正好与垂直面（V）重合。

画面线：画面与地面脱离后留在地面上的线。

原线：与画面平行的线。在透视图中保持原方向，无消失。原线在透视方向和分段比例上不发生变化，原来是水平看上去仍然是水平；原来垂直看上去仍然垂直。在透视长度上是越远越短。

变线：与画面不平行的线，在透视图中有消失。相互平行的变线，都向同一个灭点集中。

（2）基面（G）。被描绘景物所在的平面，与水平面（H）重合。在绘制景观效果图时通常以地面作为基面。

（3）视点（S）。视点为空间中的一点，是投射中心所在的位置，是投射线发出的地方，可以看成人眼睛所在的位置。

（4）站点（s）。站点又称为停点。位于基面上，是视点在基面上的正投影，可以看成观察者所站的位置。

视高（H）：视点与基面的垂直距离，即站点与视点的垂直距离，也就是人眼所在的高度。

（5）心点（s'）。心点位于画面上，是视点在画面上的正投影。

视距：视点与画面的垂直距离，即视点到心点的垂直距离，也就是人眼与画面的距离。

（6）视线。由投射中心发射的投射线，是视点与物体任何部位的假想连线，称为视线。

主视线：由视点发出的与画面垂直的一条视线，是视点与心点的连线。

视平面：经过主视线垂直于画面的平面，是所有水平视线集合在一起的水平面。

视平线：视平面与画面的交线，是必须经过心点的水平线，与人眼等高的一条水平线。

226

视域：眼睛所能看到的空间范围。

视角：视点与任意两条视线之间的夹角。

视锥：视点与无数条视线构成的圆锥体。

中视线：又称中视点，视锥的中心轴。

距点：将视距的长度反映在视平线上心点的左右两边所得的两个点。

余点：在视平线上，除心点距点外，其他的点统称余点。

天点：视平线上方消失的点。

地点：视平线下方消失的点。

灭点：直线上距离画面无穷远点的透视，即透视点的消失点或终点，其位置在视平线上。在二点透视中，灭点又分为左灭点和右灭点两种；在三点透视中，除左、右两个灭点外，还有垂直灭点。

测点：用来测量成角物体透视深度的点。是便利绘制透视图的辅助测量点，可分为右测点和左测点。

（7）平面图。平面图指的是物体在平面上形成的痕迹。

迹点：不与画面平行的空间直线与画面的交点，即平面图引向基面的交点。

影灭点：正面自然光照射，阴影向后的消失点。

光灭点：影灭点向下垂直于触影面的点。

顶点：物体的顶端。

影迹点：确定阴影长度的点。

4. 透视的种类

无论多么复杂的形体，都可以想象成具有长、宽、高的空间立体，并具有三空间轴向 x、y、z，根据三个轴向与画面的位置关系，透视图可分为以下三种。

（1）一点透视。一点透视又叫平行透视，当水平位置的直角六面体有一个面与画面平行，其消失点只有一个(即主点)的画面，称为一点透视。

一点透视的透视规律（如图 10-32 所示）：

① 平行透视只有一个主向灭点：主点。与画面不平行的轮廓线垂直于画面，是变线，这些变线集中消失于一点即主点，这一点也是透视的心点。

② 平行直角六面体在一般状况下能看到三个面，在特殊情况下，只能看到两个面或一个面。平行画面的平面保持原来的形状；平行画面的轮廓线方向不变，没有灭点。水平的保持水平，直立的仍然直立。

③ 直角六面体的位置高低不同时，离视平线愈远的水平面的透视愈宽，反之愈窄，与视平线同高的面呈一直线。

一点透视具有整齐对称、庄重严肃、一目了然、平展稳定、层次分明、场景深远的特点。由于平行透视只有一个消失点(主点)，所有的变线都向主点集中，这些变线牵引着画面动向集于中心位置的主点上，造成平行透视有一个集中而统一的视觉中心。这种视觉中心往往安排在画面主体的位置上，能有效地突出画面的主要角色。因此，一点透视比较适合表现开阔的或者纵深较大的场景，如广场、道路等，室内透视图也常使用这种表现方法，如图 10-33 所示。

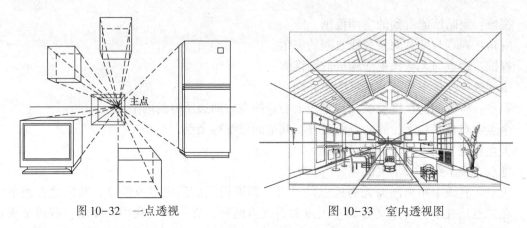

图 10-32　一点透视　　　　　　　　　　　图 10-33　室内透视图

（2）两点透视。空间立体只有铅垂线与画面平行或者其他两个轴向与画面成一定角度，二组边线分别消失于左灭点和右灭点，这样的透视图称为两点透视，又称为成角透视。在二点透视中，方形物体的垂直边线仍然垂直；与地面平行的水平线，各自与画面成一定的角度向左右两方远伸，分别往地平线上左右消失点（又称余点）集中，如图 10-34 所示。

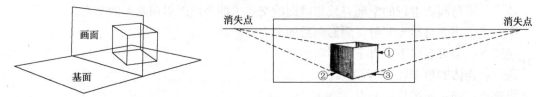

图 10-34　两点透视原理

两点透视表现出的画面效果较自由，具有活泼、生动的特点，与真实场景空间相比，具有很好的真实性以及变化多样、纵横交错的特点，有助于表现复杂的场景及丰富多彩的人物活动。两点透视应用较广，从复杂的场景到简单的小品都可以采用。

（3）三点透视。画面倾斜，空间立体的三个轴向都不与画面平行，这样的透视图称为三点透视。这种效果图类似人们俯视或者仰视所看到的效果，往往用在表现高耸或者下沉的景观，比如纪念碑、门楼、院落和天井等。如图 10-35 所示。

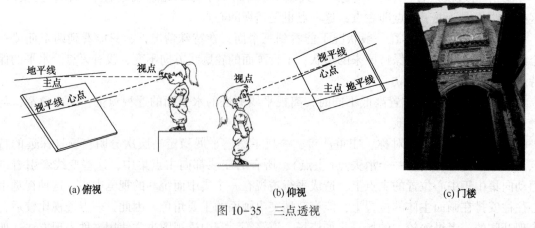

(a) 俯视　　　　　　　　　　　(b) 仰视　　　　　　　　　　　(c) 门楼

图 10-35　三点透视

10.3.2　鸟瞰图

正常视高的透视图视域较窄，仅适合表现局部小范围的景观效果，对于大型的场景，需要采用视点相对较高的鸟瞰图。鸟瞰图顾名思义，就相当于站在高处俯瞰景观的效果，也就是说视点高于景物，"站得高，看得远"，因为视点在表现对象的上方，能够展现相当多的内容，表现景观或者建筑群体的整体效果。因此，鸟瞰图广泛应用于建筑设计、园林设计和城市规划中。

从广义上讲，鸟瞰图不仅包括视点在有限远处的中心投影透视图，还包括平行投影产生的轴测图以及多视点顶视鸟瞰图。根据这一广义概念，平面图也具有鸟瞰图的性质，只是失去了景物高度上的内容，若在平面图上加绘阴影，就会具有一定的鸟瞰感，这也是使平面图更加生动的一种方法。

根据画面与表现对象之间的关系，透视鸟瞰图可分为顶视、平视和俯视三大类。其中，平视和顶视鸟瞰图在园林设计中比较常用，而俯视鸟瞰图，特别是俯视三点透视鸟瞰图多见于表现高大雄伟的建筑物或景观(见10.3.1节的内容)。

下面介绍一下比较常用的鸟瞰图。

10.3.2.1 顶视鸟瞰图

顶视鸟瞰图相当于画面平行于地面的一点透视图，只不过顶视鸟瞰图没有视平线，只有距点线；没有基线，只有与基线平行的量深线。由于顶视鸟瞰图的画面与地面平行，所有作图比较简单，可以直接平面上作出鸟瞰效果。在绘制顶视鸟瞰图的时候，最主要的两个参数是视距和心点，视距通过视角加以控制，最佳的视角为30°~40°；心点则工具需要选定，可以在画面之内，也可以在画面之外。

由于视角的限定，对于狭长地段或者范围较广的场景，就不宜采用顶视鸟瞰图进行表现，可以采用动点顶视鸟瞰或平视鸟瞰图。

顶视鸟瞰图的绘制方法与一点透视图相似，无论距点在什么位置，量取景物实际高度的直线一定要平行于距点线(距点与心点的连线)。量取实际距离时，应该注意如果所求点的透视在画面的下方，则应该向着远离距点的方向量取；如果所求点的透视在画面的上方，则应该向着靠近距点的方向量取。如图10-36所示。

10.3.2.2 平视鸟瞰图

平视鸟瞰图效果，如图10-37所示。对于小型的园林景观鸟瞰效果图的绘制较为简单，填充灭点或者距点都在画面中，采用视线法、量点法绘制，作图方法没有变化，只不过视高高于正常值。对于大型场景，如城市公园、居民小区等，由于构图较为复杂，并且往往灭点或者距点不可达，这时可借助透视网格进行辅助作图，这种方法称为网格法。网格法分为一点透视网格法和两点透视网格法。

图10-36　顶视鸟瞰图

图10-37　平视鸟瞰图

229

10.3.3 透视效果

透视效果使图形看起来具有远近不同的三维视觉，通过物体的层次和大小不同来体现三维立体景物，将根据视角的不同为对象添加深度和多维视觉效果。透视效果允许对图形添加透视效果，使图形产生视觉深度的感觉。在 CorelDRAW 中，当为对象添加透视时，可以得到对象逐渐进入编辑的视觉效果。当人站在路中间的时候，就会发现随着道路延伸得越来越远，它的宽度就变得越来越窄，同时路边的电杆也变得越来越小。由于我们都生活在一个现实的三维世界中，但在计算机屏幕上并不能提供一个三维的显示环境，这时就需要我们用 CorelDRAW 的各种效果在屏幕上生成三维显示效果，透视就是这些效果中很重要的一种功能。

透视效果可用于单个对象或对象组，还可以为轮廓图、调和、立体模型和用艺术笔创建的对象等链接群组添加透视效果，但不能将透视效果添加到段落文本、位图或符号中。但是如果把段落文本、位图或符号应用"图框精确裁剪"命令放置在一个容器内(几何图形或不规则图形中)，就可以为它们添加透视效果。不能把透视效果一次用于多个对象，但可以把一个对象的透视效果复制到另一个对象上，也可以修改或删除已创建的透视效果。

10.3.3.1 添加透视效果

要向一个对象或对象组添加透视效果，必须先选中对象或对象组，然后再选择"效果|添加透视"命令。这时，对象或对象组将被一个矩形选择框所包围。矩形选择框是用虚线表示的，在它的每一个角上都有一个节点，内部被水平和垂直的虚线格填充。这时形状工具被自动选中，通过它来拖动矩形框角上的节点就可以为对象添加透视效果。在拖动节点的过程中，页面上会出现"×"形符号，这就是消失点。

在 CorelDRAW 中提供了两种透视类型，使用一个消失点的是单点透视，它提供了对象逐渐进入背景的效果。使用两个消失点的是双点透视，它不仅提供了对象逐渐进入背景的效果，还提供了对象的倾斜效果。如图 10-38 分别显示了单点透视和双点透视的效果。如图 10-39 则显示了将位图应用"图框精确裁剪"命令后进行透视的效果。

图 10-38　单点透视与双点透视效果

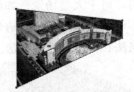

图 10-39　将位图放置在容器中的透视效果

在拖动节点的过程中，请注意：

(1) 如果按下 Ctrl 键并在水平或垂直方向上拖动节点，那么为对象添加的是单点透视效果；如果同时按住 Ctrl+Shift 键，消失点将位于两个节点中心的正前方。如果在拖动节点的过程中没有按住 Ctrl 键以保证完全在水平或垂直方向上移动，那么得到的将是双点透视效果。

(2) 如果在水平方向上拖动一个节点后再在垂直方向上拖动任何一个节点，那么将得到双点透视效果。

(3) 同理，如果在垂直方向上拖动一个节点后再在水平方向上拖动任何一个节点，那么将得到双点透视效果。

（4）沿对角线方向拖动任何一个节点都将得到双点透视效果。

（5）当消失点在页面上可见时，可通过移动消失点来调整透视效果，这样可以保持对象的尺寸不变。

10.3.3.2　透视效果应用案例

应用透视效果，可以生成一幅真正具有真实感的透视效果图。例如，生成一幅海底世界图，具体步骤如下：

（1）选择图纸工具绘制一个 10 行 10 列的矩形网格，填充色为 K10，作为大厅地面。选择"效果｜添加透视"命令，按住 Ctrl+Shift 键拖动矩形网格的左上角（或右上角）使之向内移动到适当的位置，这时左右两个角将同时向中心方向移动，使地面产生向远处延伸的效果，如图 10-40（a）所示。

（2）选择交互式透明工具为其设置透明效果，如图 10-40（b）所示。

（3）可依照同样的方法制作大厅的其他墙体，并适当添加透明效果及渐变填充，效果如图 10-40（c）所示。

（4）适当添加壁画等加以修饰，从网上下载海底世界的图片若干，并将它们分别应用"图框精确裁剪"命令后，再应用透视效果调整其外形，使之也具有透视效果并与墙面的透视轮廓相吻合，最终效果如图 10-40（d）所示。

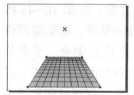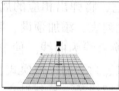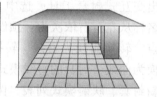

(a) 建立透视效果　　　　(b) 设置透明效果　　　　(c) 创建其他墙体及填充效果　　　　(d) 添加壁画透视效果

图 10-40　海底世界透视效果图

10.4　封套和变形效果

封套和变形这两个命令有一个共同点：它们都可以预先定义好的方式来调整一个或一组对象的形状。封套效果允许把一幅图形转换成预先定义好的形状或者其他的自由形状。变形效果允许任意发挥自己的创造力和想象力，获得奇特的变化。

10.4.1　封套效果

封套是放置在对象周围以改变对象形状的闭合图形框，它由节点相连的线段组成，可以移动各节点来改变对象的形状。封套工具为改变对象形状提供了一种简单有效的方法，就像形状工具一样，封套效果允许通过使用鼠标节点来改变对象的形状，而不增加图形对象。它提供了修整图形外观形状的模式，可以在指定模式下拖动节点重新塑造对象的形状。

封套效果允许把对象弯曲成不规则的形状，也可以把封套效果应用于一组对象。但是在对调和、轮廓图或立体化对象组应用封套效果以前，必须先选中一个调和、轮廓图或立体化对象组应用"排列｜拆分"将对象组分离后，应用"排列｜群组"命令将对象群组。当把对象群组后，就可以对新对象组应用封套效果了。

封套效果可以使用封套泊坞窗或交互式封套工具来实现。使用"效果｜封套"（Ctrl+F7）

命令可以调用封套泊坞窗，如图 10-41 所示。选中一个对象并单击封套泊坞窗中的"添加新封套"按钮时，被选中的对象周围将出现一个边框，这时可以选择并移动节点。如图 10-42 显示了一个应用了封套效果的星形，左边为原始的对象；中间为应用封套效果后有 8 个节点的边框围绕对象，通过调整节点改变对象形状；右边为最终的图形效果，它已被填充(看起来像一只海星)。

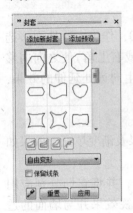

图 10-41 封套泊坞窗

图 10-42 应用封套效果的星形

从工具箱中可以调出交互式封套工具，选中它，将弹出相应的属性栏，如图 10-43 所示。属性栏中各按钮的名称从左至右依次为：预设列表、添加预设、删除预设、选取范围模式、添加节点、删除节点、转换曲线为直线、转换直线为曲线、使节点成为尖突、平滑节点、生成对称节点、转换为曲线、封套的直线模式、封套的单弧模式、封套的双弧模式、封套的非强制模式、添加新封套、映射模式列表、保留线条、复制封套属性、创建封套和清除封套。

图 10-43 交互式封套工具属性栏

10.4.1.1 封套模式

1. 四种封套模式应用

在封套一个对象之前，必须先选择一种封套模式。封套模式直接决定了封套对象的形状。封套工具提供了四种操作模式，并且以它们的功能分别命名，依次为：直线模式、单弧模式、双弧模式和非强制模式。

封套的直线模式基于直线创建封套，为对象添加透视。在这种模式下，不管在哪个方向上移动节点，矩形框的边线总是保持直线。应用该模式的效果如图 10-44(a)所示。

封套的单弧模式创建一边带弧形的封套，使对象为凹面或凸面外观，该模式的应用效果如图 10-44(b)所示。

封套的双弧模式创建一边或多边带 S 形的封套，该模式的应用效果如图 10-44(c)所示。

封套的非强制模式创建任意形式的封套，在这种模式下，可以使用节点设置属性，允许改变节点的属性；可以增加或删除节点，也可以同时选择多个节点进行操作，其应用效果如图 10-44(d)所示。

232

(a) 直线模式   (b) 单弧模式   (c) 双弧模式   (d) 非强制模式

图 10-44   四种封套模式应用效果

上述四种封套模式可分为两类：限制模式和非限制模式，通过选择模式，可以控制封套效果的行为。

2. 限制模式

直线模式、单弧模式和双弧模式应用时，不能在矩形框上增加或减少节点，矩形框上的节点移动范围受到一定限制，因此这三种模式称为限制模式。它们都可以单独或合并使用 Ctrl 键和 Shift 键以某种受限的方式执行某些特殊的封套功能。下面详细介绍各种功能：

如果在拖动节点的过程中按住 Ctrl 键，那么矩形对面的节点将做同向移动，如图 10-45（a）所示。

如果在拖动节点的过程中按住 Shift 键，那么矩形对面的节点将做反向移动，如图 10-45（b）所示。

如果在拖动节点的过程中按住 Ctrl+Shift 键，那么矩形框上相同的四个节点将各自反向移动，如图 10-45（c）所示，拖动矩形框上面的中间节点，那么其他的三个中间节点将各自反方向移动。如果拖动的是角上的节点，那么其他三个角上节点也将各种反方向移动。对于移动角上节点的情况，我们所做的仅仅是把对象进行按比例缩放。

   GOOD

(a) 按住Ctrl键的效果   (b) 按住Shift键的效果   (c) 按住Ctrl+Shift键的效果

图 10-45   双弧模式下分别按住 Ctrl、Shift 和 Ctrl+Shift 键的封套效果

3. 非限制模式

封套的非强制模式属于非限制性模式，使用这种模式时，矩形框上所有节点功能都将和一般曲线上节点的功能一样。通过这些节点属性的操作能够生成非常有趣的文本形状。通过执行以下步骤来体验非限制模式的功能。

（1）用任意字体在页面上输入几个单词。

（2）选中文本，单击交互式封套工具按钮。用鼠标指针选中顶部之间的节点向上移动，用单击并拖动其他节点的方法继续改变文本的形状。

（3）用双击矩形框边线的方法增加几个节点，继续改变文本的形状。如果想要同时增加多个节点，只需用选择框选中多个节点，然后单击属性栏上的"+"按钮（或者点击数字键盘中的"+"键），这时所选的每两个节点中间就会增加一个节点。

（4）选取一个中间节点，通过单击属性栏上的"使节点成为尖突"按钮把它转化为尖端节点，然后单击并拖动它来改变文本的形状（注意：在缺省情况下，非限制性模式封套效果中的中间节点是平滑节点而它所有的角节点都是尖端节点）。

233

（5）选取一个角上的节点，通过单击属性栏上的"平滑节点"按钮把它转化为平滑节点，然后单击并拖动它来改变文本的形状。

如图10-46所示，都是用上述方法在非强制模式下生成的封套效果。

图10-46　非限制模式下的不同封套效果

如果在完成封套效果后发现它并不是自己所需要的结果，那么可以单击属性栏上的"清除封套"按钮，使文本恢复原来的模样。

4. 应用于对象组的封套效果

一般来说，封套效果最适用于文本对象，但有时候把它用于对象组，可能会得到意想不到的效果。一般情况下，剪贴画都是由多个对象群组在一起的，对它们添加封套可以得到平常不容易获得的特殊效果。如图10-47所示的是分别使用了非强制模式封套效果的剪贴图片，形象地表达出两车追尾的效果。图中碰撞的亮点效果是利用后面讲到的变形工具生成的。

图10-47　为两幅剪贴画分别添加封套效果

10. 4. 1. 2　映射模式

在封套工具属性栏上可设置映射模式，用来确定封套对象适应封套变形的方式。在不同的映射模式下，延展对象以适合封套的基本尺度，限定向某一方向压缩对象以适合封套的形状。单击映射模式列表框的向下箭头可获取四种映射模式，在选取了严重映射模式之后就可以确定对象在封套中的分布方式。在映射模式列表框中提供的四种模式的功能如下：

图10-48　水平映射模式

水平映射模式：允许水平方向任意变形；垂直方向中的节点只能拓展变形不能压缩，变形时先使对象适应封套的尺寸，然后在水平方向上压缩对象以适合封套的形状。其应用效果如图10-48所示。

垂直映射模式：允许垂直方向任意变形，水平方向中的节点只能拓展变形不能压缩，变形时先使对象适应封套的尺寸，然后在垂直方向上压缩对象以适合封套的形状。其应用效果如图10-49所示。

原始映射模式：将原始对象的角点映射到封套包围框的角点上，其他节点沿对象选择框的边缘线性映射。其应用效果如图10-50所示。

自由映射模式：仅仅将原始对象的角点映射到封套包围框的角点上，与"原始"映射的效果近似，但对角点以外节点的变化没有限制，因此变形自由度更大。其应用效果如图10-51所示。

图 10-49　垂直映射模式

图 10-50　原始映射模式

图 10-51　自由映射模式

10.4.1.3　使用预置效果

在属性栏的预设列表或应用封套泊坞窗的"添加预设"按钮，允许用户为对象添加预置的形状效果，适用于艺术文本。选取所需添加效果的对象，打开添加预设按钮，从下拉列表框中选择所需要的效果，属性栏不需要任何操作，直接出现应用后的效果，泊坞窗则需要单击应用按钮。如图 10-52 所示为选取不同预置效果后的文本。

图 10-52　添加了不同预置效果的文本

10.4.1.4　使用"创建封套自"命令

"创建封套自"命令按钮位于封套泊坞窗的左下角，也就是位于"重置"和"应用"按钮的左边(在创建封套自按钮上有一个吸管图标)。同样在属性栏上也有一个吸管图标，这个命令允许用一个目标对象的形状来封套当前选中的对象。注意，所使用的目标对象必须是一个闭合路径对象而且不能是合并对象或者群组对象。"创建封套自"命令与预置效果是不同的，它不是根据对象的大小来添加不同尺寸的效果，而是通过放大或缩小原始对象来匹配目标对象的尺寸。执行下面的步骤来练习这个命令。

(1) 在页面上分别绘制一个椭圆。

(2) 输入单词 CORELDRAW，字体设置为 Arial Black。

(3) 选中文本，单击"创建封套自"按钮，使用指针箭头选取椭圆的轮廓线，这时在文本周围将会出现一个椭圆形的封套，单击应用按钮，即可得到如图 10-53 所示的图形。

(4)完全按照上述步骤分别对星形和梯形执行操作，可得到如图 10-54 所示的图形效果。

图 10-53　使用"创建自"命令建立的椭圆形封套效果文本　　　　图 10-54　创建的星形和梯形封套效果文本

10.4.1.5　清除封套效果

用属性栏上的"清除封套"按钮可以撤销任何对封套对象进行的改变，单击此按钮就可以把对象恢复为上一次封套效果或恢复为原始形状。在对象使用了封套效果后，在任何时刻都可以选择使用这个命令。

效果菜单中的"清除效果"命令是承上启下的。在没有对象被选中的情况下，命令是"清

235

除效果"。但如果所选取的对象拥有封套效果，则此命令将变成"清除封套"。当选中一个拥有封套效果的对象后再单击此命令，那么它将去除对象的封套效果。如果对象只有一层封套，那么此命令将恢复其原始状态；如果对象拥有多重封套，那么此命令将去除最外层封套效果。对于具有多重封套效果的对象，如果要快速恢复其原始形状，则可以应用"排列｜清除变换"命令来实现。

10.4.1.6 案例：大红灯笼的绘制

应用封套效果绘制一个大红灯笼，操作步骤如下：

(1) 用椭圆工具绘制一个灯笼状的椭圆，大小设置为水平 125mm，垂直 100mm，轮廓采用红色，采用渐变填充的射线类型(从红色到黄色，中心位置适当下移)，如图 10-55(a) 所示。

(2) 选中椭圆，选择"变换｜缩放"命令，水平参数框输入数值 8，垂直保持不变，单击"应用到再制"。选中这两个椭圆，打开调和泊坞窗，步长设置为 5，单击应用，灯笼的骨架就出来了，并且灯笼里还隐约有亮光透出。效果如图 10-55(b) 所示。

(3) 在灯笼底部，用矩形工具绘制一个小长方形，作为灯笼下面的出口。轮廓色为黄色，填充色为红色。选择交互式封套工具，在属性栏中选择"非强制模式"，拖动调整节点，使矩形看上去有些弧度并与灯笼主体贴合，按下 Ctrl+PageDown 键将其放置在后面，以避免出现不吻合的接缝。将此图形应用垂直镜像复制的方法复制一个，移动到灯笼底部作为上面的出口。效果如图 10-55(c) 所示。

(4) 在灯笼下面绘制飘动的穗子。用矩形工具在灯笼下方绘制一个长方形，去除轮廓线，用渐变线性类型填充，角度为 -90°，边界为 12，颜色从黄色到略带灰色的黄色 (Y60K20)，使其看起来更具立体感。在工具箱中选择粗糙笔刷工具，在矩形下边拖动，使它的底边参差不齐。为使穗子飘动起来，需要选择交互式封套工具，在属性栏中选择单弧模式，拖动穗子的封套角度做适当调整，按下 Ctrl+End 键将其放置在最后面。效果如图 10-55 (c) 所示。

(5) 用贝塞尔工具在灯笼上口出绘制提手，适当加粗轮廓宽度，颜色设置为黄色。效果如图 10-55(c) 所示。

(6) 在灯笼上添加文字。选择文本工具在灯笼上输入"囍"字，将其调整至合适的大小和位置。选择交互式封套工具，在属性栏的预设下拉列表框中选择"封套 1"，使文字应用圆形封套效果，适当拖动圆形封套框，使其余灯笼的外形相似，"囍"字会自动使用封套轮廓的变形。最后对文字应用透明效果，使其能够很好地与灯笼融合在一起，最终完成效果。效果如图 10-55(d) 所示。

(a) 绘制灯笼的椭圆外形

(b) 绘制灯笼骨架

(c) 绘制上下口、提手和灯笼穗

(d) 添加囍字后的效果

图 10-55　绘制大红灯笼

10.4.2　变形效果

在工具箱中有一个交互式变形工具，它可以使对象外观发生不规则形变，快速改变对象的外观，从而获得奇特、富有弹性的外观效果。变形效果只是在原图基础上做变形处理，并未增加新的图形对象。应用到对象上的变形数量和种类是无穷无尽的，最终得到的结果取决于所选的变形工具、拖动光标的位置和方向以及属性栏上所做的设置。变形工具可以产生三种变形效果模式：推拉、拉链和扭曲效果。如图 10-56 所示，对同样一个椭圆形分别应用三种变形得到的不一样的变形效果。

图 10-56　应用变形工具的推拉、拉链和扭曲效果模式得到的图形

由于不同的变形方式下含有不同的操作属性，因此相应的工具属性栏并不完全相同，而不同的变形方式和振幅会有不同的变形效果，如图 10-57 所示为三种变形效果下的工具属性栏。

图 10-57　交互式变形工具属性栏

属性栏中各按钮的功能说明如下：

（1）预设列表（添加和删除预设）：提供一些预置的变形效果。

（2）变形方式：推拉变形、拉链变形、扭曲变形。

（3）添加新的变形：可以多次添加新的变形。

（4）旋转方向：设置顺时针或逆时针旋转方向（限于扭曲效果）。

（5）旋转角度：完全旋转（360°）的次数、附加旋转的角度（限于扭曲效果）。

（6）失真效果：包含失真振幅（限于推拉、拉链效果）和失真频率（限于拉链效果，产生拉链"齿"的个数）。

（7）变形效果：随机、平滑和局部（限于拉链效果）。

（8）中心变形：围绕中心变形。

（9）转换为曲线：将变形的结果转换成曲线。

（10）复制变形属性：将指定的变形效果复制到当前对象上。

（11）清除变形：清除变形效果，恢复原状。

10.4.2.1　推拉效果

推拉变形效果是通过推进或拉出对象的边缘使其变形，推拉变形的效果与推拉的方向有关。"推"变形将正在变形的对象节点向左拖动，将其推离变形中心，如同膨胀的效果。"拉"变形可以将对象的节点向右拖动，将其拉向变形中心，如同收缩的效果。

推拉变形的幅度和推拉拖动的距离有关，也可以在变形完成后，再修改变形幅度，直接拖动在图上的空心正方形控制柄，或在属性栏上的失真振幅参数框中设置变形幅度。所有的变形效果都是以变形中心为基准发生的，可以通过鼠标拖动重新定位手柄变形中心，如果需要保证从图形中心变形，可选择已应用变形的对象，单击中心变形按钮，则变形中心会自动调整到变形对象的图形中心，研究所默认的变形中心。

如图 10-58 就是对一个八角星［(a)图为变形前图形］，应用推［(b)图向左拖动］、拉［(c)图向右拖动］的变形效果，推与拉得到的图形效果之间的区别还是显而易见的。

 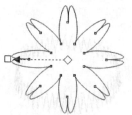 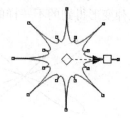

(a) 八角星　　　　　　　　　(b)推(向左拖动)的变形效果　　　　　　　(c)拉(向右拖动)的变形效果

图 10-58　推拉变形效果

10.4.2.2　拉链效果

拉链效果将锯齿效果应用于大小的边缘，可以调整变形效果的振幅和频率。拉链变形的操作也主要使用变形工具，在属性栏上选择拉链变形方式后在图形对象上拖动完成。

创建拉链变形时，直接拖动随机因素较多，可先采取在属性栏中设置振幅和频率的方法创建变形，如图 10-59 中(a)图为变形前的图形，(b)图为振幅 25、频率 1 时的变形效果，(c)图为振幅 30、频率 5 时的变形效果。

(a) 变形前的图形　　　(b) 振幅25，频率1　　　(c) 振幅30，频率5

图 10-59　不同振幅、频率的拉链变形

在拉链变形中可以设置三种不同的变形效果：随机变形、平滑变形和局部变形。三种变形模式的功能如下：

(1) 随机变形：按下此按钮后，锯齿将随机地分布在对象的外形上。

(2) 平滑变形：按下此按钮后，锯齿中的尖角将变得圆滑。

(3) 局部变形：此按钮强调变形是在对象的某个特定部位，而不是随机分布或从中心开始。

如图 10-60 所示为各种不同的变形效果。注意，这些变形效果可以叠加，即同时使用几个效果；或重复设置，即允许反复应用同一效果。每次应用新效果都是在当前图形基础上的变形，这样图形将呈现出综合作用效果。

(a) 随机变形　　　　　(b) 平滑变形　　　　　(c) 局部变形

图 10-60　三种拉链变形效果

10. 4. 2. 3　扭曲效果

扭曲变形将对象进行旋转以创建旋涡效果，可以选定旋涡的方向、旋转原点、旋转角度和旋转量。扭曲变形效果不适宜用于文本，对除文本外的对象都可以获得更好的效果。创建扭曲变形效果时，可以在工具属性栏上设置变形参数，扭曲变形主要控制其旋转方向和旋转节点。

（1）顺时针旋转：按下此按钮将使扭曲效果为顺时针方向，也就是说将顺时针方向作为目标对象的旋转方向。

（2）逆时针旋转：按下此按钮将使扭曲效果为逆时针方向，也就是说将逆时针方向作为目标对象的旋转方向。

（3）完全旋转数字框：在此参数框中可以输入扭曲变形效果完全旋转的圈数。

（4）附加角度数值框：此参数框中的数值用作旋转圈数后的附加角度。

整圈旋转数加上附加角度，就是对象扭曲变形总的旋转角度。如果指定旋转一圈，附加角度输入20°，则变形效果最终的旋转度数为380°。如图 10-61 所示为不同参数设置的扭曲效果。

(a) 变形前的图形　　　　(b) 顺时针60°的变形效果　　　　(c) 逆时针380°的变形效果

图 10-61　不同旋转方向和角度的扭曲变形效果

这些奇妙的工具还有一些独特的用途，如图 10-62 显示的就是应用扭曲变形效果将一个八角星形变为一只公鸡美丽的尾巴。

图 10-62　应用扭曲变形得到的公鸡尾巴效果图

第 11 章　绘制平面户型规划图

过去的平面户型图大多采用黑白线条平面图来表示，不能直观地反映室内设计意图(这样的图只适用于设计院、建筑施工公司、监理公司等专业技术人员)。如果换一种设计办法，用彩色平面布置图来表现，就既能让人一目了然，又具有表现力与感染力。其实设计一幅这样的彩色户型图并不难，就是直接应用矢量软件设计 CorelDRAW 画一幅漂亮的彩色平面图。

本章的案例将带领大家利用 CorelDRAW 来绘制一幅漂亮而且比较复杂的平面户型图，学会如何应用 CorelDRAW 绘制具有 3D 效果的图形，真正学习到绘制图形过程中的每一个细节，领略这个软件的强大的绘图功能，感受到绘图的简单快捷，既高效又便于修改。

11.1　设置辅助线

具体步骤如下：

（1）打开 CorelDRAW 软件，执行命令"文件｜新建"，设置页面的宽度和高度分别为 20000mm、10000mm，其他项目选项默认设置，如图 11-1 所示。

图 11-1　页面设置

图 11-2　水平辅助线设置

（2）选择"工具｜选项｜"，弹出"选项"参数设置面板，在其左边的选项栏中选择"文件｜辅助线｜水平｜"选项，在右侧的参数设置面板中输入"865"，然后单击"添加"按钮，添加上设置的水平辅助线；再用输入数字并单击"添加"按钮的方法，依次输入如图 11-2 所示参数设置的辅助线。

（3）设置完水平辅助线后，在"选项"面板左侧的窗口中选择"垂直"选项，并在其右侧依次输入如图 11-3 所示的参数。

（4）单击"确定"按钮，就得到如图 11-4 所示的绘图窗口中添加的辅助线的情况。

图 11-3　垂直辅助线设置

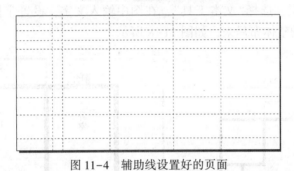

图 11-4　辅助线设置好的页面

11.2　创建墙体线和门窗

在 CorelDRAW 中，用矩形工具画出墙体线、立柱、横梁，用"排列→变形→大小"命令，按比例改变尺寸大小，墙厚为 1/2 墙（12cm）、1.8 墙（18cm）、2.4 墙（24cm），室内开间为墙长度（矩形长度）。直接在输入框内输入参数，用鼠标左键在色盘点选需要填充的彩色（一般墙体线为黑色）。按照上面方法可以直接绘制所有的墙体线，也可以选中需要复制的对象（墙体线、立柱、横梁），按键盘上的"＋"号复制一个物体对象。用"排列→变形→位置"命令，改变墙体线的距离和位置即室内开间（常规为 2.2m、2.4m、3.3m、3.6m、4.2m）。

11.2.1　绘制墙体线

（1）新建"墙体及门窗"层。单击工具箱中的"矩形工具"，沿着水平辅助线，绘制四个方形条，设置矩形的宽度为 240mm，并将其填充为黑色；用同样的方法在垂直方向上画四个方形条，也填充为黑色。效果如图 11-5 所示。

（2）选中工具箱中的"轮廓笔工具"，在弹出的对话框中设置轮廓的属性，轮廓颜色设为灰色 K20，宽度设为 120mm，单击"确定"按钮；然后选择"贝塞尔工具"，绘制 3 条阳台线；将这 3 条阳台线分别复制一条，轮廓属性改为颜色黑色，宽度为 1mm，并放置在最前面。如图 11-6 所示。

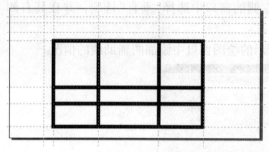

图 11-5　绘制好的墙体线　　　　　　　　图 11-6　绘制好的阳台线

（3）单击工具箱中的"矩形工具"，绘制一个矩形，选定它，执行命令"排列｜整形｜修剪"，在弹出的"修剪卷帘窗"选项中选择　"保留原件"下的选项不被选中，然后单击"修剪于"按钮，这时光标变成修剪状态，单击要修剪的黑色方形条，将其左侧部分修剪掉。用同样的方法修剪掉其他的墙体线，并用复制、移位的方法创建新的墙体线。如图 11-7 所示。

（4）新建"注记"层，选择"文本工具"，在图中输入文字，设置字体为"黑体"，字号为"800"，划分出户型的整体布局来，如图 11-8 所示。

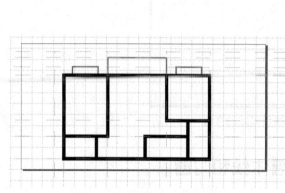

图 11-7　修剪后的墙体效果

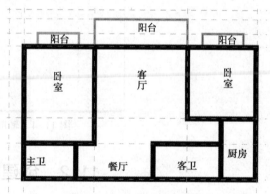

图 11-8　添加注记后效果

11.2.2　安装门窗

用矩形工具画出门扇的宽度（600~900mm）和门扇的厚度（40~50mm），用椭圆形工具画 1/4 圆，画出门扇的开启方向，将矩形和圆弧群组插入需要安装木门的位置。窗的画法就是用矩形工具画两个长度一样（常规为 0.6m、0.9m、1.2m、1.5m、1.8m、2.0m）、宽度不一样的矩形，填充白色，将两个矩形群组插入需要装窗的位置。

（1）选择"矩形工具"，在"墙体及门窗"层上，绘制宽度为 800mm 的矩形。选定这个矩形，执行命令"排列｜整形｜修剪"，同前面的方法，将需要留门窗的墙体线修剪掉。

（2）用同样的方法，修剪出其他门和窗口。效果如图 11-9 所示。

（3）选择"矩形工具"，在"墙体及门窗"层上，绘制 2 个宽度为 240mm 的矩形，为其填充 C22M3Y17 的颜色。将这两个矩形分别复制一个，宽度为 120mm，然后将它们摆放在恰当的位置。

（4）选择"椭圆工具"，绘制直径为 1600mm 的圆；选定这个圆，在属性栏中将椭圆改为饼形设置，起始角度为270°，结束角度为0°，方向为逆时针。用"矩形工具"绘制一个长为800mm、宽为60mm的矩形，把这个矩形放置在饼形的直线边的上方，和饼形在垂直方向对齐，并群组在一起。将这个对象复制多个，放置在合适的位置。

（5）选择"矩形工具"绘制4个长为850mm、宽为90mm的矩形，作为客厅与阳台之间的推拉门窗，为它们填充C22M3Y17的颜色，把它们摆放在合适的位置。选择"贝塞尔工具"绘制一条拆线作为门道线，线条颜色为黑色，宽度为1mm。安装好门窗后得到如图11-10所示的效果。

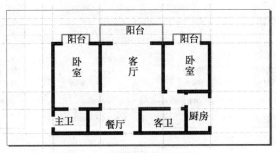

图11-9　修剪好门窗后的效果

图11-10　安装好门窗后的效果

11.3　地面装饰

用"贝塞尔工具"画出客厅、卧室、厨房、卫生间等功能区域的封闭曲线（地面），或用"矩形工具"画矩形，用"排列→转换为曲线"命令，将矩形转换为曲线，用加点的方式改变异形几何图形的房间地面，用"图样填充对话框"命令，置入图像文件格式的文件图块（如大理石、地砖、木地板、地毯等纹理）。

（1）新建"地板砖"层，将该层置于最底层。选择"贝塞尔工具"，在该层上绘制封闭图形。分别在客厅、卧室、厨房、卫生间和阳台等功能区上绘制，使这些闭合图形与其功能区形状一致，并能与之重合。

（2）打开"图样填充对话框"，为卧室填充"位图图样"，如图11-11（a）所示的图形，设定其大小为宽度1500mm、高度1500mm。

（3）为卫生间填充"双色图样"，选如图11-11（b）所示的图形，设定其前景为青色，背景为白色；大小为宽度400mm，高度400mm。

（4）为阳台填充"全色图样"，选择如图11-11（c）所示的图形，设定其大小为宽度800mm，高度800mm。

（5）为客厅和餐厅填充"双色图样"，选择如图 11-11(d)所示的图形，设定其前景为浅绿色，背景为白色；大小为宽度 800mm，高度 800mm，在变换的旋转选项中输入 45°。

（6）为厨房填充"双色图样"，选择如图 11-11(e)所示的图形，设定其前景为青色，背景为品红色；大小为宽度 400mm，高度 400mm。

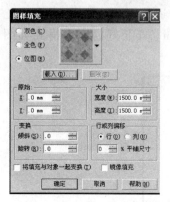

(a) 卧室

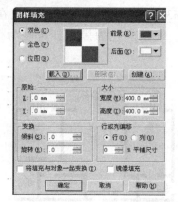

(b) 卫生间

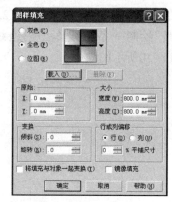

(c) 阳台

(d) 客厅和餐厅

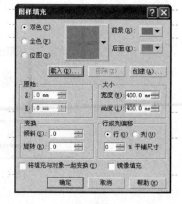

(e) 厨房

图 11-11　地面装饰图样填充效果

（7）将所有的房间的地面铺装后，就得到如图 11-12 所示的图形。

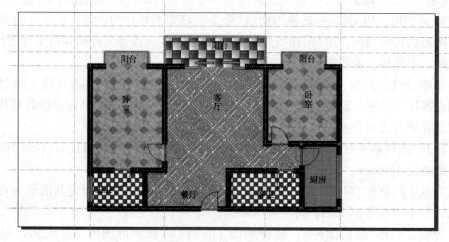

图 11-12　地面装饰后的效果

11.4 布置家具等装饰物和标注尺寸

11.4.1 布置家具等装饰物

打开平时收集或绘制的彩色平面布置图块(诸如沙发、茶几、床、柜、桌、椅、洁具、厨具、植物、电器之类),也将 AutoCAD 中的 DWG 文件格式图块转入 CorelDRAW 中填色,并保存为 CDR 文件格式图块,以备调用。用"排列丨顺序"命令,改变对象物体的前后上下顺序关系。用"排列丨对齐与分布"命令,改变对象物体的左右上下排列对齐关系。

(1)新建图层"家具和装饰物",将平时收集或绘制的沙发、茶几、地毯、床、电器等"导入"该层,摆放在适当的位置。

(2)把适合于家庭养的一些花和植物导入该图层。效果如图 11-13 所示。

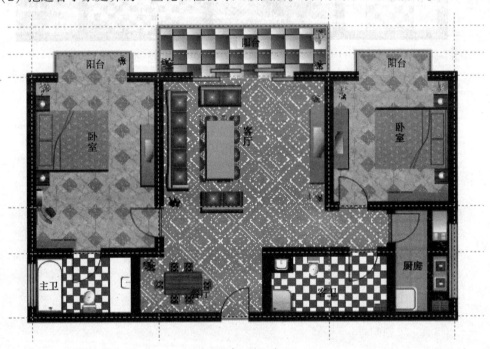

图 11-13 布置好家具等装饰物后的效果

11.4.2 标注平面尺寸

(1)选中工具箱中的"标注工具",并在属性栏中进行属性设置。

(2)打开"注记"层,在图中分别标注尺寸,标注后的效果如图 11-14 所示。这样平面户型规划图的绘制就全部完成了。

另外还可以使用扫描仪将自己已经设计好的原始稿扫描到电脑中,用"文件丨导入"命令,放置在绘图窗口中,进行屏幕矢量化跟踪,将保存好的设计图块直接插入,速度将更快,效果也很好。

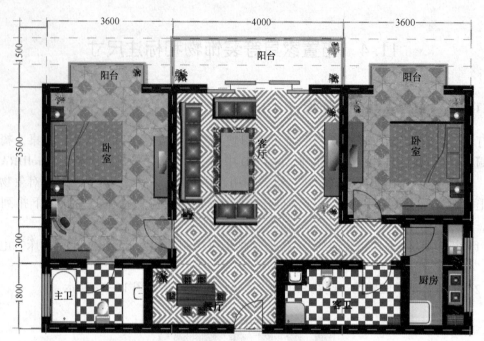

图 11-14   绘制完成后的平面户型规划图效果

第 12 章　绘制建筑物透视效果图

通过前面的学习，我们发现 CorelDRAW 软件的功能非常强大，几乎可以说是无所不能。但是，如果用这个软件绘制一幅与 3DS MAX 效果相似的建筑物三维透视效果图，还是有相当难度的。难就难在绘制过程中难以控制好整体与局部之间的比例关系和透视关系，色彩明暗和色相差异的调配也比较困难，环境对象的比例大小及阴影设置等也是很困难的事情。这不仅需要熟练掌握前面所学的知识，还需要在绘制过程中，准确理解建筑物的透视、大小和比例关系，深入了解色彩的属性和配色，准确分析对象在版图空间中的比例和构成关系，认识光与建筑物的造型关系等。只有这样，才能顺利完成这幅建筑物透视效果图的创作。当熟练掌握了 CorelDRAW、能够灵活应用的时候，一定能够发掘出更多的应用。

本章案例制作的是一幅具有中国古典风格的建筑物场景图，画面看起来比较复杂，通过灵活、合理地运用 CorelDRAW 的各种绘图工具、命令和特殊效果，使制图的过程变得轻松容易。合理的利用透视关系，在画面中可以制作出延展的纵深感。整个制图构成主要包括两个环节：一是主体建筑的外观，二是对建筑物进行后期效果处理。

12.1　绘制建筑物主体外观

12.1.1　绘制地面和天空

（1）启动 CorelDRAW，新建一个空白文档，设置页面为 A4，横向。

（2）打开对象管理器，新建一个图层，命名为"地面与天空背景"，置于最底层。

（3）在当前图层上，选择矩形工具，绘制一个水平 297mm、垂直 50m 的矩形，填充色为 K40，去除轮廓线，作为地面背景。

（4）导入一张蓝天白云的图片，大小修改为与页面等大，分辨率设置为 300dpi，作为天空的背景，安排在最后面。

（5）选择贝塞尔工具，绘制两个闭合的图形，填充色分别为 K30 和 K10，去除轮廓线，作为街道，安排在页面最前面。如图 12-1 所示。

图 12-1　地面与天空背景效果

（6）导入一张大雁图片，使用贝塞尔工具绘制其轮廓，并根据底图填充颜色，然后群组在一起。将绘制好大雁矢量图的大小调整为较大，复制两个，缩小其大小，将三只大雁摆放在天空背景上，应用调和命令，完成呈"人"字形飞翔的效果图，如图12-2所示。

图12-2　添加了大雁的背景效果

12.1.2　绘制建筑物主体

12.1.2.1　建筑物主体

（1）打开对象管理器，新建一个图层，命名为"建筑物主体"，安排在图层"地面与天空背景"之上。

（2）在当前图层上，选择矩形工具，绘制一个水平为40mm、垂直为80mm的矩形，填充色为C35。轮廓线变为白色。

（3）选中矩形，打开"效果｜立体化"，设置参数，立体化类型列表框中选择"后部平行"，消失点列表框中选择"锁到对象上的灭点"，深度参数框中输入数值20，水平参数框中输入数值100，垂直参数框中输入数值10，"测量自"选择"对象中心"，单击应用按钮，得到如图12-3所示的图形。

12.1.2.2　绘制墙体线

（1）打开对象管理器，新建一个图层，命名为"墙体线"，安排在图层"建筑物主体"之上。

（2）在当前图层上，使用矩形工具，绘制4个矩形，尺寸分别为水平12mm，垂直80mm；水平15mm，垂直80mm；水平15mm，垂直80mm；水平15mm，垂直80mm；填充色均选择线性渐变填充，调和色彩依次为：C35M20Y15至C25M10Y5、K50至K40、K20至白色、K20至K40；其中，后两个矩形，应用"排列｜变换｜倾斜"命令，垂直参数设置为6°，单击应用。全部去除轮廓线，摆放位置如图12-4所示。

图12-3　建筑物主体效果

图12-4　添加墙体装饰效果

（3）使用矩形工具，绘制 3 个矩形，尺寸为水平 2mm，垂直 80mm；填充色依次为：K40、K70 和 C60M20Y20；其中，后两个矩形，应用"排列｜变换｜倾斜"命令，垂直参数设置为 6°，单击应用。全部去除轮廓线，摆放位置如图 12-5 所示。

（4）使用矩形工具，绘制 4 个矩形，尺寸为水平 1mm，垂直 80mm；填充色依次为：K40、K60、K40 和 K50；全部去除轮廓线，摆放位置如图 12-6 所示。

 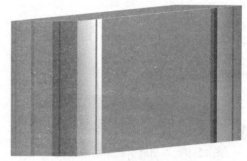

图 12-5　添加墙体线装饰效果　　　　图 12-6　绘制完成的建筑主体效果

12.1.3　绘制建筑物顶部造型

12.1.3.1　绘制屋顶

（1）打开对象管理器，新建一个图层，命名为"屋顶"。

（2）在当前图层上，选择多边形工具，在属性栏中设置其边数为 3，绘制一个水平为 60mm、垂直为 20mm 的三角形。

（3）选中这个三角形，打开"效果｜立体化"，设置参数，立体化类型列表框中选择"后部平行"，消失点列表框中选择"锁到对象上的灭点"，深度参数框中输入数值 20，水平参数框中输入数值 100，垂直参数框中输入数值 10，"测量自"选择"对象中心"，单击应用按钮，得到如图 12-7 所示的图形。

（4）选中立体化对象组，选中"排列｜拆分"命令，将其分离，然后将所有对象取消群组，只保留如图 12-8 所示的两个对象，其余对象全部删除。将这两个对象分别填充色设置为 M20Y40K60、M20Y60K20，去除轮廓线，效果如图 12-8 所示。

图 12-7　三角形的立体化效果　　　　　图 12-8　为保留对象填充颜色

（5）选中填充后的对象，复制一次。复制对象采用 PostScript 填充方式，选择底纹库中的砖、瓦填充。然后，选中交互式透明工具，对这两个对象应用标准透明方式。将 4 个对象群组在一起，效果如图 12-9 所示。

12.1.3.2　绘制底座

（1）打开对象管理器，新建一个图层，命名为"底座"，安排在图层"屋顶"之下。

（2）在当前图层上，绘制屋顶的底座，作为与主体建筑物衔接的构建。用贝塞尔工具沿着主体建筑的顶部，绘制一个多边形，轮廓线颜色为 K20，填充色为 C20K40。

（3）选中多边形，打开"效果｜立体化"，设置参数，立体化类型列表框中选择"小前端"，消失点列表框中选择"锁到对象上的灭点"，深度参数框中输入数值 20，水平参数框中输入数值 0，垂直参数框中输入数值 20，"测量自"选择"对象中心"，单击应用按钮。选中立体化对象组，使用"排列｜变换｜比例"命令，缩放参数设置为水平垂直均设置为 80%，应用到再制，填充色为 C20K20。摆放位置，效果如图 12-10 所示。

图 12-9　添加透明效果后的屋顶

图 12-10　添加底座后的效果

（4）将屋顶造型摆放在底座之上，完成建筑物顶部造型的绘制，效果如图 12-11 所示。

12.1.4　绘制建筑物层高线和装饰线

12.1.4.1　绘制层高线

（1）打开对象管理器，新建一个图层，命名为"层高线"。

（2）在当前图层上，选择矩形工具，绘制 2 个水平为 1mm、垂直为 80mm 的矩形，摆放在主体建筑物正面左右两侧，打开"效果｜调和"，设置步长为 5，单击应用按钮。填充色为 K20，去除轮廓线。绘制 2 个水平为 1mm、垂直为 15mm 的矩形，填充色为 K20，去除轮廓线，摆放在建筑物左右两侧的顶部。

（3）选择矩形工具，绘制 2 个水平为 70mm、垂直为 1mm 的矩形。应用"排列｜变换｜倾斜"命令，垂直参数设置为 6°，单击应用。摆放在主体建筑物正面上下两侧，打开"效果｜调和"，设置步长为 7，单击应用按钮。填充色为 K20，去除轮廓线。效果如图 12-12 所示。

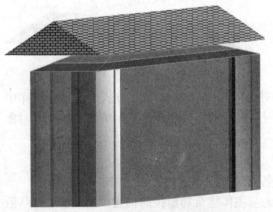

图 12-11　添加屋顶造型的主体建筑效果

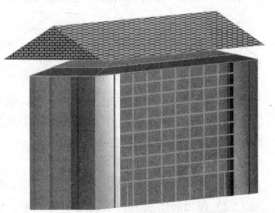

图 12-12　添加层高线后的效果

12.1.4.2　层高线和屋顶的阴影效果

（1）打开对象管理器，新建一个图层，命名为"阴影"，位置在"层高线"之下。

（2）将图层"层高线"上的所有对象选中，复制到图层"阴影"上。

（3）选中图层"阴影"上的所有对象，填充色为K80。垂直方向的图形向左移动1mm，2个小矩形向左移动0.8mm。水平方向的图形向下移动1mm。作为层高线的阴影效果，全部安排在主对象后面，如图12-13所示。

（4）选中屋顶，应用交互式阴影工具为其添加阴影效果，如图12-14所示。

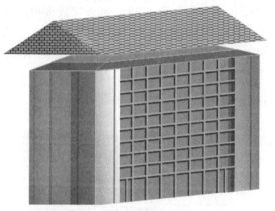

图12-13 为层高线添加阴影效果

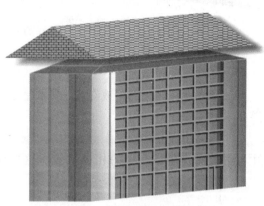

图12-14 为层顶添加阴影效果

12.1.4.3 绘制装饰线

（1）打开对象管理器，新建一个图层，命名为"装饰线"。

（2）选择矩形工具，绘制边长为一个3mm的正方形和水平3mm、垂直15mm的矩形，轮廓线颜色为K40。

（3）将小正方形复制一个，2个正方形应用调和命令，步长设置为7。将调和对象组复制3次，将矩形复制3次。

（4）摆放在建筑物侧面的对象，填充色为C35。摆放在建筑物正面左侧的对象填充色为C25，右侧的对象填充色为C20。

（5）将摆放在建筑物正面的对象，应用"排列│变换│倾斜"命令，垂直参数设置为6°，单击应用按钮。

（6）添加装饰线后的效果如图12-15所示。

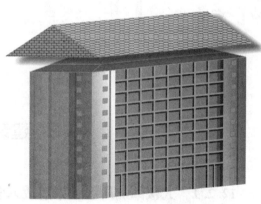

图12-15 添加装饰线后的效果

12.1.5 绘制建筑物门厅

（1）打开对象管理器，新建一个图层，命名为"门厅"。

（2）在当前图层上，选择贝塞尔工具，如图12-16所示，绘制三个图形。正面的图形填充K20，侧面的图形填充K60，底部的图形填充渐变线性填充(颜色调和K100至K50，角度-90°)。将3个图形去除轮廓线后群组在一起，效果如图12-16(a)所示。

（3）选择矩形工具，绘制一个水平为2mm、垂直为1mm的矩形，全部圆角化。绘制一个水平为2mm、垂直为10mm的矩形，全部圆角化。将2个对象如图12-16(b)所示位

251

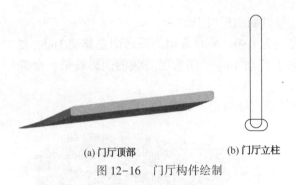

(a) 门厅顶部　　　　　(b) 门厅立柱

图 12-16　门厅构件绘制

置摆放好，然后群组在一起，作为门厅立柱。

（4）为门厅立柱自定义渐变线性填充，前面两根立柱颜色调和为起点 K40，50% 位置白色，终点 K40，其他默认；后面左侧立柱颜色调和为起点 K100，50% 位置 K40，终点 K100，其他默认；后面右侧立柱颜色调和为起点 K80，50% 位置 K20，终点 K80，其他默认；效果如图 12-17(a) 所示。

（5）将立柱与顶部摆放在合适的位置，适当调整门柱的大小，使图形看起来更协调，效果如图 12-17(b) 所示。

（6）应用交互式阴影工具，为门厅添加预设的"左上透视图"模式的阴影效果，并将门厅与阴影摆放在建筑物的相应位置。这样建筑物主体外观效果图就完成了，如图 12-18 所示。

(a) 立柱配色　　　　　(b) 门厅

图 12-17　门厅效果

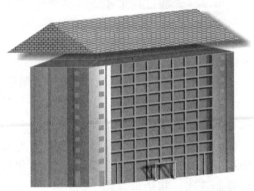

图 12-18　建筑物主体外观效果

12.2　建筑物效果处理

12.2.1　大楼添加阴影效果后放入背景画面中

12.2.1.1　为大楼添加阴影效果

（1）选中建筑物主体对象，将立体化对象组拆分后，重新群组在一起。

（2）选择交互式立体化工具，为大楼添加预设的"左上透视图"模式的阴影效果，将阴影角度修改为 135°，其他默认。

（3）使用"排列｜拆分"命令，将对象与阴影分离。选中阴影，颜色使用 K40 填充，适当修正阴影角度，效果如图 12-19 所示。

12.2.1.2　大楼与地面天空背景相结合

全选如图 12-19 所示的建筑大楼，适当调整大小后，将其放置在天空背景图中，效果如图 12-20 所示。

252

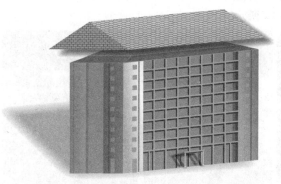

图 12-19 添加了阴影效果的建筑物主体外观效果

图 12-20 将建筑物主体放置在画面中的效果

12.2.2 后期效果处理

12.2.2.1 园林绿化图片

（1）打开对象管理器，新建一个图层，命名为"园林绿化"。

（2）选择几种园林植物的图片，包括树木、花草、盆景等，导入当前图层，把它们摆放在适当的位置，可添加一些阴影效果。

（3）导入一张草坪的图片，按照需要复制，改变形状，摆放在恰当的位置。

（4）摆放好位置后的图形效果，如图 12-21 所示。

12.2.2.2 导入路灯图片

（1）打开对象管理器，新建一个图层，命名为"路灯"。

（2）绘制一个漂亮的路灯，复制若干，将它们沿道路摆放好。

（3）摆放好位置后的图形效果，如图 12-22 所示。

图 12-21 添加了园林绿化植物的图形效果

图 12-22 添加了路灯后的图形效果

12.2.2.3 导入汽车图片

（1）打开对象管理器，新建一个图层，命名为"汽车"。

（2）选择几张汽车的图片，导入当前图层，调整好大小后，将它们沿道路摆放好。

（3）摆放好位置后的图形效果，如图 12-23 所示。

12.2.2.4 导入人物图片

（1）打开对象管理器，新建一个图层，命名为"行人"。

（2）选择几张行人的图片，导入当前图层，调整好大小后，将它们沿道路摆放好。

（3）摆放好位置后的图形效果，如图 12-24 所示。

图 12-23　添加汽车后的图形效果　　　　图 12-24　添加人物后的图形效果

12.2.2.5　导入建筑物背景图片

（1）图 12-24 中所示的主体建筑，孤零零显得有点单调突兀。现在我们为其添加建筑背景图片。打开对象管理器，新建一个图层，命名为"建筑物背景"。

（2）选择几张建筑物的图片，导入当前图层，调整好大小后，将它们群组在一起。

（3）选择矩形工具，绘制一个水平 297mm、垂直 60mm 的矩形。应用"效果 | 图框精确裁剪"命令，把图片放置在矩形容器内，去除轮廓线。

（4）调整图层"建筑物背景"的次序，放置在其他填充之下，最底层"地面与天空背景"之上。

（5）调整图形的位置，摆放好位置后的图形效果，如图 12-25 所示。

这样，整个中国古典风格的建筑物场景三维立体透视效果图就全部绘制完成了。

图 12-25　完成后的效果图

第13章　应用 CorelDRAW 设计专题地图

13.1　地理底图的编制及专题地图编辑设计书

13.1.1　地理底图的编制

专题地图由两部分组成,一部分是满足专题要求的地理底图,另一部分是专题内容。

地理底图是专题内容的载体。在编制专题地图时,将采用很多统计数据与文字资料,并把它们编制成地图,落实到地理底图上。它不仅是转绘专题内容的地理位置的依据,同时也表明专题内容的分布与地理环境的要素的相互关系。因此地理底图是编制专题地图的重要准备工作。

在编制专题地图时,要用到两种底图:一种是转绘专题要素的基础,因而,这种底图要求内容完整详细,以便能准确确定专题要素的空间分布;另一种是成图用的底图,其内容要素要简明些,并与专题要素的空间分布特征密切配合。地理底图根据专题内容及其在编图过程中的作用不同,可选用地形图、普通地理图等线划图来制作。

将选定的底图资料,经扫描数字化输入计算机中。按地图设计中对底图的要求,对底图的内容进行取舍、简化。不同的专题地图,对地理底图的内容有不同的要求,总的来看,应有下列几方面:

(1)制图网:若编制大比例尺专题地图时,地理底图可采用与基本地形图相同的投影网格,图廓四周可注记经纬度。图幅内的经纬网密度,应视专题内容要求而定。

(2)水系:主要选取河流、湖泊、水库、海洋和海岸线。双线河、主要单线河、运河、沟渠等均应表示,大比例尺图对水系的形状一般不予概括,小比例尺图可略作概括。

(3)居民地:应保留城镇以上居民地,并选择一些重要的乡、村居民点,居民地等级用字体大小区分。

(4)道路:铁路、高速公路、国道、省道应全部表示。县道、乡镇公路适量取舍。

(5)境界线:省(市、区)、地市、县界均应在底图上表示。乡镇界视专题地图的要求而选取表示。

(6)地貌:根据地区的地理特点和专题内容要求,适量选取若干等高线,以表示区域地貌形态和高低起伏,有助于分析专题内容与地理环境的关系。

一般来说,经纬网、水系、居民地与境界线是所有底图都应表示的内容。土质、植被、地貌、道路,则依专题内容特点与编图要求而定。内容要素选取与概括的详细程度与专题地图的主题、用途、区域特点以及专题要素的表示方法有密切联系。

计算机制图系统中地理底图的编制主要根据以上方法取舍,进行基础数据的采集。当然,随着国家基础地理数据的完善与共享,一般的基础数据都可以直接从有关部门得到,避免了数据的重复采集,耗费不必要的人力、物力。这部分数据目前可能和自己所用制图系统的数据格式不一致,还需要进行格式转换,但是制定全球统一的数据标准正是现阶段有关专家研究的方向。另外由于数据的现实性、复杂性等，这些部门也不可能完全提供所需要的全部数据，或者一部分数据的现实性已经改变，需要更新，往往需要根据新的资料，对现有数据进行更新、补充。利用遥感图像是空间数据更新的可靠方法，但图像(包括遥感图像、扫描图像等)往往有变形或几何畸变，为了保证数据的精度，必须进行图像、图形的配准。

13.1.2　专题地图编辑设计书

地图设计是在研究各种编图资料、专题内容和区域特征的基础上，经过各种试验，最后写成编辑设计文件，作为制作地图的依据。它直接影响着产品的质量，是专题地图制作过程中的一个重要准备工作。因此，编辑设计书要写得具有实用性、指导性和针对性，文字确切、简明清楚。要遵循专题地图编制的基本原则，根据专题地图编制的特点与方法，按照地图编辑设计书应包括的内容进行具体编写。

编写设计书时，需要分析研究编图资料，确定资料的使用程度和加工处理的方法，研究专题内容与区域地理的联系与特点，根据编图目的进行初步的地图设计工作，经过一些试验，把设计中的有关项目给予明确，将初步设计研究的成果，写出地图编辑设计书。设计书应包括下列具体内容：

(1) 地图的主题、内容、用途。

(2) 图幅范围、比例尺、投影、开本。

(3) 使用的基本资料、补充资料、参考资料。

(4) 资料加工和处理的基本方法；数据资料的统计方法及分类、分级的规定；图像资料的运用等。

(5) 专题内容在图上的表现形式。选择方法、设计符号系统及制作图例。

(6) 专题内容的地图概括。根据所设计地图的内容作具体规定，对点、线、面要素的选择、简化、分类、合并等方面提出具体要求等。

(7) 选择编稿底图，确定成图底图的内容和取舍的程度，设计底图各要素的表示方法及符号系统。

(8) 设计图面配置方案，在地图幅面上如何安排图名、图例、主图、附图、附表、比例尺、图廓，做到既合理使用幅面，又能突出主题。

13.2　利用点状符号设计分区统计图

分区统计图是将专题地图先设计成点状符号，然后表示在地理底图上形成的。分区统计图中的点状符号所代表的是整个区域的数据，通常以数据的绝对值表示，而且以点状符号的扩展形式，如结构图、柱状图、玫瑰图等居多，它们一般都定位在这个区域的重心位置。表示统计量的点状符号的图形设计不应过繁，因为这样容易造成地图载负量过重，不利于对数量的判断，但又不会增加太多的地图信息。地图设计的易读性是一条基本原则，特别是应用计算机编制分区统计图十分简便，将一组较复杂的地理数据分成几幅较简单、清晰的地图，往往比只制成一、两幅繁杂的地图更为有效。

这一节我们以制作某县粮食作物结构图为例，讲解如何利用点状符号设计分区统计图。图 13-1 为制图所需的地理底图，表 13-1 为制图所需的基础数据。

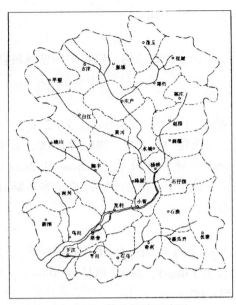

图 13-1 某县行政区略图

表 13-1 某县粮食作物结构 10^4 kg

序号	乡名	总产	其 中				序号	乡名	总产	其 中			
			水稻	小麦	玉米	其他				水稻	小麦	玉米	其他
1	平望	24.7		11.4	12.7	0.6	17	发利	131.6	103.3	22.6		5.7
2	方庄	16.3		9.0	7.3		18	陈屋	51.0	27.2	16.8	2.7	4.3
3	张核	26.3		14.3	10.2	1.8	19	石仔围	41.1	12.4	11.9	2.0	14.8
4	葆玉	22.0	1.6	16.5	1.8	2.1	20	杨桥	32.8	16.8	10.7	3.3	2.0
5	白江	44.2	4.4	31.9	5.2	2.7	21	新围	88.3	24.5	47.1	7.6	9.1
6	庄户	53.8	6.0	39.2	1.9	6.7	22	乌川	63.7	51.7	10.2		1.8
7	张屋	19.1	2.2	4.7	11.0	1.2	23	洛舍	29.5	19.6	3.1		6.8
8	郑竹	38.6	17.6	12.4	3.7	4.9	24	下江	55.3	46.7			8.6
9	陈庄	32.7	11.5	7.0	2.2	12.0	25	石涣	42.7	19.1	19.2	4.4	
10	赵围	49.9	21.1	8.9		19.9	26	长泰	34.2	6.6	7.8	3.1	16.7
11	水城	65.2	40.5	14.2	4.4	5.1	27	平川	71.9	54.6	17.3		
12	润德	38.2	15.0	18.8	4.4		28	石马	69.0	46.3	10.7	7.6	4.4
13	黄冈	57.0	29.3	16.6	7.0	4.1	29	奇利	63.0	37.6	21.8	3.2	0.4
14	峡山	49.5	6.9	20.0	1.2	21.4	30	下留	26.4	20.7	4.8		0.9
15	陈半	73.6	26.6	27.5	19.5		31	番瓜弄	37.7	17.5	14.5	4.6	1.1
16	岩兴	65.2	18.7	35.2	5.1	6.2							

13.2.1 编写设计书

13.2.1.1 地理底图

本图的制图区域是某县，地理底图采用该县行政区划图。地图投影采用高斯-克吕格投影（比例尺略）。内图廓大小为 156mm×198mm，线宽为 0.2mm，颜色为 K100；外图廓大小为 160mm×202mm，线宽为 0.35mm，颜色为 K100。主区底色为 M10，邻区底色为 K5。晕带宽 1.5mm，填充颜色为 C15M20。

13.2.1.2 图面配置

图名为：某县粮食作物结构图，字体：华文新魏，大小：24 号，放置在外图廓顶部中

257

央，间隔 2mm。本图没有附图、文字说明等。

13.2.1.3　表示方法

采用分区统计图法表示该县粮食作物结构，资料采用该县粮食作物统计资料。

13.2.1.4　图例系统

1. 底图

县界，线宽为 0.2mm，颜色为 K70，线条样式：12/2/1/2；乡镇界，线宽为 0.15mm，颜色为 K70。河流：双线河，边线宽为 0.15m，颜色为 C100，普染色为 C30；单线河，颜色为 C100，变化，0.12～0.2mm。乡镇驻地符号，1.2mm×1.2mm 的圆，边线宽为 0.15mm，颜色为 K70，普染色为白色；乡镇注记，楷体 10 号(由于本图幅面有限，再加上此图为专题图，所以底图图例未在图上表示)。

2. 专题

总产量分四级，单位 10^4kg，用平行四边形 100 等份表示，<30(边长为 7mm)，30～60(边长为 10mm)，60～90(边长为 15mm)，≥90(边长为 20mm)。普染色为水稻 M100，小麦 C100，玉米 Y100，其他 C100Y100。

13.2.1.5　作业方案

(1) 将某县行政略图进行数字化，作为地理底图。

(2) 将统计数据整理以备制作专题内容。

(3) 将专题符号加在地理底图的适当位置。

(4) 图形输出，打印。

(5) 审校–修改–完成。

(6) 制印工艺流程略。

13.2.2　计算机制图步骤

(1) 用扫描仪将某县的行政区图扫描，保存为 JPG 格式的底图。

(2) 打开 CorelDRAW，用"导入"命令将底图放置在绘图窗口中；然后，用"对象管理器"将放置底图的图层命名为"底图"层，并将该图层的"可编辑""可打印"属性锁起来，使它不能被编辑，也不能被打印(因为我们绘制完图形后，底图是不需要输出打印的)，同时要把该层置于最底层。

(3) 根据设计书，新建"图廓"层，使用"矩形工具"在它上面绘制内外图廓，并把该层置于最顶层。

(4) 新建"图名"层，输入文字"某县粮食作物结构图"，按设计书设定字体和大小，并把它摆放到正确的位置。

(5) 新建"县级界线"层，在它上面绘制县界。按设计书在"轮廓笔对话框"中，设定线条属性。屏幕跟踪矢量化绘制出县界。

(6) 新建"乡镇界线"层，在它上面绘制乡镇界。按设计书在"轮廓笔对话框"中，设定线条属性。屏幕跟踪矢量化绘制出乡镇界。

(7) 新建"底色"层，该层放在"底图"层上面。将绘制好的县界复制到该层上，把它闭合起来，填充主区色 M10，去掉轮廓线。将内图廓线复制到"底色"层上，填充邻区底色为 K5，去掉轮廓线，并把它安排在主区色后面。

(8) 新建"晕带"层，该层放在"底色"层上面。将绘制好的县界复制到该层上，把它闭合起来，使用"交互式轮廓图工具"绘制晕带，设定晕带宽为 1.5mm，填充颜色为 C15M20，去掉轮廓线。

（9）新建"河流"层，应用"贝塞尔工具"屏幕跟踪矢量化绘制出单线河流和双线河，按照设计书将双线河普染为 C30；单线河从上游到下游有 0.12～0.2mm 的变化。

（10）新建"驻地符号"层，在该层上绘制驻地符号。将绘制好的符号一一复制到相应位置上。

（11）新建"名称"层，用"文本工具"在该层上输入各居民地名称。注意名称的摆放位置。完成这一步骤后，就得到了地理底图，如图 13-2 所示。

（12）将基础数据，按设计书分为 4 级。用该乡镇的水稻、小麦、玉米和其他的产量除以其总产量，计算出粮食作物所占的比重。具体结果如表 13-2 所示。

某县粮食作物结构图

图 13-2　地理底图

表 13-2　某县粮食作物结构比例

序号	乡名	总产/10⁴kg	结构比例/%				序号	乡名	总产/10⁴kg	结构比例/%			
			水稻	小麦	玉米	其他				水稻	小麦	玉米	其他
1	平望	24.7		46	51	3	17	发利	131.6	79	17		4
2	方庄	16.3		55	45		18	陈屋	51.0	53	33	5	9
3	张核	26.3		54	39	7	19	石仔围	41.1	30	29	5	36
4	葆玉	22.0	7	75	8	10	20	杨桥	32.8	51	33	10	6
5	白江	44.2	10	72	12	6	21	新围	88.3	28	53	9	10
6	庄户	53.8	11	73	4	12	22	乌川	63.7	81	16		3
7	张屋	19.1	11	25	58	6	23	洛舍	29.5	66	11		23
8	郑竹	38.6	46	32	10	12	24	下江	55.3	84			16
9	陈庄	32.7	35	21	7	37	25	石涣	42.7	45	45	10	
10	赵围	49.9	42	18		40	26	长泰	34.2	19	23	9	49
11	水城	65.2	63	22	7	8	27	平川	71.9	76	24		
12	润德	38.2	39	49	12		28	石马	69.0	67	16	11	6
13	黄冈	57.0	51	29	12	8	29	奇利	63.0	60	34	5	1
14	峡山	49.5	14	40	3	43	30	下留	26.4	78	18		4
15	陈半	73.6	36	37	27		31	番瓜弄	37.7	46	38	13	3
16	岩兴	65.2	28	54	8	10							

（13）新建"专题符号"层，用"矩形工具"在该层上绘制专题符号。先做图例，绘制边长为 7mm、10mm、15mm 和 20mm 的矩形，将这四个矩形左下角对齐，然后应用"排列｜变换

|倾斜"命令，打开"倾斜卷帘窗"，在水平(H)倾斜框中输入"−30°"，单击"应用"按钮。把四个矩形变为四个平行四边形。使用"网格纸工具"绘制一个 10×10、100 等份的边长为 7mm 的矩形，水平倾斜"−30°"，将它与边长为 7mm 的小平行四边形，使用"对齐和分布"命令，使它们完全对齐。绘制四个边长为 4mm 的平行四边形，分别填充 M100、C100、Y100、和 C100Y100，来代表水稻、小麦、玉米和其他作物。

（14）根据分级标准，<30 的有 7 个，30~60 的有 15 个，60~90 的有 8 个，≥90 的有 1 个，分别绘制边长为 7mm、10mm、15mm 和 20mm 的 100 等份的平行四边形，然后用 M100、C100、Y100 和 C100Y100 的色彩，按作物结构比例进行填充，同时把填充色置于平行四边形边线的后面。最后把作物的总产量作为说明注记标注在专题符号的旁边。这样做的好处是使用图者对在同一标准内，但差距比较大的数据，有一个明确的数量概念，不至于因为它们的专题符号大小一样而产生模糊的概念。最后的成品图如图 13-3 所示。

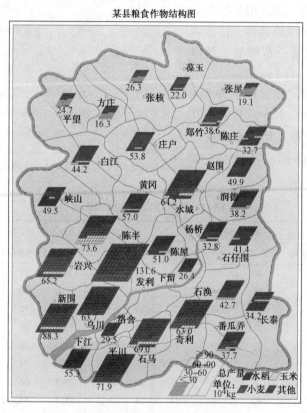

图 13-3　最后完成的专题地图

13.3　分层设色地势图的设计

等值区域图的应用十分广泛。由于这种面状符号必须铺满整个制图区域，表示的又是同一时间、同一单个指标的数值，因此在资料的收集及地图制作过程中，必须注意数据在时间、质量上的一致性和可比性，认真分析数据的特征，以决定是否分级或分级的方法及数量；决定图例系统所采用的色系过渡方式等。等高线是常用的一种等值线，等值线是表示空间数据体积——三维的线状符号。下面，我们以山西省左权县为例来进行讲解。

在绘图之前，需要注意以下几个问题：用不同颜色的线条绘制不同的等高线（目的是为了区分明显）；将不同的等高线分层放置；分层设色时，不同的高程存放在不同的层上。高度由低到高，图层自下而上。

具体操作步骤如下：

（1）新建图层"底图"，将扫描好的1∶25万地形图"导入"绘图窗口中，摆放在"底图"层上，该层必须位于最底层。

（2）新建图层"图廓"，用"矩形工具"在该层绘制图廓，大小视具体情况而定，最好能将底图全部（或我们所需要的区域）摆放进来，该层必须位于最顶层。

（3）开始绘制等高线，用不同的轮廓色。我们从600m开始，隔200m，绘制一条等高线。新建图层"600m"，用"贝塞尔工具"在该层绘制600m的等高线。

（4）同理，新建图层800m、1000m、1200m……2000m，用"贝塞尔工具"在这些层上分别绘制800m、1000m……一直到2000m的等高线。

（5）绘制完成后，将所有的等高线统一变为设定好的轮廓颜色M20Y30。

（6）接下来，我们就要为等高线进行分层设色。根据设计600m以下为C20Y30；600～800m为C10Y15；800～1000m为Y10；1000～1200m为Y25；1200～1400m为M10Y30；1400～1600m为M20Y40；1600～1800m为M30Y40；1800～2000m为M40Y50；2000m以上为M60Y60。

在"600m"层上，将600m的等高线复制一条。选中复制的这条线，将其闭合，为其填充颜色C20Y30，去掉轮廓线。选中所有600m的等高线，将它们分别闭合，填充颜色C10Y15。

（7）和上面的方法一样，在800m、1000m……2000m层上，把它们分别闭合，并填充相应的颜色。

（8）新建"高程注记"层，将高程600m、800m……2000m标注在相应的等高线上。

（9）将其他要素按照设计放置在不同的图层上，这样就得到了如图13-4所示的图形。

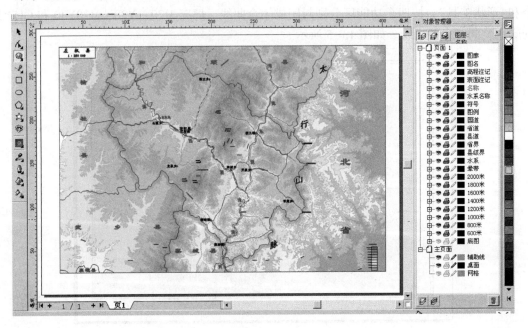

图13-4　左权县分层设色地势图

13.4 旅游规划地图的设计

定性信息的面状符号制图，主要形式有类型图、区划图、范围图等。本节我们以山西省左权县旅游区划图为例来说明。

根据旅游总体规划设计书，将左权县划分为：县城旅游组织与服务中心、龙泉沟山趣休闲度假区、紫金山名胜观光旅游区和麻田红色旅游区四个功能区。

操作步骤如下：

（1）新建"底图"层，该层必须在最底层。把扫描好的左权县底图"导入"绘图窗口中，放置在该层上。

（2）新建"图廓"层，用"矩形工具"在该层绘制图廓，大小视具体情况而定，最好能将底图全部（或我们所需要的区域）摆放进来，该层必须位于最顶层。

（3）新建"省级界"层，打开"轮廓笔对话框"设置省界颜色为黑色，宽度为0.25mm，线条样式根据线段间隔公式设定为8/2/1/2/1/2。选择"贝塞尔工具"，绘制省界。

（4）新建"县级界"层，打开"轮廓笔对话框"设置县界颜色为黑色，宽度为0.15mm，线条样式根据线段间隔公式设定为8/3/1/3。选择"贝塞尔工具"，绘制县界。

（5）新建"分区界"层，打开"轮廓笔对话框"设置县界颜色为绿色，宽度为0.2mm，选择"贝塞尔工具"，绘制分区界。

（6）新建"晕带"层，把省界、县界复制到该层。应用复制，"排列｜结合"命令和"形状工具"，将左权县封闭成闭合曲线，应用"效果｜轮廓图"命令，打开"轮廓图对话框"设定方向为"向外"，偏移量为3mm，步长为1，单击"应用"。应用"排列｜分离"命令，将轮廓群组对象分开，然后再将它们"结合"到一起，填充C15M20的颜色，同时去掉边线。

（7）新建"底色"层，把省界、县界和分区界复制到该层。应用复制，"排列｜结合"命令和"形状工具"，按四个功能区分别封闭成闭合曲线，填充M20、Y20、M20Y30和C15Y30的颜色，同时去掉边线。如图13-5所示。

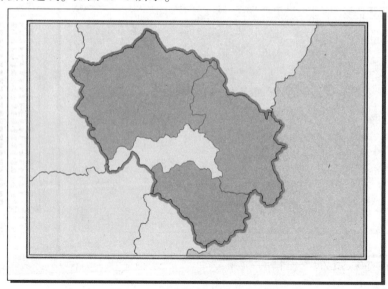

图13-5　绘制完成的功能分区图

（8）最后把水系、道路、符号、居民地注记、说明注记等要素和图名、比例尺、指北针、图例和绘制单位等辅助要素绘制在图上。这样就完成了旅游规划图的绘制，如图 13-6 所示。

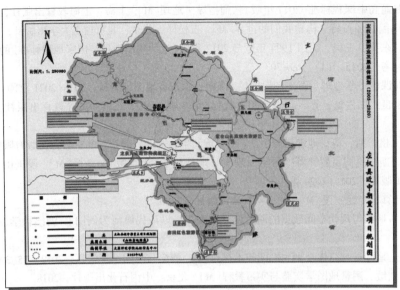

图 13-6　绘制完成的旅游规划图

参 考 文 献

[1] 段玉山. 中学地理课程与教学[M]. 上海：华东师范大学出版社，2016.

[2] 段玉山. 普通高中课程标准(2017年版)教师指导·地理[M]. 上海：上海教育出版社，2020.

[3] (加)琼·玛丽·加拉特. 构建我们的世界[M]. 王松译. 北京：北京理工大学出版社，2020.

[4] 廖雅容，蔚东英，王民. 美国1994年版与2012年版《生活化的地理：国家地理标准》的比较[J]. 中学地理教学参考，2015，(1)：69-70.

[5] 刘继忠. 新课标中学地理学习地图册[M]. 济南：山东省地图出版社，2018(2021重印).

[6] 毛赞猷，朱良，周占鳌，等. 新编地图学教程(第3版)[M]. 北京：高等教育出版社，2017(2020重印).

[7] (美)阿瑟·格蒂斯，等. 地理学与生活[M]. 黄润华，等译. 北京：北京联合出版有限公司，2018.

[8] (美)弗朗西斯·科博雷罗，等. 科学发现者. 地球科学(第二版)全3册[M]. 段玉山，等译. 杭州：浙江教育出版社，2018(2020重印).

[9] 孟万忠. 计算机专题制图[M]. 北京：气象出版社，2006.

[10] 孟万忠. 古地图与现代空间数据的河道变迁研究——以清代潇河为例[J]. 测绘科学，2011，36(2)：73-75.

[11] 孟万忠. 土地调查与总体规划中制图技术探讨[J]. 测绘与空间地理信息，2012，35(3)：5-8.

[12] 孟万忠，刘敏. 测量地图学实验与实习教程[M]. 北京：中国石化出版社，2018.

[13] 孟万忠，王尚义，刘敏. 汾河中游地名与流域文化研究[J]. 测绘科学，2014，39(7)：53-57+93.

[14] 王家耀，孙群，王光霞，等. 地图学原理与方法(第二版)[M]. 北京：科学出版社，2014.

[15] 韦志榕，朱翔. 义务教育地理课程标准(2022年版)解读[M]. 北京：高等教育出版社，2022.

[16] 杨洁，丁尧清. 地理教育国际宪章2016[J]. 中学地理教学参考，2016，(8)：22-24.

[17] 中国地图出版社. 中学地理复习用参考地图册(增强版)[M]. 北京：中国地图出版社，2017(2021重印).

[18] 中华人民共和国教育部. 普通高中地理课程标准(2017年版2020年修订)[M]. 北京：人民教育出版社，2020.